計算力がぐんぐんのびる！

このふろくは
すべての教科書に対応した
全教科書版です。

| 年　　組 | 名前 |
|---|---|
| | |

「計算れんしゅうノート」はとりはずして使用できます。

# 1 たし算(1)

とく点

/100点

ひっ算(さん)で　しましょう。　1つ6〔90点〕

❶ 35＋24　❷ 23＋42　❸ 52＋16

❹ 27＋31　❺ 44＋55　❻ 36＋12

❼ 58＋40　❽ 30＋65　❾ 32＋7

❿ 8＋41　⓫ 50＋30　⓬ 67＋22

⓭ 6＋53　⓮ 50＋3　⓯ 8＋40

れなさんは、25円の　あめと　43円の　ガムを　買(か)います。あわせて　いくらですか。　1つ5〔10点〕

しき

答(こた)え（　　　　）

# 2 たし算(2)

とく点

/100点

ひっ算(さん)で　しましょう。　1つ6〔90点〕

❶ 45＋38　❷ 18＋39　❸ 57＋36

❹ 37＋59　❺ 25＋18　❻ 67＋25

❼ 7＋39　❽ 5＋75　❾ 3＋47

❿ 9＋66　⓫ 13＋39　⓬ 48＋17

⓭ 63＋27　⓮ 8＋54　⓯ 34＋6

★ 山中小学校の　2年生は、2クラス　あります。1組(くみ)が　24人、2組が　27人です。2年生は、みんなで　何人(なんにん)ですか。　1つ5〔10点〕

しき

答(こた)え（　　　）

# 3 たし算(3)

とく点
/100点

ひっ算(さん)で　しましょう。　1つ6〔90点〕

❶ 26+48　❷ 19+32　❸ 37+14

❹ 46+38　❺ 37+57　❻ 25+39

❼ 8+65　❽ 24+36　❾ 48+6

❿ 8+62　⓫ 28+19　⓬ 33+48

⓭ 6+67　⓮ 36+27　⓯ 59+39

カードが　37まい　あります。友(とも)だちから　6まい　もらいました。ぜんぶで　何(なん)まいに　なりましたか。　1つ5〔10点〕

しき

答(こた)え（　　　　）

# 4 ひき算(1)

とく点

/100点

ひっ算(さん)で　しましょう。　1つ6〔90点〕

❶ 65－13　❷ 76－24　❸ 59－36

❹ 88－42　❺ 47－31　❻ 38－12

❼ 67－40　❽ 96－86　❾ 60－40

❿ 50－20　⓫ 78－73　⓬ 93－90

⓭ 67－4　⓮ 86－3　⓯ 45－5

★ゆうとさんは、カードを　39まい　もって　います。弟(おとうと)に　15まい　あげました。カードは　何(なん)まい　のこって　いますか。

しき　1つ5〔10点〕

答(こた)え（　　　　　）

# 5 ひき算(2)

とく点
/100点

ひっ算(さん)で　しましょう。　1つ6〔90点〕

❶ 63−45　❷ 54−19　❸ 75−38

❹ 42−29　❺ 86−28　❻ 97−59

❼ 43−17　❽ 80−47　❾ 60−36

❿ 41−36　⓫ 70−68　⓬ 61−8

⓭ 56−9　⓮ 90−3　⓯ 70−4

りほさんは、88ページの　本を　読(よ)んで　います。今日(きょう)までに、49ページ　読みました。のこりは　何(なん)ページですか。　1つ5〔10点〕

しき

答(こた)え（　　　　）

# 6 ひき算(3)

とく点

/100点

ひっ算(さん)で　しましょう。　1つ6〔90点〕

❶ 72－28　❷ 55－26　❸ 81－45

❹ 94－29　❺ 66－18　❻ 50－28

❼ 90－51　❽ 43－35　❾ 55－49

❿ 60－59　⓫ 34－9　⓬ 52－7

⓭ 40－4　⓮ 70－8　⓯ 60－7

★ はがきが　50まい　ありました。32まい　つかいました。のこりは　何(なん)まいに　なりましたか。　1つ5〔10点〕

しき

答(こた)え（　　　　）

# 7 大きい　数の　計算（1）

とく点

/100点

計算(けいさん)を　しましょう。　1つ6〔90点〕

❶ 50＋80　❷ 30＋90　❸ 70＋80

❹ 90＋20　❺ 60＋60　❻ 80＋60

❼ 70＋70　❽ 120－40　❾ 110－80

❿ 140－60　⓫ 160－80　⓬ 130－70

⓭ 180－90　⓮ 150－70　⓯ 170－80

青い　色紙(いろがみ)が　80まい、赤い　色紙が　40まい　あります。あわせて　何(なん)まい　ありますか。　1つ5〔10点〕

しき

答(こた)え（　　　　）

●べんきょうした 日　月　日

# 8 大きい　数の　計算 (2)

とく点

/100点

計算(けいさん)を　しましょう。　1つ6〔90点〕

❶ 300＋500　❷ 600＋300　❸ 200＋400

❹ 600－400　❺ 800－200　❻ 700－500

❼ 400＋30　❽ 500＋60　❾ 900＋20

❿ 700＋3　⓫ 260－60　⓬ 420－20

⓭ 630－30　⓮ 403－3　⓯ 706－6

★ 400円の　色(いろ)えんぴつと、60円の　けしゴムを　買(か)います。あわせて　いくらですか。　1つ5〔10点〕

しき

答(こた)え（　　　）

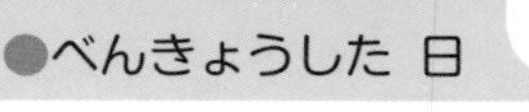
●べんきょうした日　月　日

# 9 水の　かさ

とく点

/100点

□に　あてはまる　数を　書きましょう。　1つ5〔40点〕

❶ 1 L＝□dL　　❷ 1 L＝□mL

❸ 1 dL＝□mL　　❹ 8 L＝□dL

❺ 300 mL＝□dL　　❻ 5 dL＝□mL

❼ 21 dL＝□L 1 dL　　❽ 70 dL＝□L

計算を　しましょう。　1つ10〔60点〕

❾ 3 L 4 dL＋2 L　　❿ 1 L 3 dL＋5 dL

⓫ 2 L 9 dL－6 dL　　⓬ 6 L 4 dL－6 L

⓭ 1 L 8 dL＋5 dL　　⓮ 2 L 2 dL－7 dL

●べんきょうした日　　月　　日

# 10 計算の　くふう

とく点

/100点

くふうして　計算(けいさん)しましょう。　1つ6〔90点〕

❶ 7+11+9　❷ 8+21+9　❸ 23+15+7

❹ 37+16+4　❺ 7+48+13　❻ 4+49+6

❼ 26+45+4　❽ 15+47+5　❾ 21+16+19

❿ 15+38+15　⓫ 29+12+28　⓬ 48+25+5

⓭ 15+36+25　⓮ 27+48+13　⓯ 12+27+18

★赤い　リボンが　14本、青い　リボンが　28本　あります。お姉(ねえ)さんから　リボンを　16本　もらいました。リボンは　あわせて　何本(なんぼん)に　なりましたか。　1つ5〔10点〕

しき

答(こた)え（　　　　）

# 11 3けたの　たし算(1)

とく点
/100点

ひっ算(さん)で　しましょう。　1つ6〔90点〕

❶ 74＋63　❷ 36＋92　❸ 70＋88

❹ 56＋61　❺ 87＋64　❻ 48＋95

❼ 63＋88　❽ 55＋66　❾ 73＋58

❿ 97＋36　⓫ 49＋75　⓬ 67＋49

⓭ 86＋48　⓮ 58＋66　⓯ 35＋87

玉入れを　しました。赤組(あかぐみ)が　67こ、白組が　72こ　入れました。あわせて　何(なん)こ　入れましたか。　1つ5〔10点〕

しき

答(こた)え（　　　）

●べんきょうした 日　　月　　日

# 12 3けたの　たし算（2）

とく点

/100点

ひっ算（さん）で　しましょう。　1つ6〔90点〕

❶ 43+77　❷ 92+98　❸ 87+33

❹ 58+62　❺ 36+65　❻ 56+48

❼ 65+39　❽ 47+58　❾ 13+87

❿ 16+84　⓫ 75+25　⓬ 97+8

⓭ 6+98　⓮ 96+4　⓯ 2+98

★ りくとさんは、65円の　けしゴムと　38円の　えんぴつを買（か）います。あわせて　いくらですか。　1つ5〔10点〕

しき

答（こた）え（　　　　）

# 13 3けたの　たし算(3)

とく点

/100点

ひっ算で　しましょう。　1つ6〔90点〕

❶ 324＋35　❷ 413＋62　❸ 54＋213

❹ 530＋47　❺ 26＋342　❻ 47＋151

❼ 436＋29　❽ 513＋68　❾ 79＋304

❿ 403＋88　⓫ 103＋37　⓬ 66＋204

⓭ 683＋9　⓮ 8＋235　⓯ 407＋3

425円の　クッキーと、68円の　チョコレートを　買います。あわせて　いくらですか。　1つ5〔10点〕

しき

答え（　　　）

# 14 3けたの　ひき算(1)

とく点

/100点

ひっ算で　しましょう。　1つ6〔90点〕

❶ 146−73　❷ 167−84　❸ 163−91

❹ 118−38　❺ 162−71　❻ 136−65

❼ 107−54　❽ 105−32　❾ 103−63

❿ 124−39　⓫ 156−89　⓬ 143−68

⓭ 162−73　⓮ 133−57　⓯ 151−94

★ そらさんは、144ページの　本を　読んで　います。今日までに、68ページ　読みました。のこりは　何ページですか。　1つ5〔10点〕

しき

答え（　　　　）

●べんきょうした日　　月　　日

# 15 3けたの　ひき算(2)

とく点

/100点

ひっ算(さん)で　しましょう。　1つ6〔90点〕

❶ 123−29　❷ 165−68　❸ 173−76

❹ 152−57　❺ 133−35　❻ 140−43

❼ 103−56　❽ 105−79　❾ 107−29

❿ 104−68　⓫ 103−8　⓬ 100−7

⓭ 102−6　⓮ 101−3　⓯ 107−8

あおいさんは、シールを　103まい　もって　います。弟(おとうと)に　25まい　あげました。シールは　何(なん)まい　のこって　いますか。

しき　1つ5〔10点〕

答(こた)え（　　　　）

# 16 3けたの　ひき算(3)

とく点
/100点

ひっ算(さん)で　しましょう。 1つ6〔90点〕

❶ 358－26　❷ 437－14　❸ 583－32

❹ 463－27　❺ 684－58　❻ 942－24

❼ 745－19　❽ 534－28　❾ 453－47

❿ 372－65　⓫ 435－7　⓬ 364－9

⓭ 732－4　⓮ 513－6　⓯ 914－8

★画用紙(がようし)が　215まい　あります。今日(きょう)　8まい　つかいました。のこった　画用紙は　何(なん)まいですか。 1つ5〔10点〕

しき

答(こた)え（　　　　　）

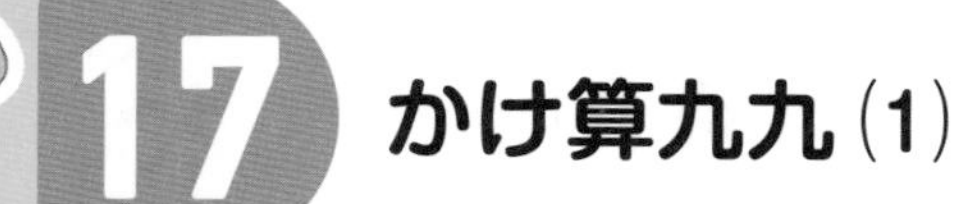

# 17 かけ算九九 (1)

時間 20分

とく点 /100点

かけ算(ざん)を　しましょう。　1つ6〔90点〕

❶ 5×4　❷ 2×8　❸ 5×1

❹ 5×3　❺ 5×5　❻ 2×7

❼ 2×6　❽ 2×4　❾ 5×6

❿ 2×5　⓫ 5×7　⓬ 2×9

⓭ 5×9　⓮ 2×2　⓯ 5×8

おかしが　5こずつ　入った　はこが、2はこ　あります。おかしは　ぜんぶで　何(なん)こ　ありますか。　1つ5〔10点〕

しき

答(こた)え（　　　　）

# 18 かけ算九九（2）

とく点　/100点

かけ算を　しましょう。　1つ6〔90点〕

| | | |
|---|---|---|
| ❶ 3×6 | ❷ 4×8 | ❸ 3×8 |
| ❹ 4×2 | ❺ 3×9 | ❻ 4×4 |
| ❼ 4×7 | ❽ 3×7 | ❾ 3×5 |
| ❿ 3×1 | ⓫ 4×6 | ⓬ 4×3 |
| ⓭ 4×5 | ⓮ 3×3 | ⓯ 4×9 |

★ 長いすが　4つ　あります。1つの　長いすに　3人ずつ　すわります。みんなで　何人　すわれますか。　1つ5〔10点〕

しき

答え（　　　）

# 19 かけ算九九 (3)

とく点

/100点

かけ算(ざん)を　しましょう。 1つ6〔90点〕

❶ 6×5　❷ 6×1　❸ 6×4

❹ 7×9　❺ 6×8　❻ 7×3

❼ 7×5　❽ 7×2　❾ 6×7

❿ 6×6　⓫ 7×8　⓬ 6×9

⓭ 7×4　⓮ 6×3　⓯ 7×7

カードを　1人(ひとり)に　7まいずつ、6人に　くばります。カードは何(なん)まい　いりますか。 1つ5〔10点〕

しき

答(こた)え（　　　）

# 20 かけ算九九 (4)

とく点　/100点

かけ算(ざん)を　しましょう。　1つ6〔90点〕

❶ $8 \times 7$　❷ $9 \times 5$　❸ $8 \times 2$

❹ $9 \times 3$　❺ $9 \times 4$　❻ $1 \times 6$

❼ $1 \times 7$　❽ $8 \times 8$　❾ $9 \times 9$

❿ $8 \times 4$　⓫ $9 \times 6$　⓬ $8 \times 9$

⓭ $8 \times 6$　⓮ $1 \times 9$　⓯ $9 \times 7$

★ えんぴつを　1人(ひとり)に　9本ずつ、8人に　くばります。えんぴつは　何本(なんぼん)　いりますか。　1つ5〔10点〕

しき

答(こた)え（　　　　）

# 21 かけ算九九(5)

とく点
/100点

かけ算(ざん)を　しましょう。　1つ6〔90点〕

❶ 3×8　❷ 8×5　❸ 1×5

❹ 6×6　❺ 4×9　❻ 2×6

❼ 7×4　❽ 5×2　❾ 8×9

❿ 5×8　⓫ 9×6　⓬ 3×6

⓭ 7×3　⓮ 4×3　⓯ 8×7

1はこ　6こ入りの　チョコレートが　7はこ　あります。
チョコレートは　何(なん)こ　ありますか。　1つ5〔10点〕

しき

答(こた)え（　　　　）

# 22 かけ算九九（6）

とく点

/100点

かけ算を　しましょう。　1つ6〔90点〕

❶ 6×3　❷ 4×6　❸ 8×6

❹ 3×7　❺ 7×7　❻ 5×3

❼ 1×6　❽ 9×5　❾ 6×9

❿ 8×8　⓫ 4×7　⓬ 2×7

⓭ 7×1　⓮ 5×6　⓯ 9×3

★お楽しみ会で、1人に　おかしを　2こと、ジュースを　1本くばります。8人分では、おかしと　ジュースは、それぞれいくつ　いりますか。　1つ5〔10点〕

しき

答え（おかし…　　　、ジュース…　　　）

# 23 かけ算九九(7)

とく点　/100点

かけ算(ざん)を　しましょう。　1つ6〔90点〕

| | | |
|---|---|---|
| ❶ 4×4 | ❷ 7×5 | ❸ 2×3 |
| ❹ 9×4 | ❺ 7×9 | ❻ 5×5 |
| ❼ 3×4 | ❽ 8×3 | ❾ 6×2 |
| ❿ 4×8 | ⓫ 9×7 | ⓬ 1×4 |
| ⓭ 5×7 | ⓮ 3×9 | ⓯ 6×8 |

1週間(しゅうかん)は　7日です。6週間は　何日(なんにち)ですか。　1つ5〔10点〕

しき

答(こた)え（　　　　）

# 1000より　大きい　数

とく点　　/100点

□に　あてはまる　数を　書きましょう。　1つ10〔60点〕

① 1000を　6こ、100を　2こ、1を　9こ　あわせた　数は、□です。

② 7035は、1000を□こ、10を□こ、1を□こ　あわせた　数です。（ぜんぶ できて 10点）

③ 千のくらいが　4、百のくらいが　7、十のくらいが　2、一のくらいが　8の　数は、□です。

④ 100を　39こ　あつめた　数は、□です。

⑤ 8000は、100を□こ　あつめた　数です。

⑥ 1000を　10こ　あつめた　数は、□です。

□に　あてはまる　＞、＜を　書きましょう。　1つ10〔40点〕

⑦ 7000 □ 6990　　⑧ 4078 □ 4089

⑨ 9609 □ 9613　　⑩ 7359 □ 7357

●べんきょうした 日　月　日

# 25 大きい　数の　計算(3)

とく点

/100点

1 計算(けいさん)を　しましょう。　1つ6〔90点〕

❶ 700＋500　❷ 800＋600　❸ 400＋800

❹ 900＋400　❺ 500＋600　❻ 800＋800

❼ 700＋600　❽ 200＋900　❾ 900＋300

❿ 1000－500　⓫ 1000－800　⓬ 1000－400

⓭ 1000－300　⓮ 1000－600　⓯ 1000－900

2 700円の　絵(え)のぐを　買(か)います。1000円さつで　はらうと、おつりは　いくらですか。　1つ5〔10点〕

しき

答(こた)え（　　　　）

●べんきょうした日　　月　　日

# 26 長さ

とく点

/100点

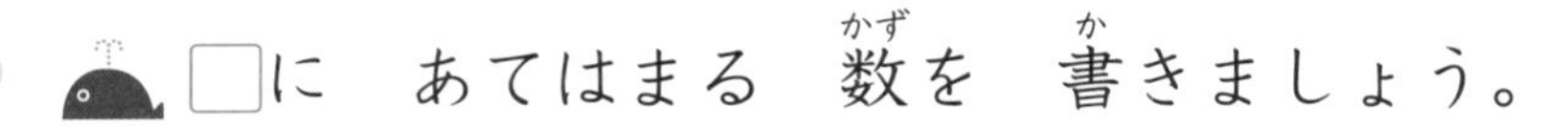

□に　あてはまる　数(かず)を　書(か)きましょう。　1つ5〔50点〕

❶ 2cm＝□mm　　❷ 4m＝□cm

❸ 80mm＝□cm　　❹ 200cm＝□m

❺ 32mm＝□cm□mm　　❻ 260cm＝□m□cm

❼ 402cm＝□m□cm　　❽ 1m50cm＝□cm

❾ 3m42cm＝□cm　　❿ 8cm5mm＝□mm

計算(けいさん)を　しましょう。　1つ10〔50点〕

⓫ 5cm6mm＋7cm　　⓬ 2m50cm＋4m

⓭ 8cm2mm＋7mm　　⓮ 6cm8mm－5cm

⓯ 7m21cm－17cm

# 27 2年の　まとめ(1)

とく点

/100点

計算(けいさん)を　しましょう。　1つ6〔54点〕

❶ 24+14　❷ 38+58　❸ 75+46

❹ 27+83　❺ 400+80　❻ 87−50

❼ 66−28　❽ 104−79　❾ 235−23

かけ算(ざん)を　しましょう。　1つ6〔36点〕

❿ 5×3　⓫ 7×8　⓬ 1×9

⓭ 3×4　⓮ 6×5　⓯ 8×4

リボンが　52本　ありました。かざりを　作(つく)るのに　何本(なんぼん)か　つかったので、のこりが　35本に　なりました。リボンを　何本　つかいましたか。　1つ5〔10点〕

しき

答(こた)え（　　　　）

# 28 2年の　まとめ (2)

とく点

/100点

★ 計算(けいさん)を　しましょう。　1つ6〔54点〕

❶ 19＋39　❷ 26＋34　❸ 37＋86

❹ 98＋8　❺ 72－25　❻ 60－33

❼ 106－9　❽ 256－53　❾ 1000－200

かけ算(ざん)を　しましょう。　1つ6〔36点〕

⑩ 7×5　⑪ 4×8　⑫ 3×7

⑬ 9×6　⑭ 2×9　⑮ 6×8

1はこ　4こ入りの　ケーキが　6はこ　あります。ケーキを　5こ　たべると、のこりは　何(なん)こですか。　1つ5〔10点〕

しき

答(こた)え（　　　　）

# 答え

**1**
① 59　② 65　③ 68
④ 58　⑤ 99　⑥ 48
⑦ 98　⑧ 95　⑨ 39
⑩ 49　⑪ 80　⑫ 89
⑬ 59　⑭ 53　⑮ 48
しき 25＋43＝68　答え 68円

**2**
① 83　② 57　③ 93
④ 96　⑤ 43　⑥ 92
⑦ 46　⑧ 80　⑨ 50
⑩ 75　⑪ 52　⑫ 65
⑬ 90　⑭ 62　⑮ 40
しき 24＋27＝51　答え 51人

**3**
① 74　② 51　③ 51
④ 84　⑤ 94　⑥ 64
⑦ 73　⑧ 60　⑨ 54
⑩ 70　⑪ 47　⑫ 81
⑬ 73　⑭ 63　⑮ 98
しき 37＋6＝43　答え 43まい

**4**
① 52　② 52　③ 23
④ 46　⑤ 16　⑥ 26
⑦ 27　⑧ 10　⑨ 20
⑩ 30　⑪ 5　⑫ 3
⑬ 63　⑭ 83　⑮ 40
しき 39－15＝24　答え 24まい

**5**
① 18　② 35　③ 37
④ 13　⑤ 58　⑥ 38
⑦ 26　⑧ 33　⑨ 24
⑩ 5　⑪ 2　⑫ 53
⑬ 47　⑭ 87　⑮ 66
しき 88－49＝39　答え 39ページ

**6**
① 44　② 29　③ 36
④ 65　⑤ 48　⑥ 22
⑦ 39　⑧ 8　⑨ 6
⑩ 1　⑪ 25　⑫ 45
⑬ 36　⑭ 62　⑮ 53
しき 50－32＝18　答え 18まい

**7**
① 130　② 120　③ 150
④ 110　⑤ 120　⑥ 140
⑦ 140　⑧ 80　⑨ 30
⑩ 80　⑪ 80　⑫ 60
⑬ 90　⑭ 80　⑮ 90
しき 80＋40＝120　答え 120まい

**8**
① 800　② 900　③ 600
④ 200　⑤ 600　⑥ 200
⑦ 430　⑧ 560　⑨ 920
⑩ 703　⑪ 200　⑫ 400
⑬ 600　⑭ 400　⑮ 700
しき 400＋60＝460　答え 460円

**9**
① 1L＝[10]dL　② 1L＝[1000]mL
③ 1dL＝[100]mL　④ 8L＝[80]dL
⑤ 300mL＝[3]dL　⑥ 5dL＝[500]mL
⑦ 21dL＝[2]L 1dL　⑧ 70dL＝[7]L
⑨ 5L 4dL　⑩ 1L 8dL
⑪ 2L 3dL　⑫ 4dL
⑬ 2L 3dL　⑭ 1L 5dL

**10**
① 27　② 38　③ 45
④ 57　⑤ 68　⑥ 59
⑦ 75　⑧ 67　⑨ 56
⑩ 68　⑪ 69　⑫ 78
⑬ 76　⑭ 88　⑮ 57
しき 14＋28＋16＝58　答え 58本

## 11

❶ 137 ❷ 128 ❸ 158
❹ 117 ❺ 151 ❻ 143
❼ 151 ❽ 121 ❾ 131
❿ 133 ⓫ 124 ⓬ 116
⓭ 134 ⓮ 124 ⓯ 122

しき 67＋72＝139 答え 139こ

## 12

❶ 120 ❷ 190 ❸ 120
❹ 120 ❺ 101 ❻ 104
❼ 104 ❽ 105 ❾ 100
❿ 100 ⓫ 100 ⓬ 105
⓭ 104 ⓮ 100 ⓯ 100

しき 65＋38＝103 答え 103円

## 13

❶ 359 ❷ 475 ❸ 267
❹ 577 ❺ 368 ❻ 198
❼ 465 ❽ 581 ❾ 383
❿ 491 ⓫ 140 ⓬ 270
⓭ 692 ⓮ 243 ⓯ 410

しき 425＋68＝493 答え 493円

## 14

❶ 73 ❷ 83 ❸ 72
❹ 80 ❺ 91 ❻ 71
❼ 53 ❽ 73 ❾ 40
❿ 85 ⓫ 67 ⓬ 75
⓭ 89 ⓮ 76 ⓯ 57

しき 144－68＝76 答え 76ページ

## 15

❶ 94 ❷ 97 ❸ 97
❹ 95 ❺ 98 ❻ 97
❼ 47 ❽ 26 ❾ 78
❿ 36 ⓫ 95 ⓬ 93
⓭ 96 ⓮ 98 ⓯ 99

しき 103－25＝78 答え 78まい

## 16

❶ 332 ❷ 423 ❸ 551
❹ 436 ❺ 626 ❻ 918
❼ 726 ❽ 506 ❾ 406
❿ 307 ⓫ 428 ⓬ 355
⓭ 728 ⓮ 507 ⓯ 906

しき 215－8＝207 答え 207まい

## 17

❶ 20 ❷ 16 ❸ 5
❹ 15 ❺ 25 ❻ 14
❼ 12 ❽ 8 ❾ 30
❿ 10 ⓫ 35 ⓬ 18
⓭ 45 ⓮ 4 ⓯ 40

しき 5×2＝10 答え 10こ

## 18

❶ 18 ❷ 32 ❸ 24
❹ 8 ❺ 27 ❻ 16
❼ 28 ❽ 21 ❾ 15
❿ 3 ⓫ 24 ⓬ 12
⓭ 20 ⓮ 9 ⓯ 36

しき 3×4＝12 答え 12人

## 19

❶ 30 ❷ 6 ❸ 24
❹ 63 ❺ 48 ❻ 21
❼ 35 ❽ 14 ❾ 42
❿ 36 ⓫ 56 ⓬ 54
⓭ 28 ⓮ 18 ⓯ 49

しき 7×6＝42 答え 42まい

## 20

❶ 56 ❷ 45 ❸ 16
❹ 27 ❺ 36 ❻ 6
❼ 7 ❽ 64 ❾ 81
❿ 32 ⓫ 54 ⓬ 72
⓭ 48 ⓮ 9 ⓯ 63

しき 9×8＝72 答え 72本

**21**
① 24　② 40　③ 5
④ 36　⑤ 36　⑥ 12
⑦ 28　⑧ 10　⑨ 72
⑩ 40　⑪ 54　⑫ 18
⑬ 21　⑭ 12　⑮ 56
しき 6×7=42　答え 42こ

**22**
① 18　② 24　③ 48
④ 21　⑤ 49　⑥ 15
⑦ 6　⑧ 45　⑨ 54
⑩ 64　⑪ 28　⑫ 14
⑬ 7　⑭ 30　⑮ 27
しき 2×8=16　1×8=8
答え おかし…16こ、ジュース…8本

**23**
① 16　② 35　③ 6
④ 36　⑤ 63　⑥ 25
⑦ 12　⑧ 24　⑨ 12
⑩ 32　⑪ 63　⑫ 4
⑬ 35　⑭ 27　⑮ 48
しき 7×6=42　答え 42日

**24**
① 1000を 6こ、100を 2こ、1を 9こ あわせた 数は、[6209]です。
② 7035は、1000を [7]こ、10を [3]こ、1を [5]こ あわせた 数です。
③ 千のくらいが 4、百のくらいが 7、十のくらいが 2、一のくらいが 8の 数は、[4728]です。
④ 100を 39こ あつめた 数は、[3900]です。
⑤ 8000は、100を [80]こ あつめた 数です。
⑥ 1000を 10こ あつめた 数は、[10000]です。
⑦ 7000[>]6990
⑧ 4078[<]4089
⑨ 9609[<]9613
⑩ 7359[>]7357

**25**
① 1200　② 1400　③ 1200
④ 1300　⑤ 1100　⑥ 1600
⑦ 1300　⑧ 1100　⑨ 1200
⑩ 500　⑪ 200　⑫ 600
⑬ 700　⑭ 400　⑮ 100
しき 1000−700=300　答え 300円

**26**
① 2cm=[20]mm　② 4m=[400]cm
③ 80mm=[8]cm　④ 200cm=[2]m
⑤ 32mm=[3]cm[2]mm
⑥ 260cm=[2]m[60]cm
⑦ 402cm=[4]m[2]cm
⑧ 1m50cm=[150]cm
⑨ 3m42cm=[342]cm
⑩ 8cm5mm=[85]mm
⑪ 12cm6mm　⑫ 6m50cm
⑬ 8cm9mm　⑭ 1cm8mm
⑮ 7m4cm

**27**
① 38　② 96　③ 121
④ 110　⑤ 480　⑥ 37
⑦ 38　⑧ 25　⑨ 212
⑩ 15　⑪ 56　⑫ 9
⑬ 12　⑭ 30　⑮ 32
しき 52−35=17　答え 17本

**28**
① 58　② 60　③ 123
④ 106　⑤ 47　⑥ 27
⑦ 97　⑧ 203　⑨ 800
⑩ 35　⑪ 32　⑫ 21
⑬ 54　⑭ 18　⑮ 48
しき 4×6=24　24−5=19
答え 19こ

「小学教科書ワーク・数と計算」で、
さらに れんしゅうしよう！

# わくわくシール

★１日の学習がおわったら、チャレンジシールをはろう。
★実力はんていテストがおわったら、まんてんシールをはろう。

## まんてんシール

## チャレンジシール

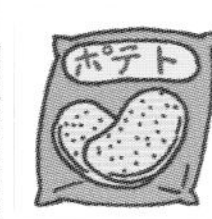

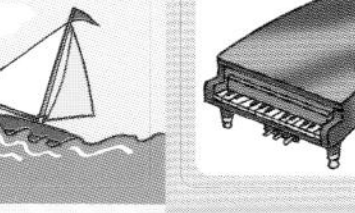

算数 2年

# かけ算九九

教科書ワーク

| 1のだん | 2のだん | 3のだん | 4のだん | 5のだん | 6のだん | 7のだん | 8のだん | 9のだん |
|---|---|---|---|---|---|---|---|---|
| 1×1=1<br>いん いち　いち<br>(一一が 1) | 2×1=2<br>に いち　に<br>(二一が 2) | 3×1=3<br>さん いち　さん<br>(三一が 3) | 4×1=4<br>し いち　し<br>(四一が 4) | 5×1=5<br>ご いち　ご<br>(五一が 5) | 6×1=6<br>ろく いち　ろく<br>(六一が 6) | 7×1=7<br>しち いち　しち<br>(七一が 7) | 8×1=8<br>はち いち　はち<br>(八一が 8) | 9×1=9<br>く いち　く<br>(九一が 9) |
| 1×2=2<br>いん に　に<br>(一二が 2) | 2×2=4<br>に にん　し<br>(二二が 4) | 3×2=6<br>さん に　ろく<br>(三二が 6) | 4×2=8<br>し に　はち<br>(四二が 8) | 5×2=10<br>ご に　じゅう<br>(五二 10) | 6×2=12<br>ろく に　じゅうに<br>(六二 12) | 7×2=14<br>しち に　じゅうし<br>(七二 14) | 8×2=16<br>はち に　じゅうろく<br>(八二 16) | 9×2=18<br>く に　じゅうはち<br>(九二 18) |
| 1×3=3<br>いん さん　さん<br>(一三が 3) | 2×3=6<br>に さん　ろく<br>(二三が 6) | 3×3=9<br>さ ざん　く<br>(三三が 9) | 4×3=12<br>し さん　じゅうに<br>(四三 12) | 5×3=15<br>ご さん　じゅうご<br>(五三 15) | 6×3=18<br>ろく さん　じゅうはち<br>(六三 18) | 7×3=21<br>しち さん　にじゅういち<br>(七三 21) | 8×3=24<br>はち さん　にじゅうし<br>(八三 24) | 9×3=27<br>く さん　にじゅうしち<br>(九三 27) |
| 1×4=4<br>いん し　し<br>(一四が 4) | 2×4=8<br>に し　はち<br>(二四が 8) | 3×4=12<br>さん し　じゅうに<br>(三四 12) | 4×4=16<br>し し　じゅうろく<br>(四四 16) | 5×4=20<br>ご し　にじゅう<br>(五四 20) | 6×4=24<br>ろく し　にじゅうし<br>(六四 24) | 7×4=28<br>しち し　にじゅうはち<br>(七四 28) | 8×4=32<br>はち し　さんじゅうに<br>(八四 32) | 9×4=36<br>く し　さんじゅうろく<br>(九四 36) |
| 1×5=5<br>いん ご　ご<br>(一五が 5) | 2×5=10<br>に ご　じゅう<br>(二五 10) | 3×5=15<br>さん ご　じゅうご<br>(三五 15) | 4×5=20<br>し ご　にじゅう<br>(四五 20) | 5×5=25<br>ご ご　にじゅうご<br>(五五 25) | 6×5=30<br>ろく ご　さんじゅう<br>(六五 30) | 7×5=35<br>しち ご　さんじゅうご<br>(七五 35) | 8×5=40<br>はち ご　しじゅう<br>(八五 40) | 9×5=45<br>く ご　しじゅうご<br>(九五 45) |
| 1×6=6<br>いん ろく　ろく<br>(一六が 6) | 2×6=12<br>に ろく　じゅうに<br>(二六 12) | 3×6=18<br>さぶ ろく　じゅうはち<br>(三六 18) | 4×6=24<br>し ろく　にじゅうし<br>(四六 24) | 5×6=30<br>ご ろく　さんじゅう<br>(五六 30) | 6×6=36<br>ろく ろく　さんじゅうろく<br>(六六 36) | 7×6=42<br>しち ろく　しじゅうに<br>(七六 42) | 8×6=48<br>はち ろく　しじゅうはち<br>(八六 48) | 9×6=54<br>く ろく　ごじゅうし<br>(九六 54) |
| 1×7=7<br>いん しち　しち<br>(一七が 7) | 2×7=14<br>に しち　じゅうし<br>(二七 14) | 3×7=21<br>さん しち　にじゅういち<br>(三七 21) | 4×7=28<br>し しち　にじゅうはち<br>(四七 28) | 5×7=35<br>ご しち　さんじゅうご<br>(五七 35) | 6×7=42<br>ろく しち　しじゅうに<br>(六七 42) | 7×7=49<br>しち しち　しじゅうく<br>(七七 49) | 8×7=56<br>はち しち　ごじゅうろく<br>(八七 56) | 9×7=63<br>く しち　ろくじゅうさん<br>(九七 63) |
| 1×8=8<br>いん はち　はち<br>(一八が 8) | 2×8=16<br>に はち　じゅうろく<br>(二八 16) | 3×8=24<br>さん ぱ　にじゅうし<br>(三八 24) | 4×8=32<br>し は　さんじゅうに<br>(四八 32) | 5×8=40<br>ご は　しじゅう<br>(五八 40) | 6×8=48<br>ろく は　しじゅうはち<br>(六八 48) | 7×8=56<br>しち は　ごじゅうろく<br>(七八 56) | 8×8=64<br>はっぱ　ろくじゅうし<br>(八八 64) | 9×8=72<br>く は　しちじゅうに<br>(九八 72) |
| 1×9=9<br>いん く　く<br>(一九が 9) | 2×9=18<br>に く　じゅうはち<br>(二九 18) | 3×9=27<br>さん く　にじゅうしち<br>(三九 27) | 4×9=36<br>し く　さんじゅうろく<br>(四九 36) | 5×9=45<br>ごっく　しじゅうご<br>(五九 45) | 6×9=54<br>ろっく　ごじゅうし<br>(六九 54) | 7×9=63<br>しち く　ろくじゅうさん<br>(七九 63) | 8×9=72<br>はっく　しちじゅうに<br>(八九 72) | 9×9=81<br>く く　はちじゅういち<br>(九九 81) |

# わくわくポスター 算数 2年 時こくと　時間



## 時計の 読み方

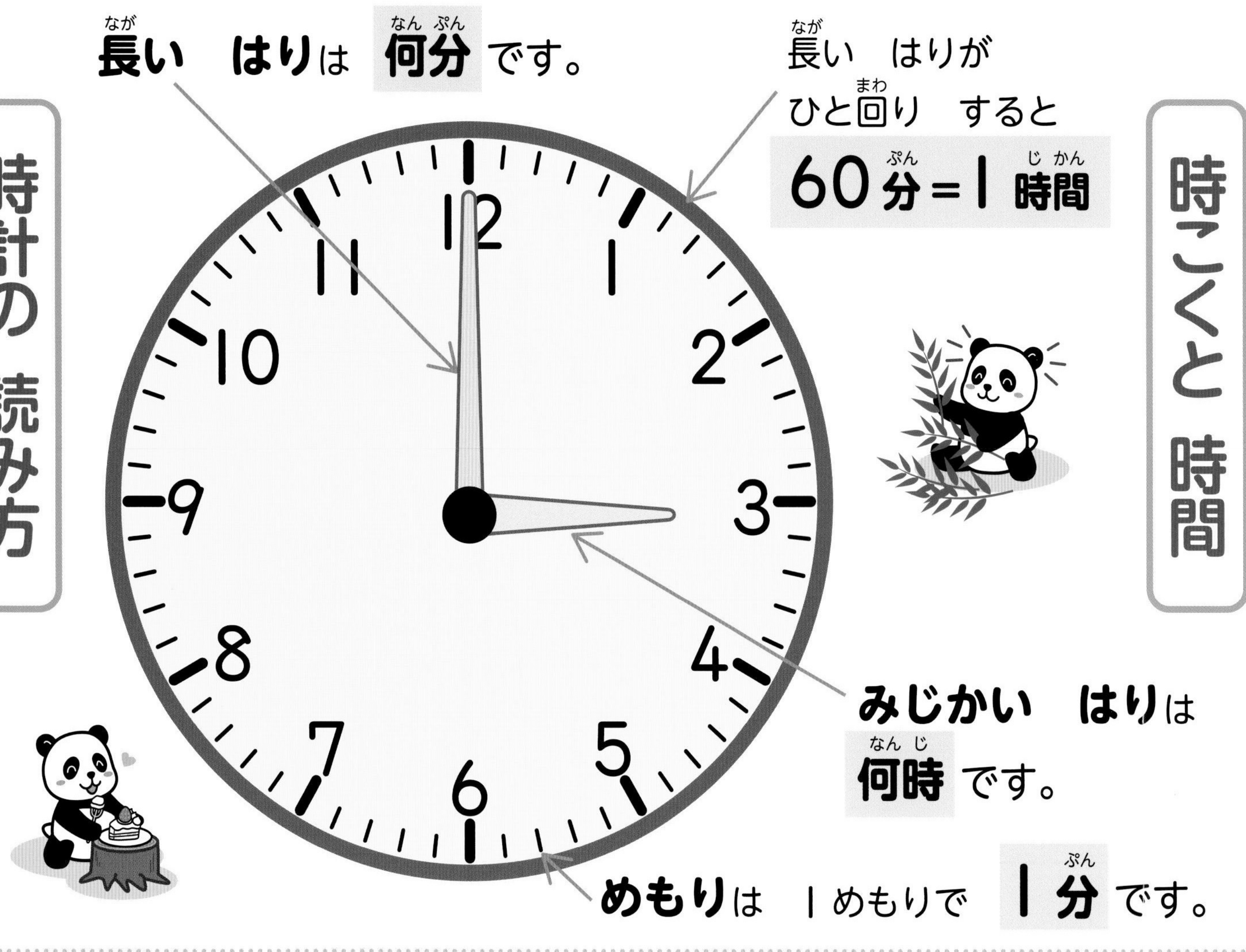

## 時こくと 時間

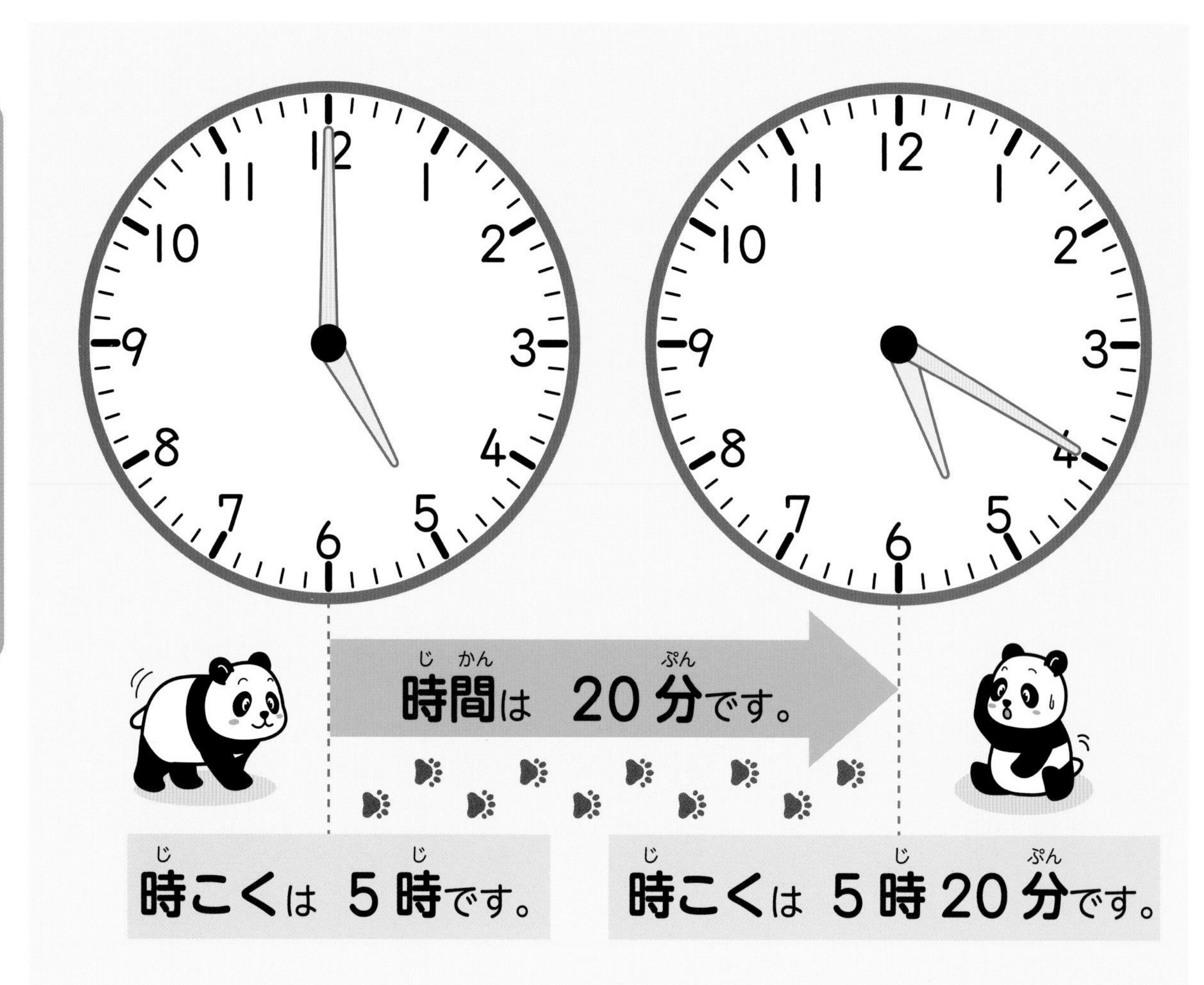

## 午前と 午後

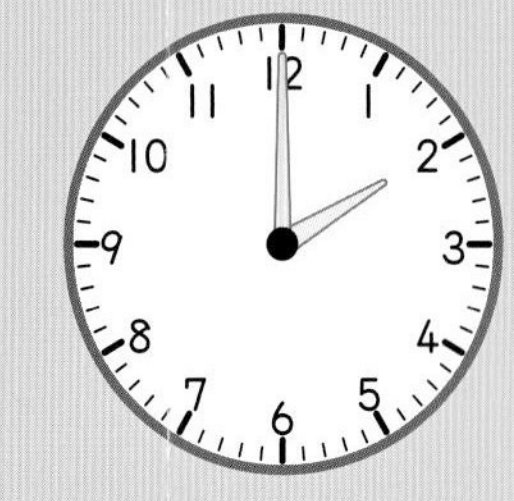

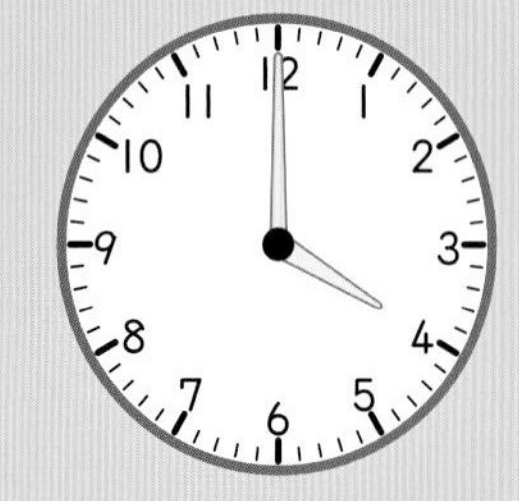

| 午前 | | | 正午 | | | 午後 | | |
|---|---|---|---|---|---|---|---|---|
| 6時 | 8時 | 10時 | 12時<br>0時 | (14時)<br>2時 | (16時)<br>4時 | (18時)<br>6時 | (20時)<br>8時 | (21時)<br>9時 |
| おきる | 家を　出る | じゅぎょう | 昼　食 | あそぶ | 手つだい | 夕　食 | おふろ | ね　る |

日本文教版
# 算数2年

動画 コードを読みとって、下の番号の動画を見てみよう。

*がついている動画は、一部他の単元の内容を含みます。

べんきょうした 日　　月　　日

# わかりやすく あらわそう

もくひょう
しらべた ことを
整理して、ひょうや
グラフに あらわそう。

おわったら シールを はろう

## きほんのワーク

教科書 上 12〜16ページ　答え 1ページ

### きほん1 ひょうや グラフに あらわせますか。

☆ そだてて みたい 花を １つずつ えらび、色(いろ)を ぬりました。

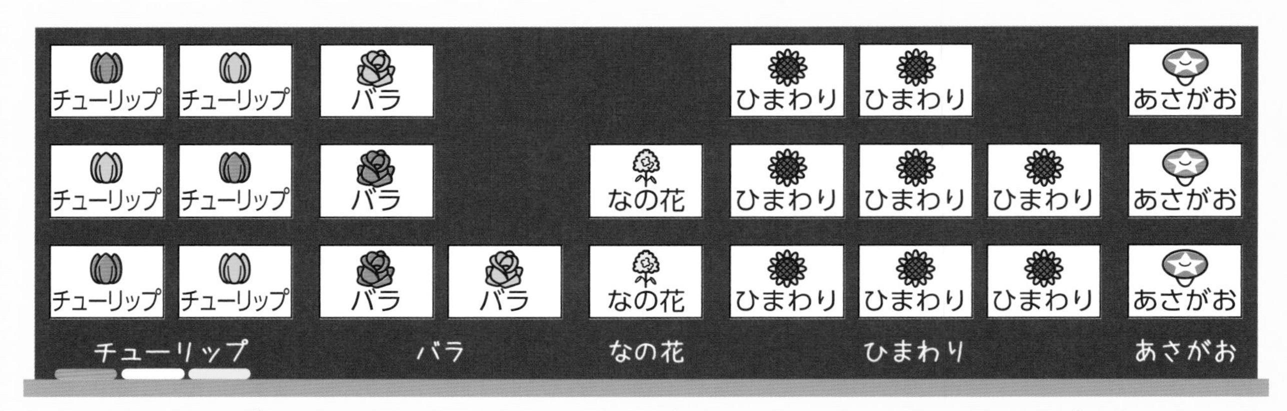


▶花の 数(かず)を、花の しゅるいで 分(わ)けて、わかりやすく 整理(せいり)します。

❶ 右の ひょうで 整理しましょう。

ひょうは 数が わかりやすいね。

花の しゅるいしらべ

| 花の しゅるい | チューリップ | バラ | なの花 | ひまわり | あさがお |
|---|---|---|---|---|---|
| 花の 数 | 6 | | | | |

なぞりましょう。

❷ 花の 数を ○の 数で あらわした グラフを かきましょう。

グラフに あらわすと、ちがいが 一目で わかるね。

花の しゅるいしらべ

| | | | | |
|---|---|---|---|---|
| | | | | |
| | | | | |
| | | | | |
| ○ | | | | |
| ○ | | | | |
| ○ | | | | |
| ○ | | | | |
| ○ | | | | |
| ○ | | | | |
| チューリップ | バラ | なの花 | ひまわり | あさがお |

○は 下から かくよ。

❸ ひまわりの 数は いくつですか。

(　　　)

❹ バラと なの花の 数の ちがいは いくつですか。

(　　　)



さんすうはかせ　ひょうは 数が わかりやすく、グラフは 数の 多(おお)い、少(すく)ないが わかりやすいね。

## 1 左ページの きほん1 で、花の 数を、花の 色で 分けて 整理しましょう。

教科書 13ページ1 14ページ2

❶ 下の ひょうで 整理しましょう。

花の 色しらべ

| 花の 色 | 赤 | ピンク | 黄色 | むらさき |
|---|---|---|---|---|
| 花の 数 | 6 | | | |

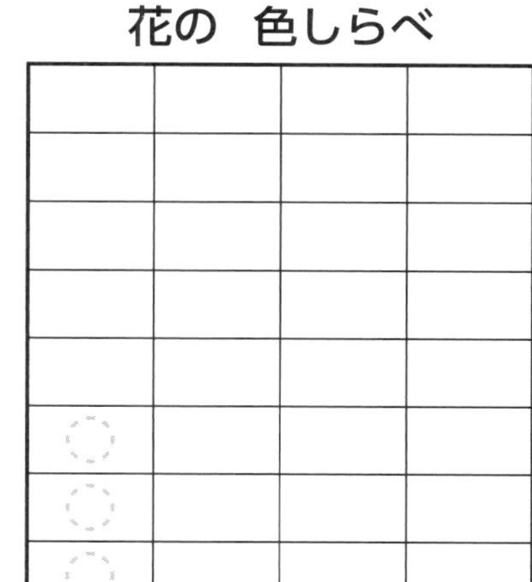

花の 色しらべ

| 赤 | ピンク | 黄色 | むらさき |
|---|---|---|---|

❷ 花の 数を ○の 数で あらわした グラフを かきましょう。

❸ いちばん 多い 色は 何ですか。また、その 数は いくつですか。

色(　　　　) 数(　　　　)

❹ ピンクの 花の 数は、むらさきの 花の 数より いくつ 多いですか。

(　　　　)

## 2 おかしの 数を しらべましょう。

❶ おかしの 数を 下の ひょうで 整理しましょう。

教科書 13ページ1 14ページ2

おかしの 数しらべ

| しゅるい | ケーキ | あめ | クッキー | チョコレート | プリン |
|---|---|---|---|---|---|
| 数 | | | | | |

おかしの 数しらべ

| ケーキ | あめ | クッキー | チョコレート | プリン |
|---|---|---|---|---|

❷ おかしの 数を ○の 数で あらわした グラフを かきましょう。

❸ あめと チョコレートでは、どちらが いくつ 多いですか。

(＿＿＿＿＿＿ が ＿＿＿ つ 多い。)

おうちのかたへ
調べたことを、いろいろな分け方で表やグラフにあらわして整理することを学習します。
表はひとつひとつの数量を見るのに便利です。グラフは多い、少ないが一目でわかります。

べんきょうした 日　　月　　日

# れんしゅうのワーク

教科書 (上) 12〜16ページ　答え 1ページ

できた 数　/6もん 中

おわったら シールを はろう

**1** ひょうと グラフ　すきな 給食(きゅうしょく)の メニューを しらべて、ひょうに 整理(せいり)しました。

すきな メニューしらべ

| メニュー | カレー | スパゲッティ | シチュー | ハンバーグ | あげパン |
|---|---|---|---|---|---|
| 人数 | 7 | 6 | 2 | 3 | 8 |

❶ 人数(にんずう)を ○の 数(かず)で あらわした グラフを かきましょう。

❷ すきな 人が いちばん 多(おお)いのは どの メニューですか。

(　　　　　)

❸ すきな 人が いちばん 少(すく)ないのは どの メニューですか。

(　　　　　)

❹ すきと 答(こた)えた 人数が 6人の メニューは 何(なん)ですか。

(　　　　　)

❺ ハンバーグが すきと 答えた 人は 何人ですか。

(　　　　　)

❻ カレーが すきな 人と、シチューが すきな 人では、どちらが 何人 多いですか。

(　　　　　)

できるナビ　人数の 多い 少ないは グラフを 見ると わかるよ！ 人数は ひょうを 見れば わかるね。

# まとめのテスト

とく点　　/100点

おわったら シールを はろう

教科書 ㊤12～16ページ　答え 2ページ

## 1 よく出る すきな あそびしらべを します。

1つ25〔50点〕

ボールけり

ボールなげ

ブランコ
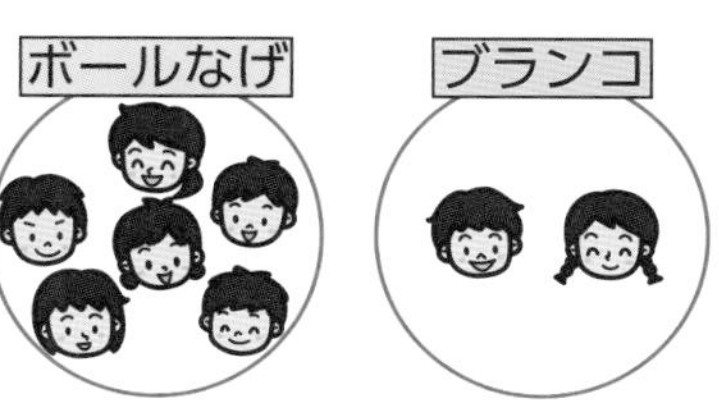
かくれんぼ

なわとび

てつぼう

❶ 人数を　下の　ひょうで　整理しましょう。

すきな　あそびしらべ

| すきな あそび | ボールけり | ボールなげ | ブランコ | かくれんぼ | なわとび | てつぼう |
|---|---|---|---|---|---|---|
| 人数 | | | | | | |

❷ 人数を　○の　数で　あらわした
グラフを　かきましょう。

すきな　あそびしらべ

| | | | | | |
|---|---|---|---|---|---|
| | | | | | |
| | | | | | |
| | | | | | |
| | | | | | |
| | | | | | |
| | | | | | |
| | | | | | |
| | | | | | |
| ボールけり | ボールなげ | ブランコ | かくれんぼ | なわとび | てつぼう |

## 2 1の　ひょうと　グラフを　見て　答えましょう。

（　）1つ10〔50点〕

❶ すきな　人が　いちばん　多いのは　どの
あそびですか。　（　　　　）

❷ すきな　人が　2番（ばん）めに　少ないのは
どの　あそびですか。　（　　　　）

❸ ボールなげが　すきな　人と　なわとびが　すきな　人では、どちらが
何人　多いですか。（＿＿＿＿が　すきな　人が＿＿＿人　多い。）

❹ (　)の　中の　合（あ）って　いる　ほうに　○を　つけましょう。

・人数の　多い　少ないが　わかりやすいのは　（グラフ・ひょう）です。

・人数が　わかりやすいのは　（グラフ・ひょう）です。

チェック
□ひょうに　あらわす　ことが　できたかな？
□グラフに　あらわす　ことが　できたかな？

# 1 たし算 (1)

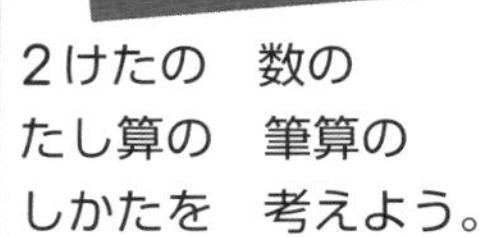

もくひょう
2けたの 数の たし算の 筆算の しかたを 考えよう。

おわったら シールを はろう

## きほんのワーク

教科書 上 18〜22ページ　答え 2ページ

### きほん1 2けたの たし算の しかたが わかりますか。

☆ 24＋32の 筆算(ひっさん)の しかたを 考(かんが)えましょう。

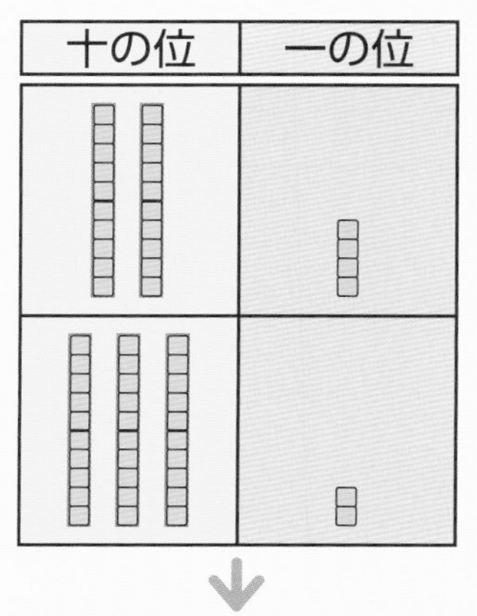


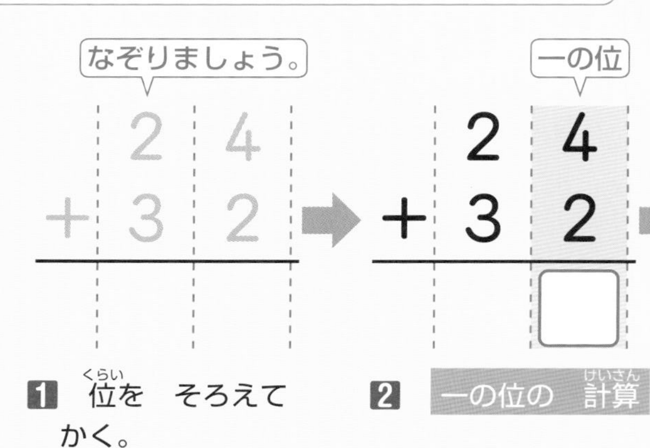


1 位(くらい)を そろえて かく。

2 一の位の 計算(けいさん)

$4+2=$ □

3 十の位の 計算

$2+3=$ □

$24+32=$ □

たされる数 たす数

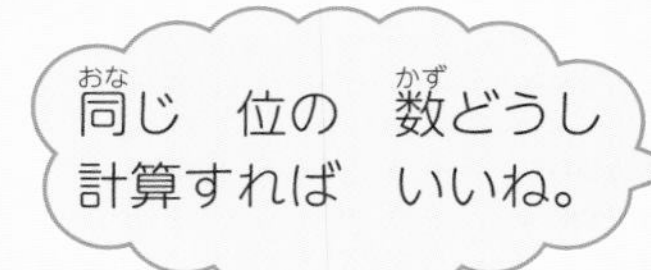

**1** 筆算で しましょう。　教科書 19ページ1 21ページ1

❶ 36＋23　❷ 22＋56　❸ 17＋62　❹ 43＋14

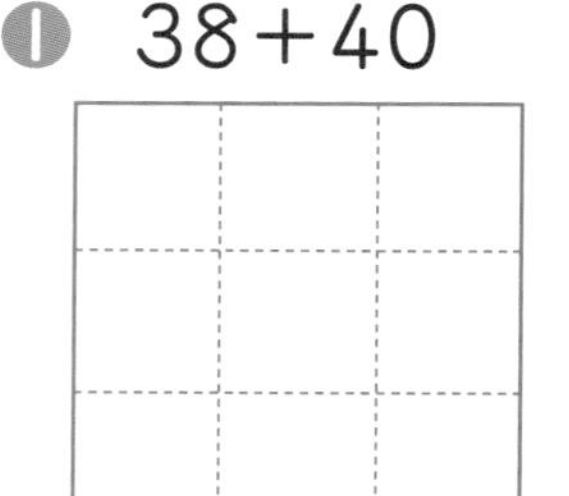


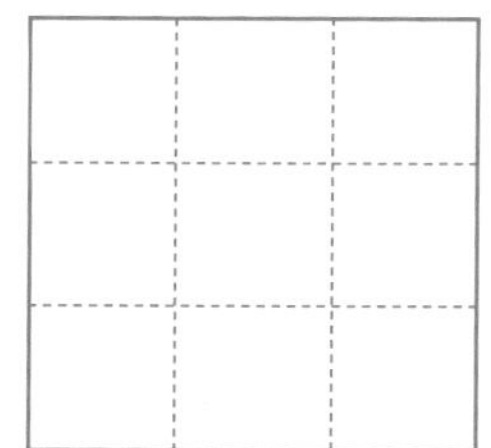

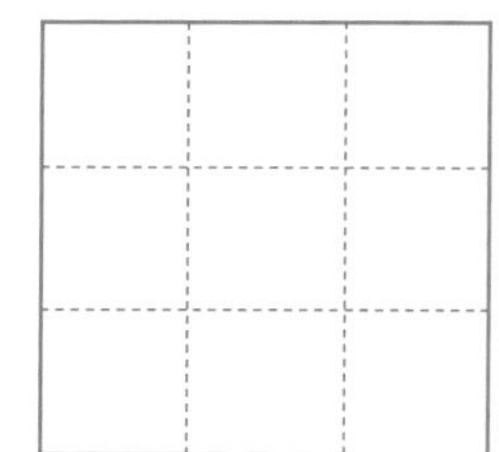

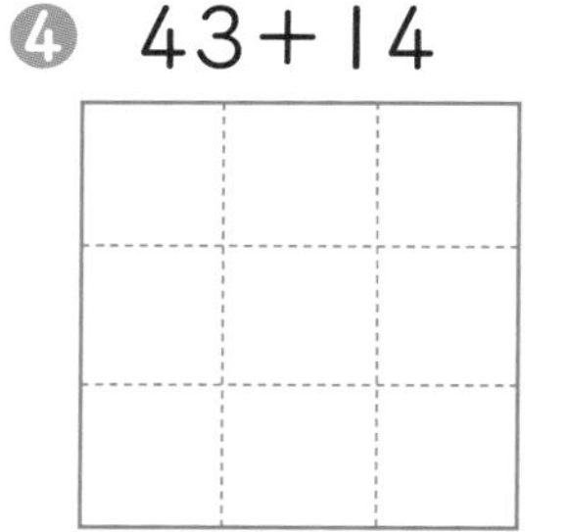

**2** 筆算で しましょう。　教科書 22ページ2 2

❶ 38＋40　❷ 30＋56　❸ 60＋20　❹ 40＋50

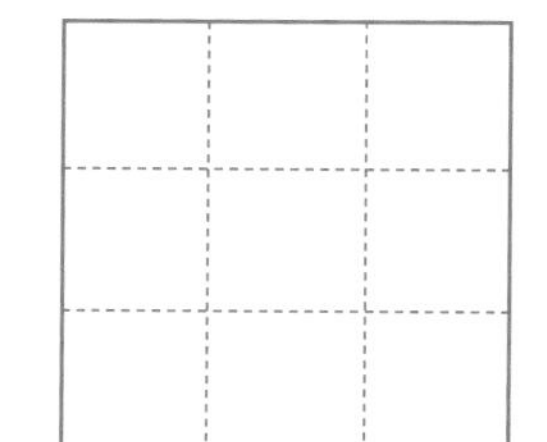

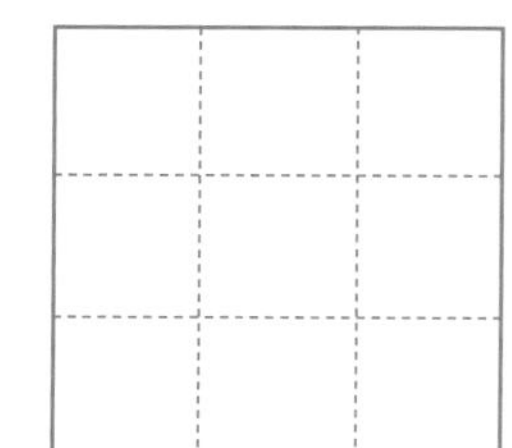

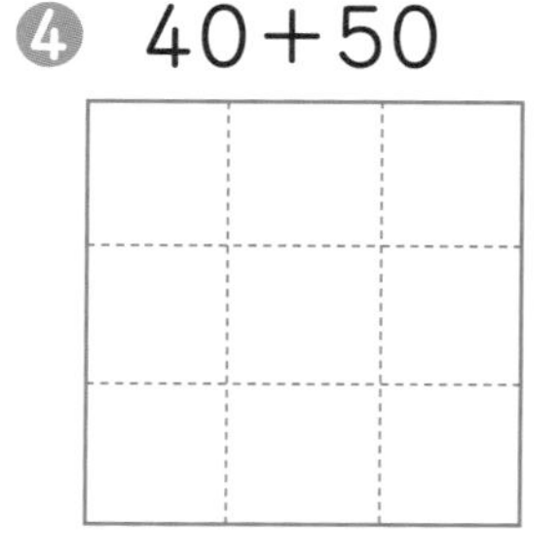

さんすうはかせ
筆算は、筆(ふで)で かかれた 計算と いう いみだよ。そろばんで 計算するのが あたりまえの 時(じ)だいに 生まれた 計算の やりかただったんだ。

## きほん2 (2けた)+(1けた)の　たし算の　しかたが　わかりますか。

☆ 45+3の　筆算の　しかたを　考えましょう。

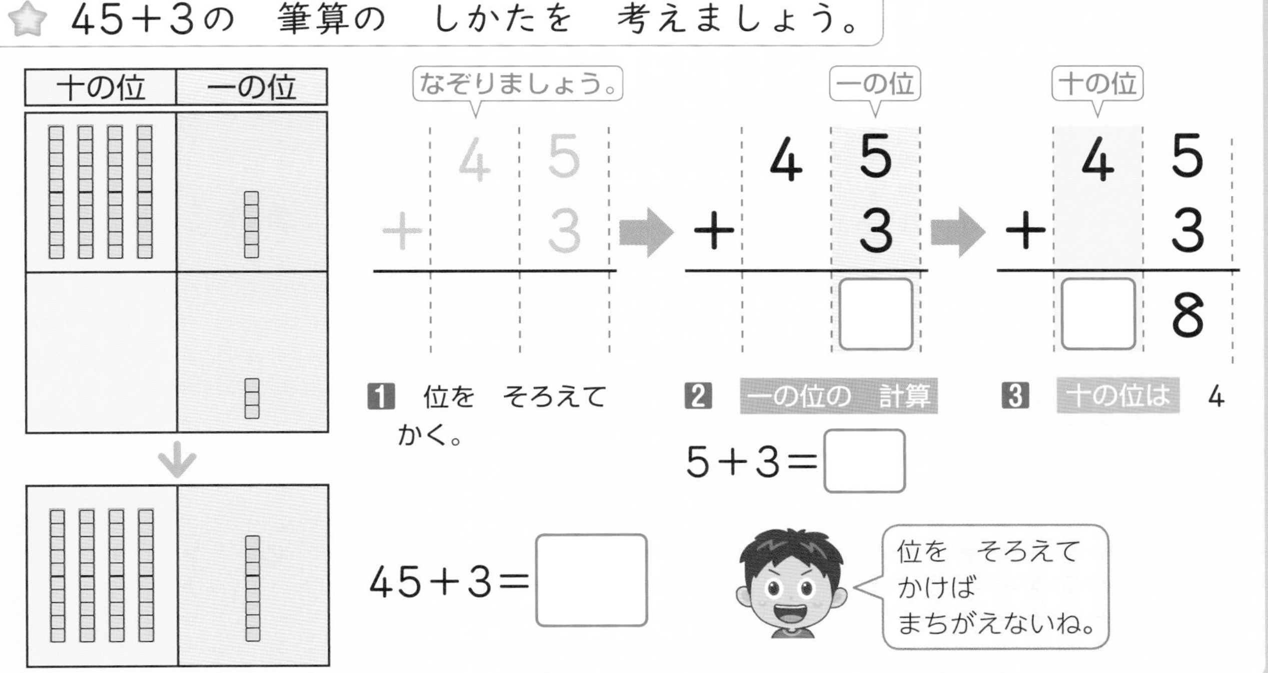


**3** 筆算で　しましょう。　教科書 22ページ 2 3

① 34+5　② 6+53　③ 70+4　④ 8+90

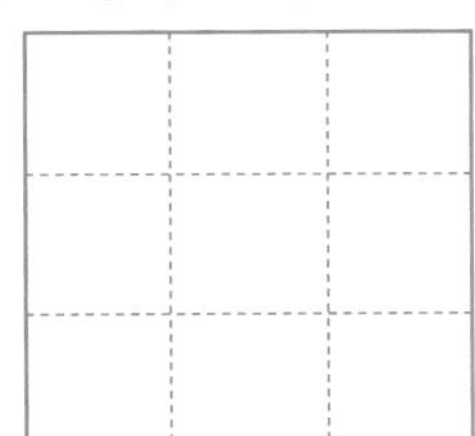
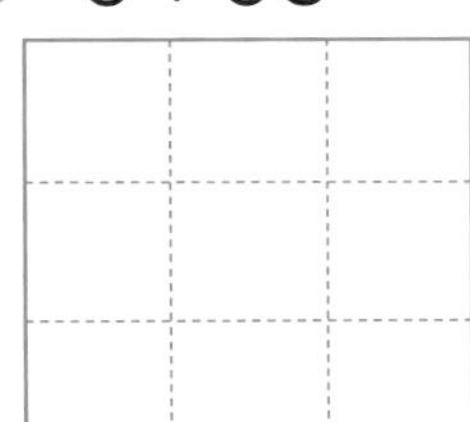

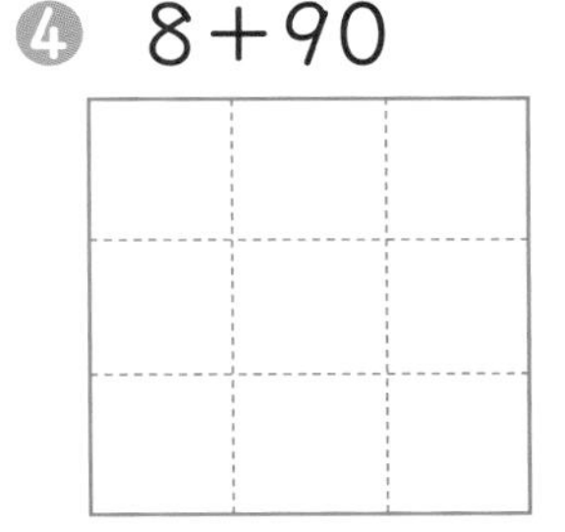

**4** 花だんに　黄色い　チューリップが　7本、赤い　チューリップが　32本　さいて　います。チューリップは　ぜんぶで　何本　さいて　いますか。

教科書 22ページ 4

しき

筆算

答え（　　　　　）

**5** りなさんは、色紙を　21まい　もって　いました。お姉さんから　6まい　もらいました。色紙は　ぜんぶで　何まいに　なりましたか。　教科書 22ページ 4

しき

筆算

答え（　　　　　）

おうちのかたへ　2けたのたし算の筆算のしかたを学習します。筆算は、位を縦にそろえて計算できるので、位ごとの計算がやりやすいことを確認しましょう。

# 2 たし算(2)

もくひょう
くり上がりの ある たし算の 筆算の しかたを 考えよう。

おわったら シールを はろう

## きほんのワーク

教科書 上 23〜26ページ　答え 2ページ

### きほん1 くり上がりの ある 2けたの たし算の しかたが わかりますか。

☆ 37＋25の 筆算(ひっさん)の しかたを 考(かんが)えましょう。

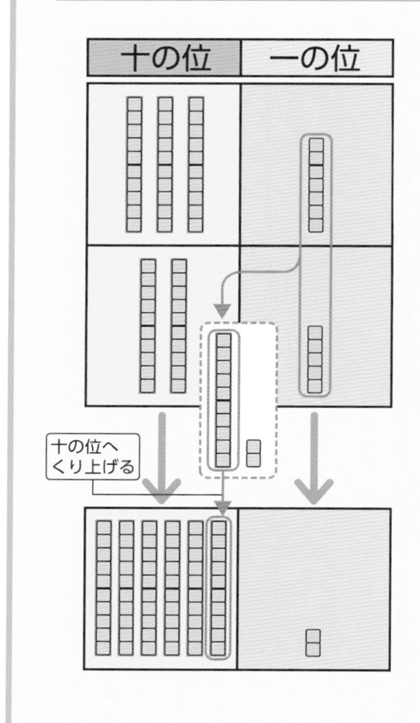


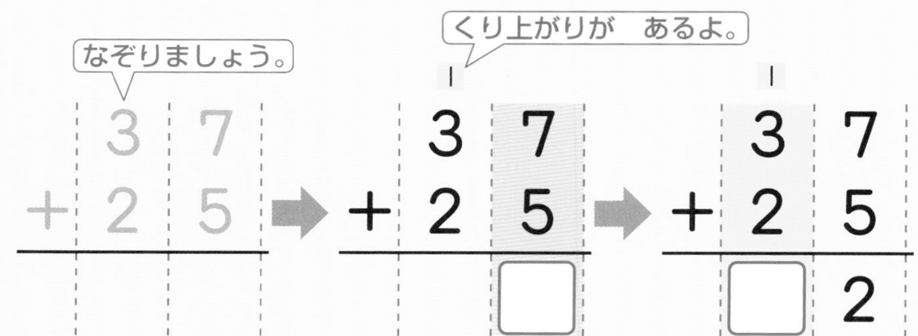


1 位(くらい)を そろえて かく。

2 一の位の 計算(けいさん)

7＋5＝□

十の位に 1 くり上げる。

3 十の位の 計算

1＋3＋2＝□

くり上げた 1

37＋25＝□

くり上がりの 1を わすれないように しよう。

**1** 筆算で しましょう。

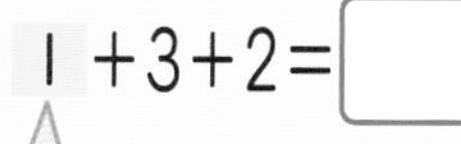


❶ 47＋38　❷ 24＋59　❸ 48＋15　❹ 29＋66

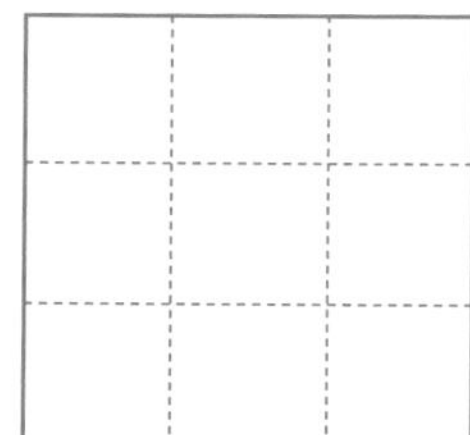
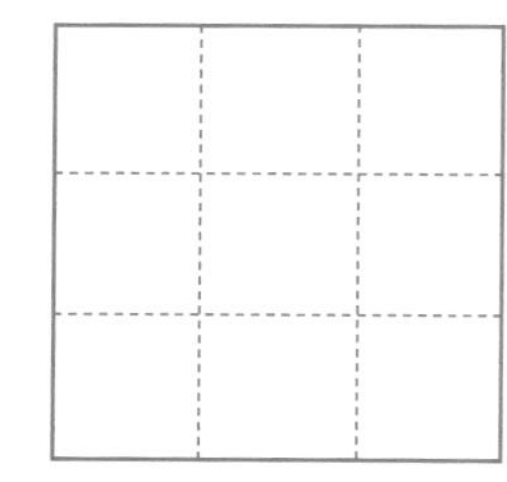
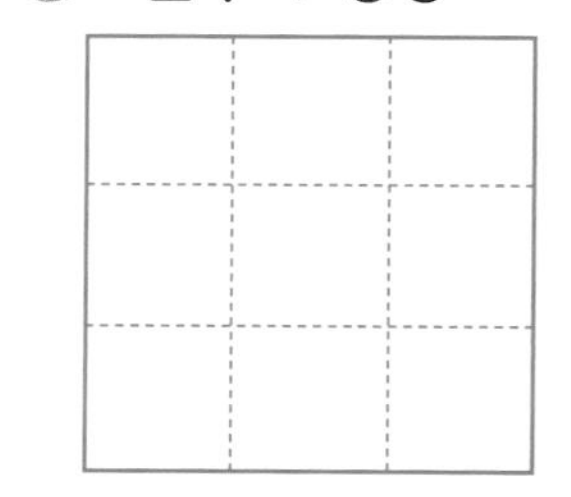

**2** 筆算で しましょう。

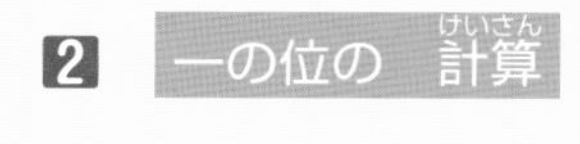


❶ 26＋34　❷ 51＋19　❸ 17＋73　❹ 22＋48

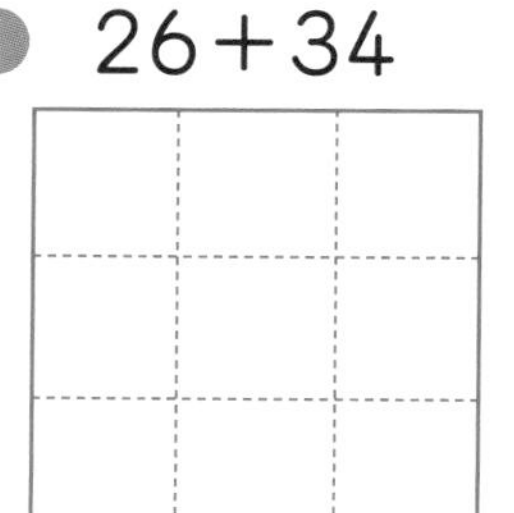
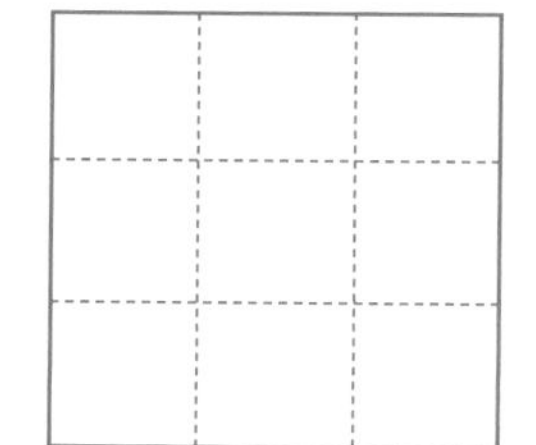
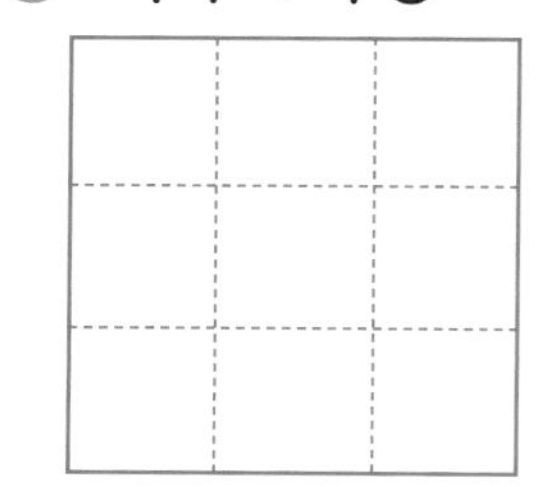
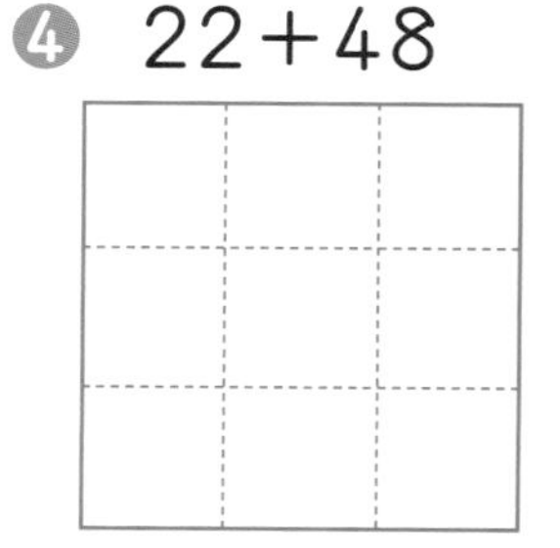

くり上がりが ある 計算では、くり上げた 1を 小さく かいて おくと まちがいが ふせげるよ。くり上がりの 1を かいて おこう！

## きほん2 (2けた)+(1けた)の　たし算の　しかたが　わかりますか。

☆ 36+8の　筆算の　しかたを　考えましょう。

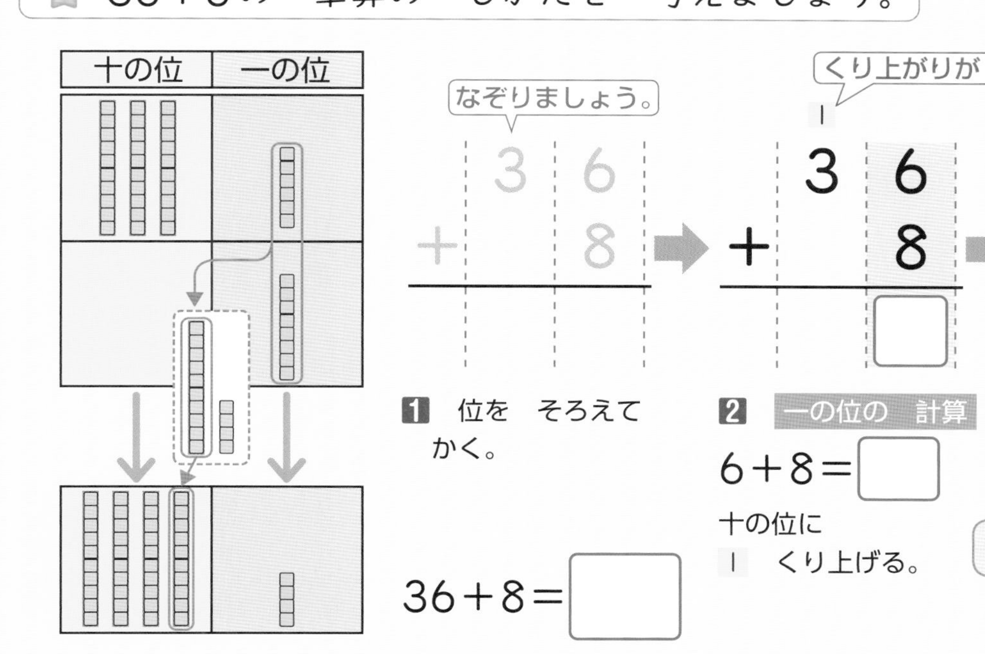


**1** 位を　そろえて　かく。

**2** 一の位の　計算
6+8=□
十の位に
1　くり上げる。

**3** 十の位の　計算
1+3=□
くり上げた　1

36+8=□

**3** 筆算で　しましょう。　教科書 26ページ 2 3

❶ 58+4　❷ 7+29　❸ 43+7　❹ 5+65

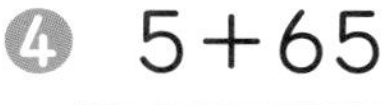

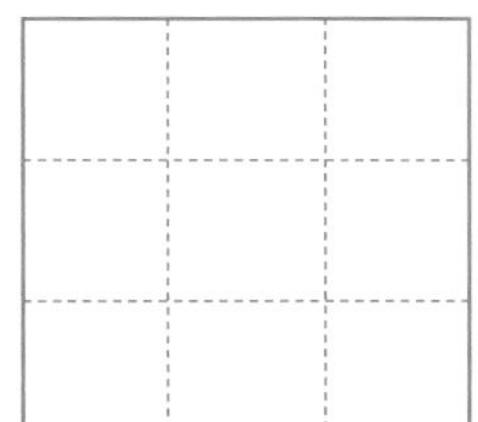
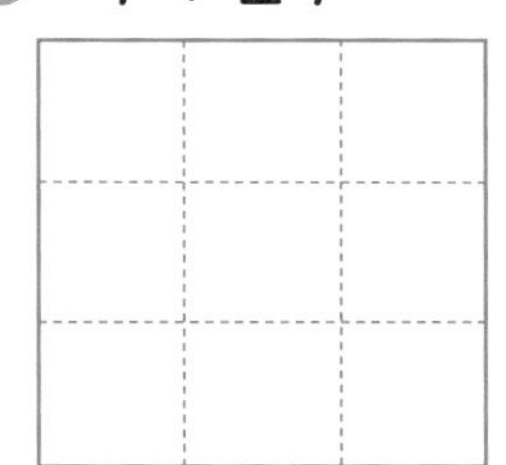
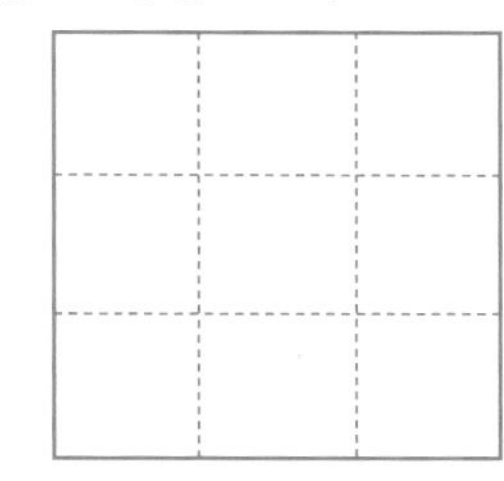
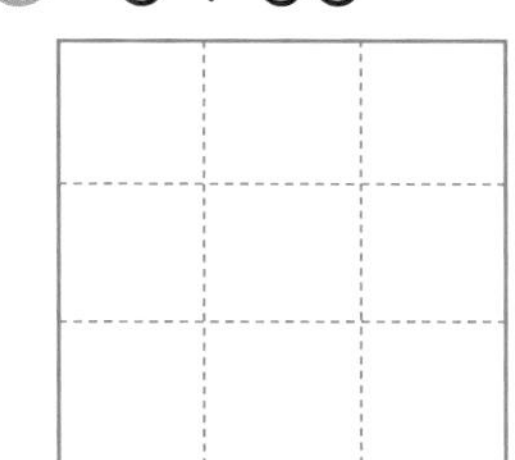

**4** ちゅう車場（しゃじょう）に　車が　19台（だい）　とまって　います。そこへ　8台　はいって　くると、ぜんぶで　何台（なんだい）に　なりますか。　教科書 26ページ 4

しき

答（こた）え（　　　　）

筆算

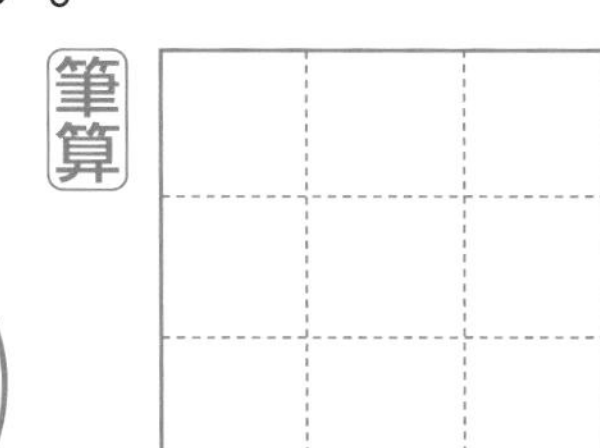

**5** 計算の　まちがいを　見つけて、正しい　答えに　なおしましょう。　教科書 26ページ 5

❶

$$\begin{array}{r} 42 \\ +\ 37 \\ \hline 89 \end{array}$$

正しい　答え（　　　）

❷

$$\begin{array}{r} 28 \\ +\ 43 \\ \hline 61 \end{array}$$

正しい　答え（　　　）

おうちのかたへ　十の位にくり上がるたし算のしかたを学習します。(2けた)+(1けた)、(1けた)+(2けた)のように空位がある計算にとまどう場合が多いので、注意しましょう。

# 3 たし算の きまり

きほんのワーク

**もくひょう**
たし算の きまりを 知ろう。

おわったら シールを はろう

教科書 上 27〜28ページ　答え 3ページ

## きほん1 たし算の きまりが わかりますか。

☆ 赤い ビー玉が 16こ、青い ビー玉が 7こ あります。ビー玉は ぜんぶで 何こ ありますか。

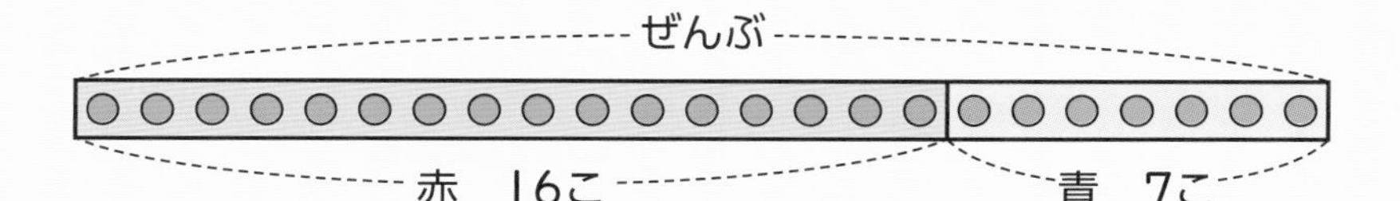


**たいせつ**
たし算では、**たされる数**と **たす数**を 入れかえても、**答え**は 同じに なります。

たされる数　たす数　答え

16 ＋ 7 ＝ □
7 ＋ 16 ＝ □
（同じ）

**答え** 23こ

**1** たし算を しましょう。また、たされる数と たす数を 入れかえた 計算も しましょう。 教科書 28ページ 1

❶ $38 + 14$　入れかえて 計算しよう。

❷ $57 + 8$　入れかえて 計算しよう。

**2** 計算を しないで 答えが 同じに なる しきを 見つけて、線で むすびましょう。 教科書 28ページ 2

| | |
|---|---|
| 32＋24 ・ | ・ 4＋26 |
| 18＋42 ・ | ・ 16＋59 |
| 59＋16 ・ | ・ 23＋24 |
| 26＋4 ・ | ・ 24＋32 |
| | ・ 42＋18 |

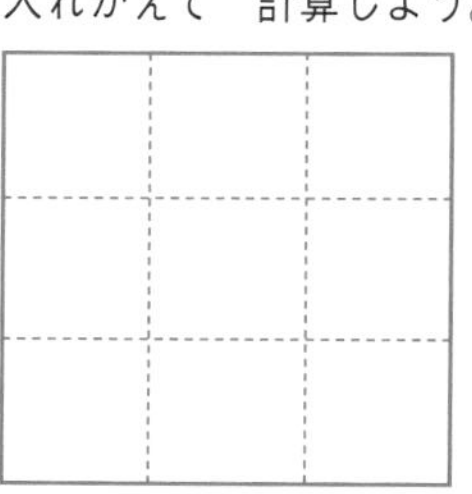
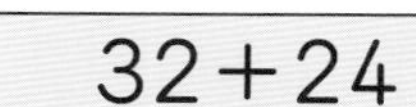

おうちのかたへ
たされる数とたす数を入れかえて計算しても、答えが同じになること（加法の交換法則）を学習します。加法の交換法則を計算のたしかめに活用するようにしましょう。

# れんしゅうのワーク①

教科書 上 18〜30ページ　答え 3ページ

できた 数 /18もん 中

おわったら シールを はろう

## 1 たし算の 筆算の しかた

57＋26の 筆算（ひっさん）の しかたを 考え（かんが）、□に あてはまる 数を かきましょう。

**1** 位（くらい）を そろえて かく。

**2** 一の位の 計算を する。

□＋□＝□ 十の位に □ くり上げる。

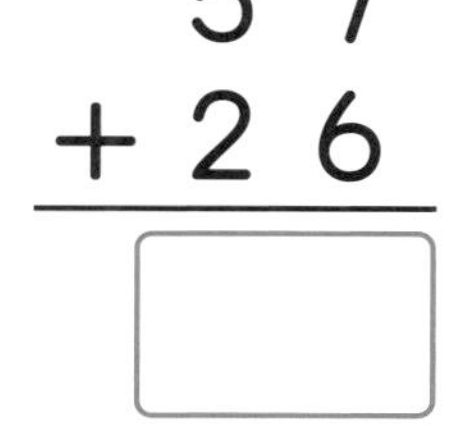

$$\begin{array}{r} 57 \\ +\ 26 \\ \hline \square \end{array}$$

**3** 十の位の 計算を する。 □＋5＋2＝□

## 2 たし算の 筆算

筆算で しましょう。

❶ 32＋64　❷ 74＋3　❸ 18＋52　❹ 6＋48

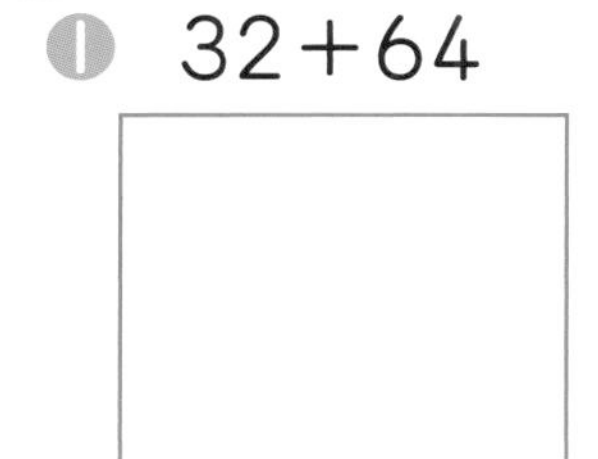

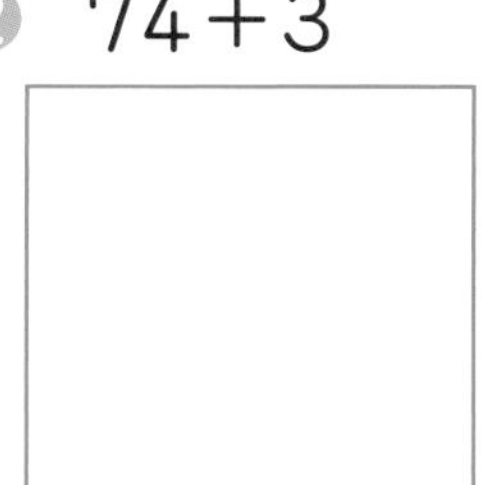

## 3 筆算の しかた・まちがいなおし

つぎの 計算が 正しい ときは ○、まちがって いる ときは 正しい 答えを かきましょう。

❶
$$\begin{array}{r} 30 \\ +\ 40 \\ \hline 7 \end{array}$$
（　　）

❷
$$\begin{array}{r} 65 \\ +\ 28 \\ \hline 813 \end{array}$$
（　　）

❸
$$\begin{array}{r} 59 \\ +\ \ 2 \\ \hline 61 \end{array}$$
（　　）

❹
$$\begin{array}{r} 3 \\ +\ 46 \\ \hline 76 \end{array}$$
（　　）

## 4 文しょうだい

ゆうとさんは、24円の シールと 49円の けしゴムを 買（か）います。あわせて 何円に なりますか。

しき

筆算

答え（　　　　）

24円　49円

できるナビ　たし算の 筆算は、位を そろえて 書いて、同じ 位の 数どうしを 計算するよ。また、くり上がりの 数を たすのを わすれないように しよう！

べんきょうした 日　月　日

# れんしゅうのワーク②

教科書 上 18～30ページ　答え 3ページ

できた 数 /13もん 中

おわったら シールを はろう

**1** たし算の きまり　たし算を しましょう。また、たされる数と たす数を 入れかえて 計算し、答えを たしかめましょう。

❶
```
  4 9
+ 3 6
```
入れかえて 計算しよう。

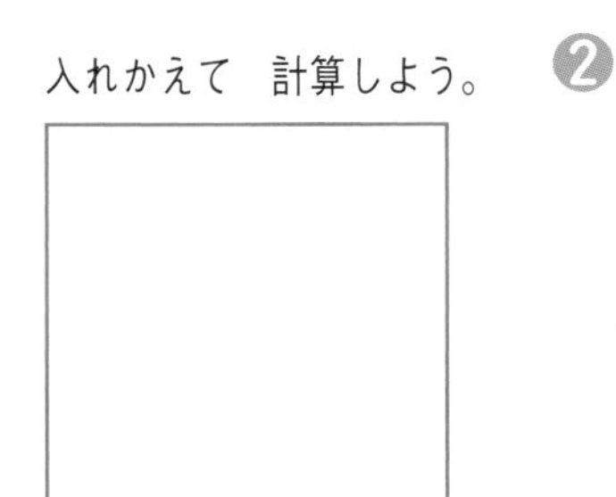

❷
```
  6 3
+   8
```
入れかえて 計算しよう。

**2** たし算の きまり　左の しきと 答えが 同じに なるように、□に あてはまる 数を かきましょう。

❶ 74＋16　□＋74　　❷ 22＋59　59＋□

**チャレンジ!** **3** たし算の 筆算の 虫食い算　□に あてはまる 数を かきましょう。

❶
```
  3 □
+ 5 2
  8 7
```
❷
```
  3 1
+ □ 7
  9 8
```
❸
```
  □ 6
+ 2 8
  7 4
```

**4** 文しょうだい　まいかさんたちは、きのう おり紙で ハートを 27こ おりました。今日は 23こ おりました。

ハートは ぜんぶで 何こ おれましたか。

しき

答え（　　　）

筆算

**5** もんだいづくり　45＋6の しきに なる もんだいを つくりましょう。

（　　　）



できるナビ

❶❷ たされる数と たす数を 入れかえて 計算しても、答えは 同じに なるね。

❸ このような もんだいを 虫食い算と いうよ。一の位の 計算から じゅんに 考えよう。

# まとめのテスト

時間 20分　とく点 /100点　おわったら シールを はろう

教科書 ㊤ 18～30ページ　答え 3ページ

## 1 よく出る 筆算で しましょう。

1つ5〔40点〕

❶ 36+21

❷ 54+20

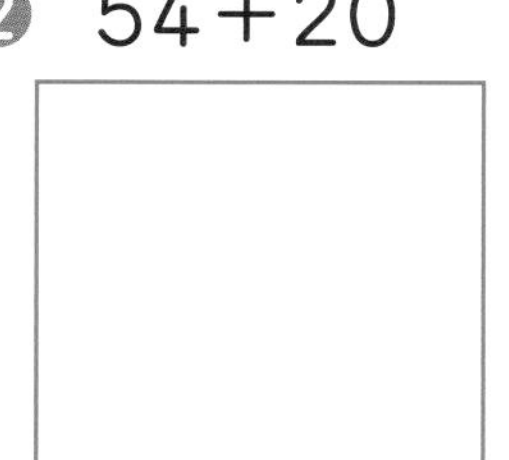

❸ 30+5

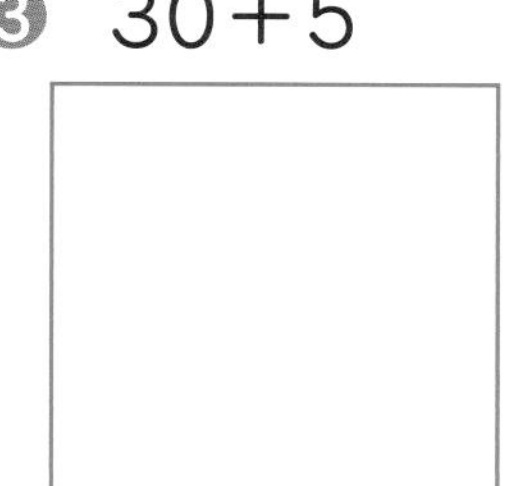

❹ 13+49

❺ 68+14

❻ 45+25

❼ 9+37

❽ 74+6

## 2 計算を しないで 答えが 同じに なる しきを 見つけて、線(せん)で むすびましょう。

1つ5〔20点〕

45+18　　63+7　　32+56　　3+65

56+32　　65+3　　18+45　　7+63

## 3 右の 筆算の まちがいを なおして、正しい しかたを かきましょう。

〔10点〕

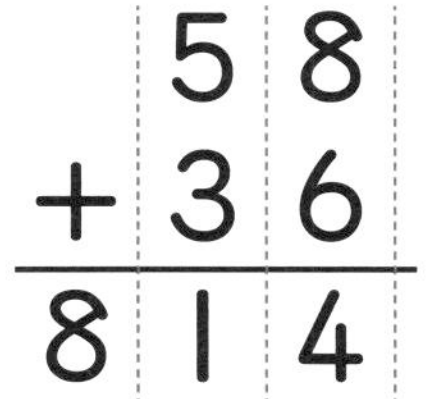


正しい しかた

## 4 東(ひがし)小学校の 2年生は、2クラス あります。1組(くみ)が 32人、2組が 29人です。2年生は みんなで 何人ですか。

1つ10〔30点〕

しき

答え（　　　　）

筆算

ふろくの「計算れんしゅうノート」2～4ページを やろう！

チェック
□ 2けたの たし算を 筆算で 計算する ことが できたかな？
□ たし算の きまりが わかったかな？

べんきょうした 日 月 日

# 1 ひき算(1)

## きほんのワーク

**もくひょう**
2けたの 数の ひき算の 筆算の しかたを 考えよう。

おわったら シールを はろう

教科書 上 32〜36ページ　答え 3ページ

## きほん 1 2けたの ひき算の しかたが わかりますか。

☆ 38−25の 筆算(ひっさん)の しかたを 考(かんが)えましょう。

| 十の位 | 一の位 |
|---|---|

なぞりましょう。

1 位(くらい)を そろえて かく。

2 一の位の 計算(けいさん)

8−5=□

3 十の位の 計算

3−2=□

38−25=□

ひかれる数 ひく数

同(おな)じ 位の 数(かず)どうし 計算すれば いいね。

**1** 67−24の 計算を 筆算で しましょう。　教科書 33ページ1

一の位の 計算 □−□=□

十の位の 計算 □−□=□

67−24=□

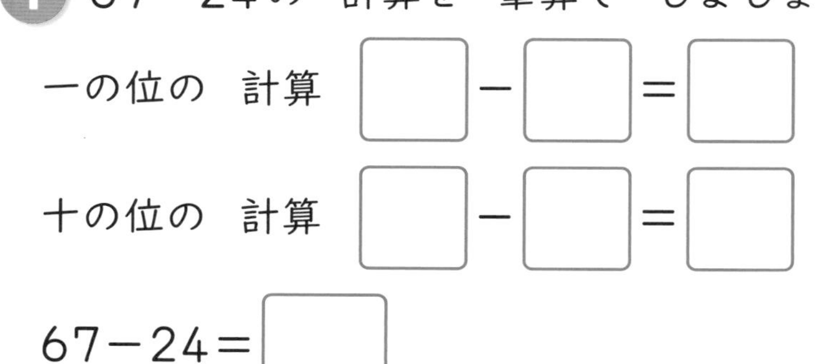

**2** 筆算で しましょう。　教科書 35ページ1

❶ 45−12　❷ 59−47　❸ 86−65　❹ 74−34

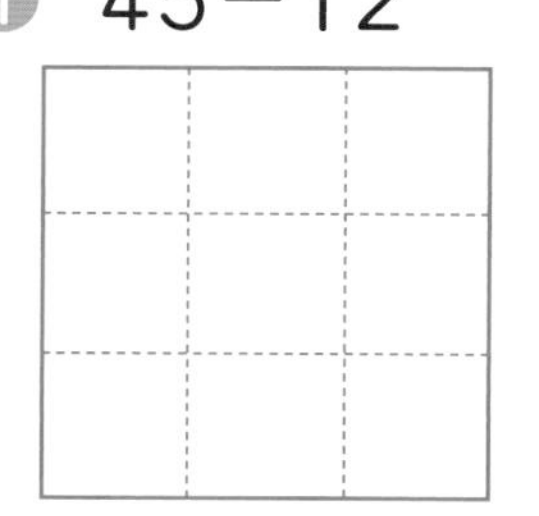

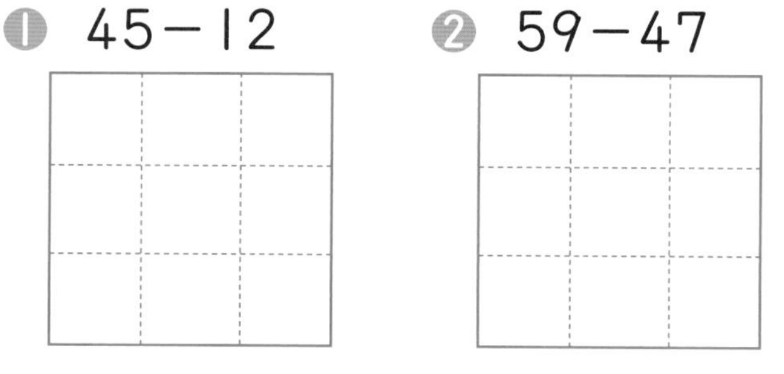

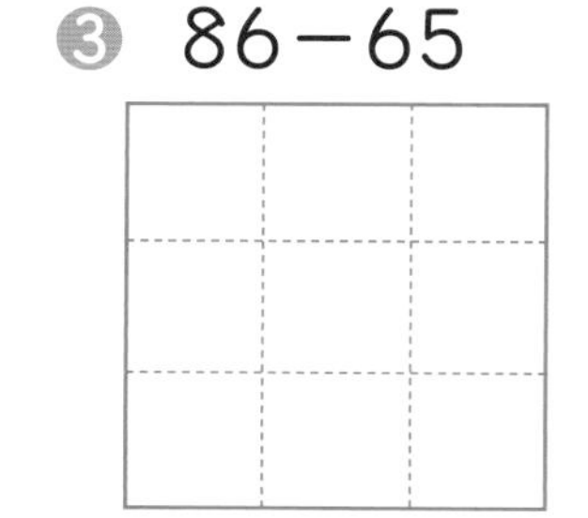

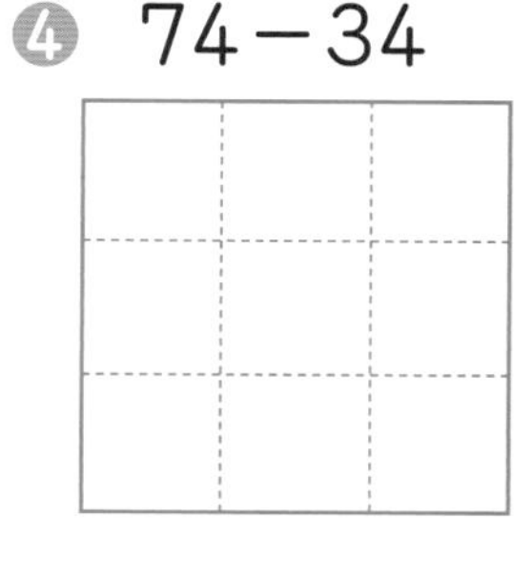

さんすうはかせ
筆算では 「位」を そろえて かく ことが 大切(たいせつ)だよ。ひき算(ざん)も たし算と 同じように、一の位から じゅんばんに 計算を すすめて いくよ。

## きほん2 ひき算の　筆算の　しかたが　わかりますか。

☆ つぎの　計算を　筆算で　しましょう。

❶ 36－33

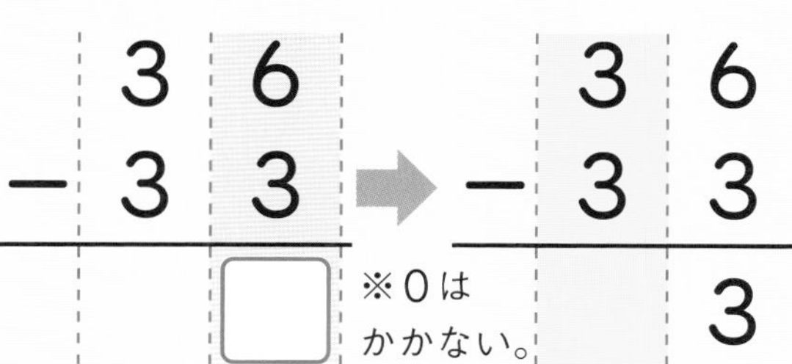


1 一の位の 計算　2 十の位の 計算

6－3＝□　3－3＝□

36－33＝□

❷ 49－9

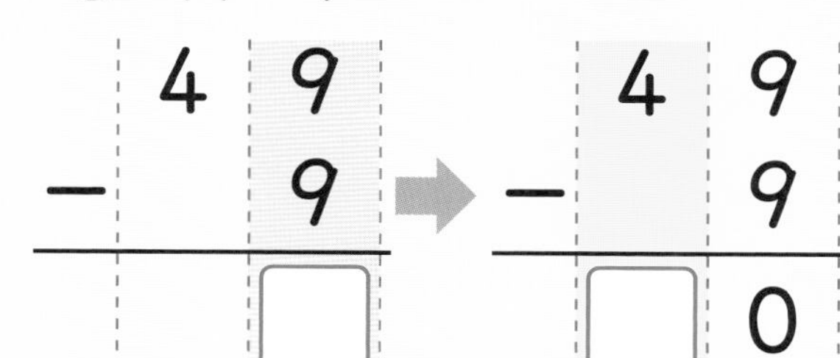

1 一の位の 計算　2 十の位は 4

9－9＝□

49－9＝□

**3** 筆算で　しましょう。

教科書 36ページ2 2

❶ 81－50　❷ 40－20　❸ 59－53　❹ 67－62

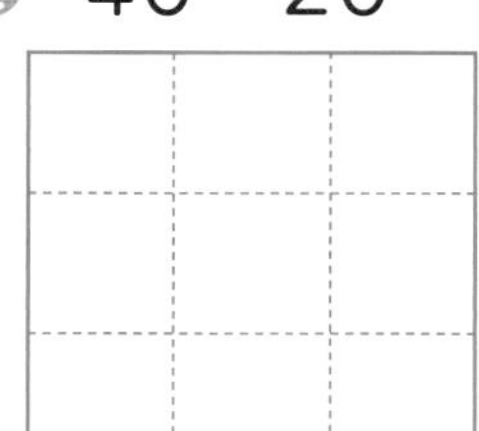
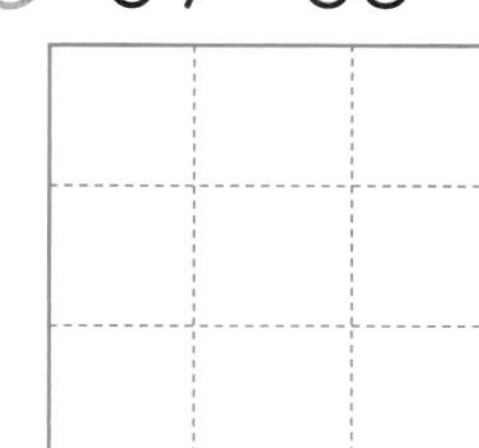
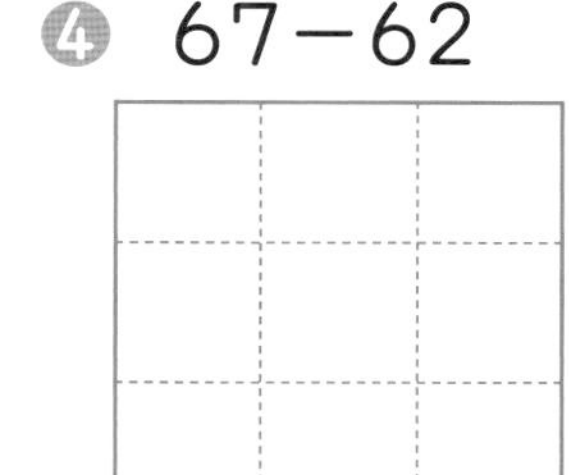

**4** 筆算で　しましょう。

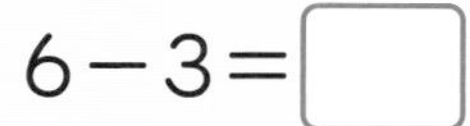
教科書 36ページ2 3

❶ 93－2　❷ 58－4　❸ 37－7　❹ 75－5

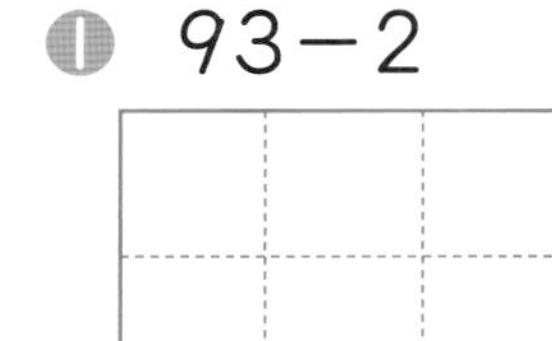

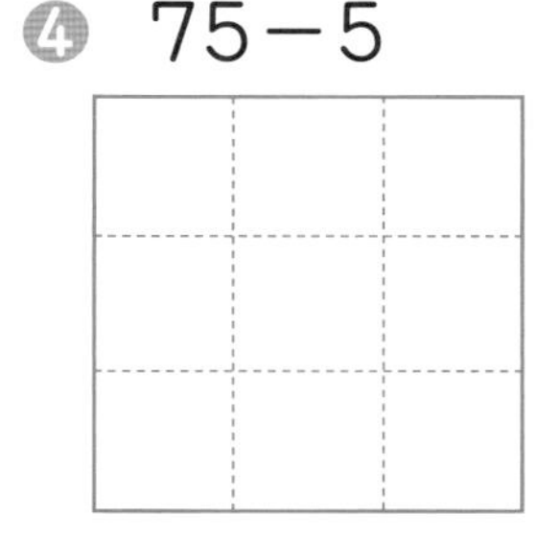

**5** 画用紙(がようし)が　29まい　あります。26まい　くばると、のこりは　何(なん)まいですか。

教科書 36ページ2

しき

筆算

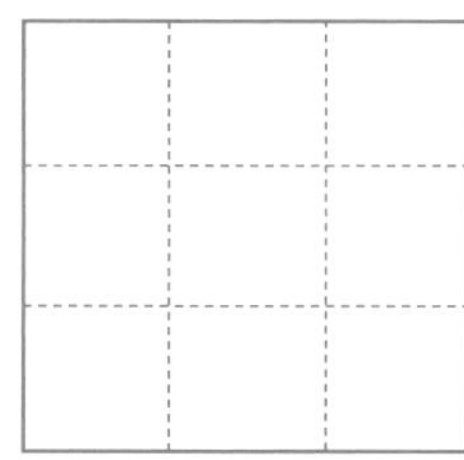

答(こた)え（　　　　　）

おうちのかたへ　2けたのひき算の筆算のしかたを学習します。筆算は位をそろえて書くことからスタートします。位をそろえることの大切さを、空位のある計算を通して確認しましょう。

## ② ひき算(2)

もくひょう
くり下がりの ある
ひき算の 筆算の
しかたを 考えよう。

おわったら シールを はろう

教科書 ㊤37〜40ページ 答え 4ページ

☆ 45−28の 筆算(ひっさん)の しかたを 考(かんが)えましょう。

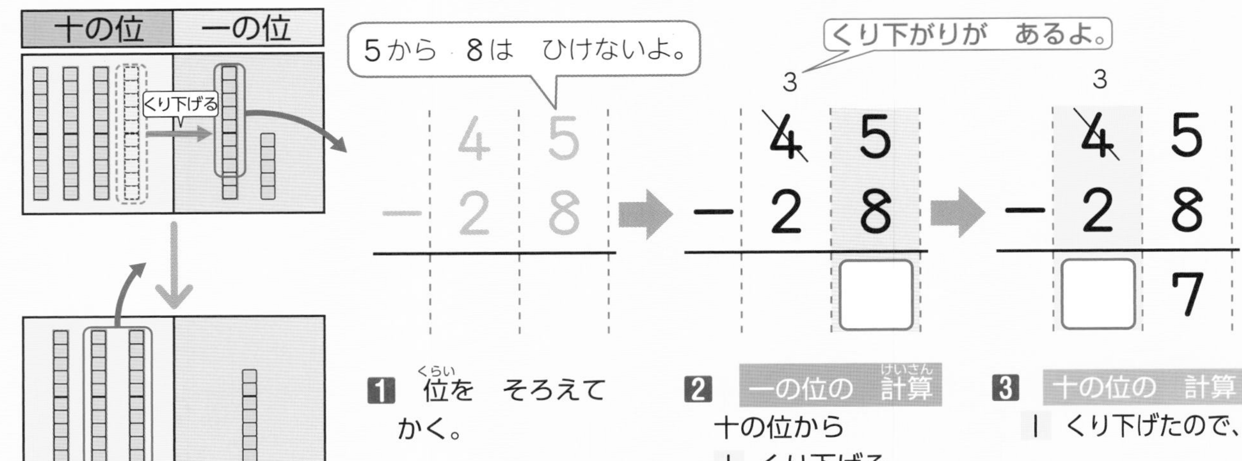


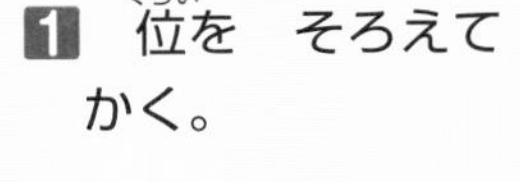
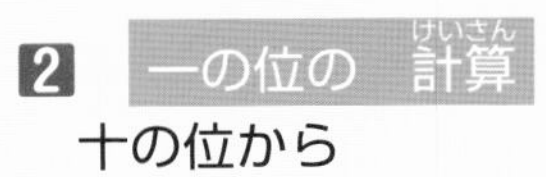

1 位(くらい)を そろえて かく。

2 一の位の 計算(けいさん)
十の位から
1 くり下げる。

15−8=□

3 十の位の 計算
1 くり下げたので、

4−1−2=□

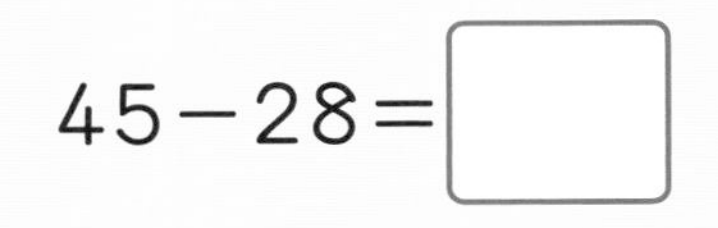
45−28=□

## 1 筆算で しましょう。

教科書 39ページ 1

❶ 63−35 ❷ 74−19 ❸ 95−57 ❹ 62−28

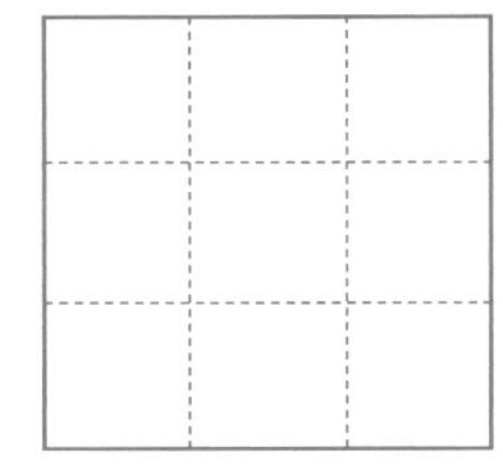
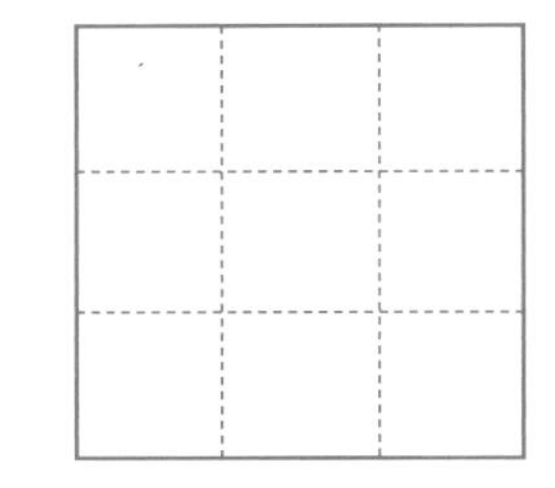
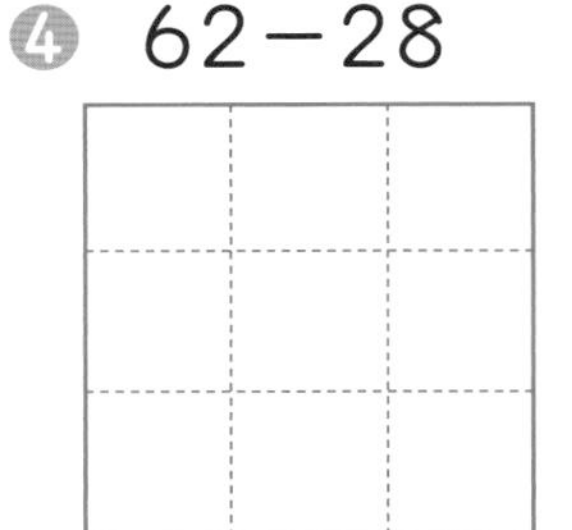

❺ 81−54 ❻ 73−46 ❼ 32−13 ❽ 86−47

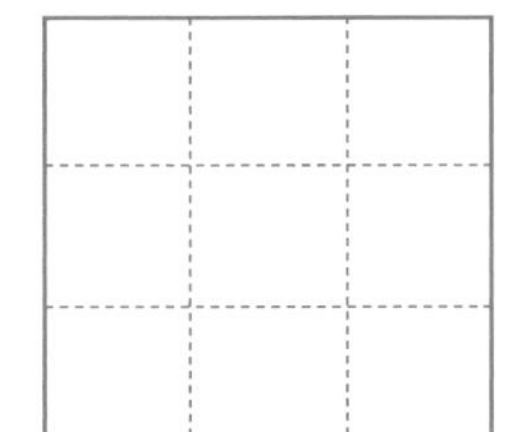

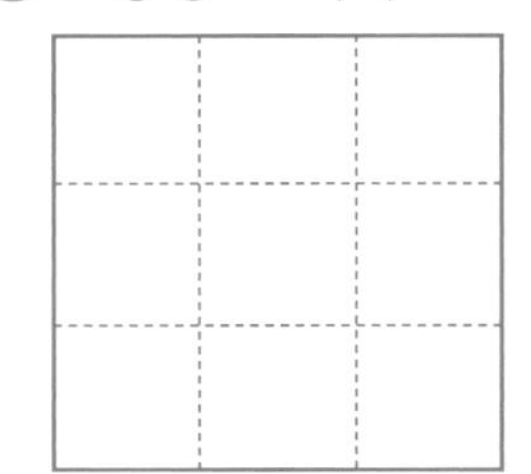

「−」の 記(き)ごうは、「ない」や 「ひく」を いみする マイナスの 頭文字(かしらもじ) 「m」が へんかして できたと いわれて いるよ。

## きほん2 くり下がりの ある ひき算の 筆算の しかたが わかりますか。

☆ つぎの 計算を 筆算で しましょう。

❶ 70−36

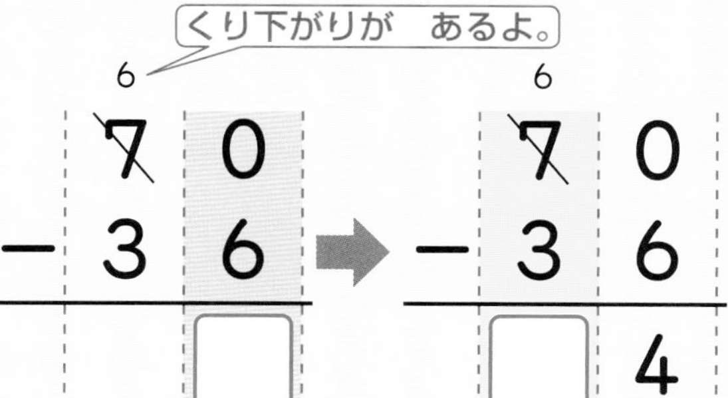


1 一の位の 計算
十の位から 1 くり下げて
10−6=□

2 十の位の 計算
1 くり下げたので、
7−1−3=□

70−36=□

❷ 47−9

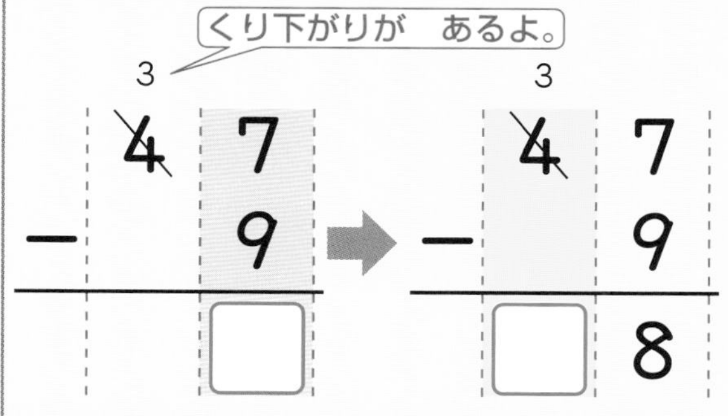


1 一の位の 計算
十の位から 1 くり下げて
17−9=□

2 十の位の 計算
1 くり下げたので、
4−1−0=□

47−9=□

## 2 筆算で しましょう。

教科書 40ページ2 2

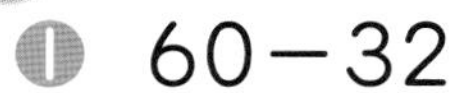

❶ 60−32

❷ 90−53

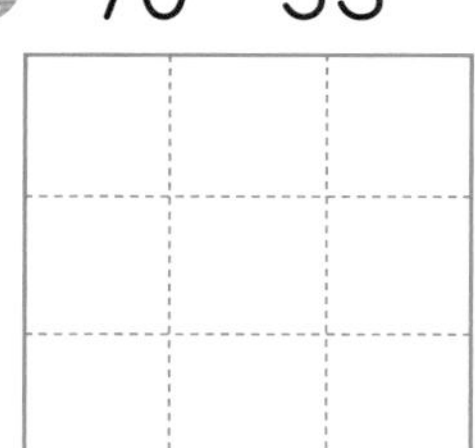

❸ 43−38

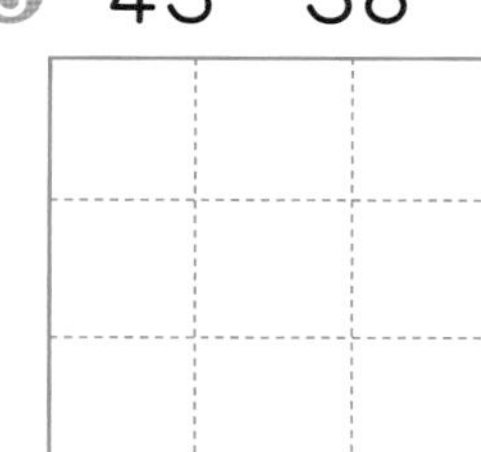

❹ 70−65

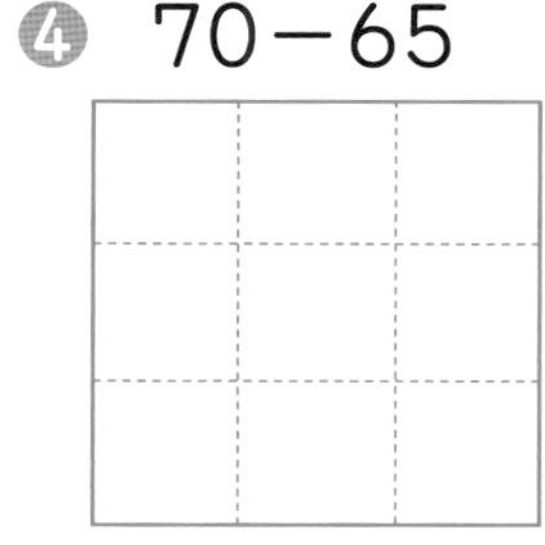

## 3 筆算で しましょう。

教科書 40ページ2 3

❶ 42−6

❷ 34−8

❸ 80−7

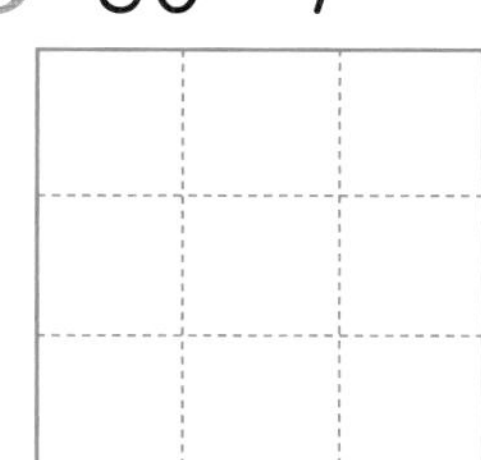

❹ 50−4

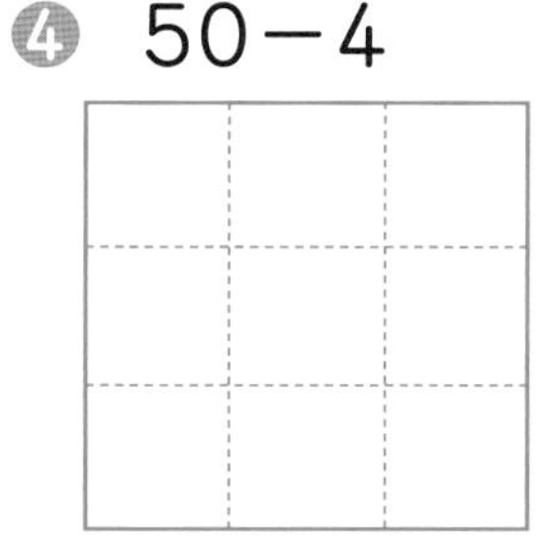

## 4 計算の まちがいを 見つけて、正しい 答え(こた)に なおしましょう。

教科書 37〜40ページ

❶

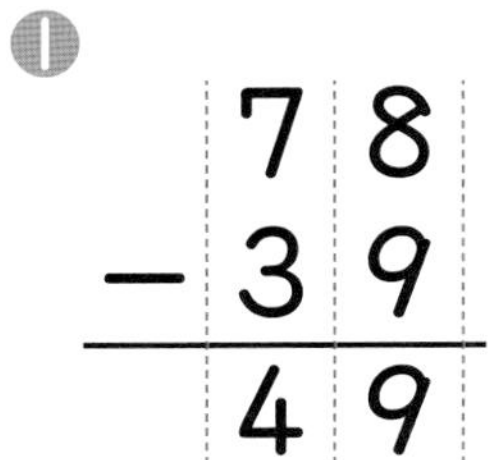


正しい 答え
(　　　)

❷

正しい 答え
(　　　)

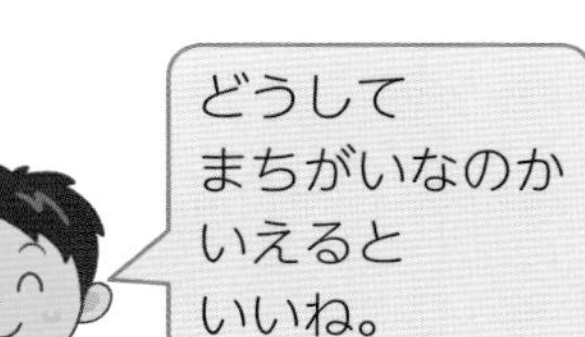


おうちのかたへ
くり下がりのある2けたのひき算を学習します。くり下がりを忘れる間違いが多く見られますので、くり下げたら小さくメモを書く習慣を身につけましょう。

# 3 ひき算の きまり

もくひょう
ひき算の きまりを 知ろう。

おわったら シールを はろう

きほんのワーク

教科書 上41ページ 答え 4ページ

## きほん1 ひき算の きまりが わかりますか。

☆ はこに クッキーが 22まい はいって います。8まい 食べると、のこりは 何まいですか。

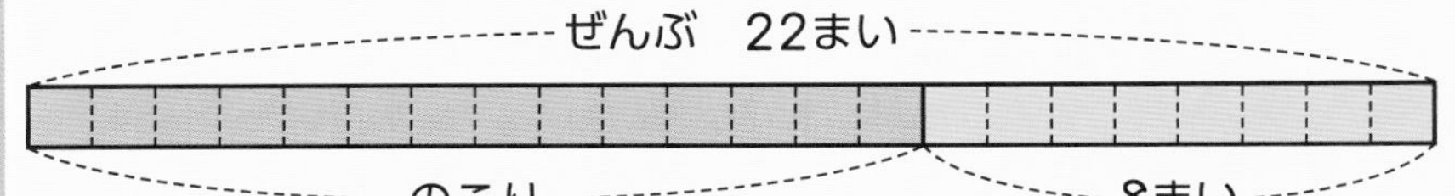


しき 22－8＝□

答え 14まい

▶ひき算の 答えに ひく数を たすと、どんな 数に なりますか。

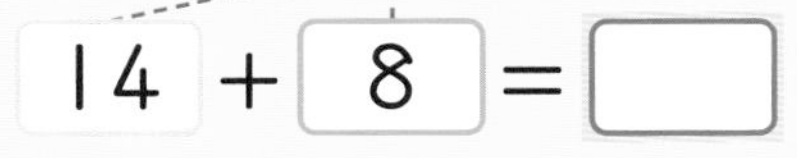


22 － 8 ＝ 14

14 ＋ 8 ＝ □

ひき算の 答えに ひく数を たすと、ひかれる数 に なります。

**1** □に あてはまる 数を かいて、ひき算の 答えを たしかめましょう。

教科書 41ページ1

❶ 74－26＝48　48＋□＝□

❷ 66－59＝7　□＋59＝□

**2** つぎの ひき算を 筆算で しましょう。また、答えを たしかめましょう。

教科書 41ページ1

❶ 83－65

筆算　たしかめ

❷ 40－34

筆算　たしかめ

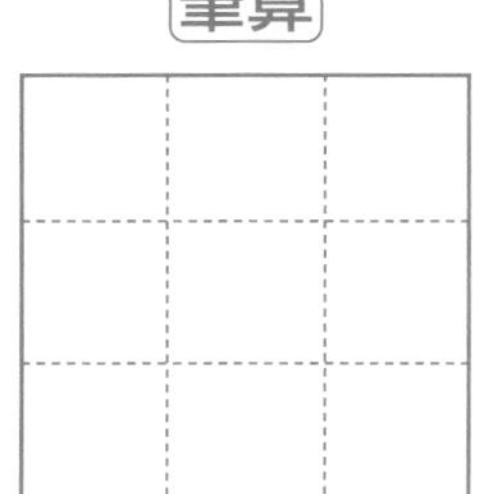

おうちのかたへ

ひき算の答えにひく数をたすと、ひかれる数になることを学習します。
このひき算のきまりを使って、ひき算の答えのたしかめを行う習慣を身につけましょう。

# れんしゅうのワーク

教科書 上 32～43ページ　答え 4ページ

できた 数　／16もん 中

おわったら シールを はろう

## 1 ひき算の　筆算の　しかた

63－27の　筆算の　しかたを　考え、□に　あてはまる　数を　かきましょう。

1 位を　そろえて　かく。

2 一の位の　計算を　する。

十の位から □ くり下げる。□－7＝□

3 十の位の　計算を　する。6－□－2＝□

$$\begin{array}{r} 63 \\ -\ 27 \\ \hline \square \end{array}$$

## 2 ひき算の　筆算

筆算で　しましょう。

❶ 79－56　❷ 91－28　❸ 53－44　❹ 35－7

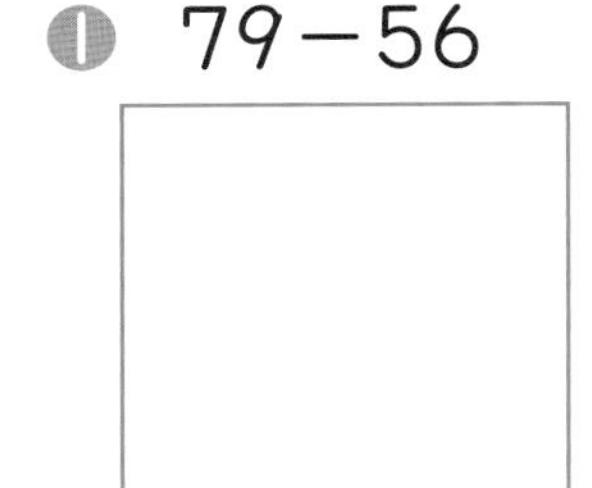

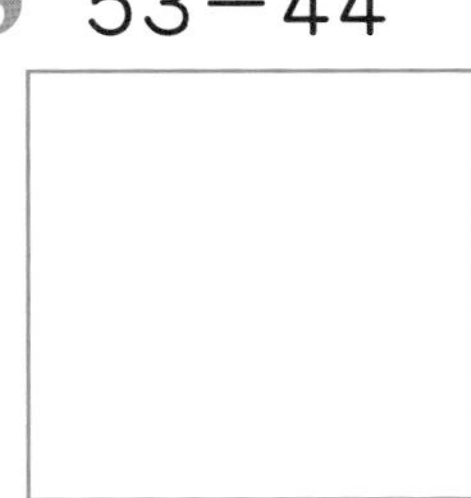

## 3 ひき算の　筆算の　虫食い算

□に　あてはまる　数を　かきましょう。

❶
$$\begin{array}{r} 4\square \\ -\ 12 \\ \hline 36 \end{array}$$

❷
$$\begin{array}{r} 97 \\ -\ \square 3 \\ \hline 54 \end{array}$$

❸
$$\begin{array}{r} 85 \\ -\ 5\square \\ \hline 27 \end{array}$$

## 4 文しょうだい

カードを、たくやさんは　43まい、かずきさんは　60まい　もって　います。

どちらが　何まい　多く　もって　いますか。

筆算

しき

答え（　　　　　　　　）

できるナビ　筆算する　ときに、同じ　位の　数どうしを　正しく　計算して　いるか、くり下がりを　まちがえて　いないか、よく　たしかめよう。

べんきょうした 日　月　日

# まとめのテスト

時間 20分　とく点 /100点　おわったら シールを はろう

教科書 ㊤32〜43ページ　答え 4ページ

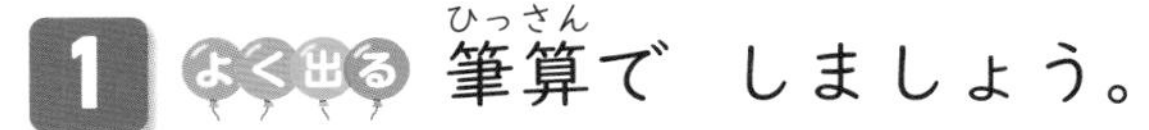

**1** よく出る 筆算で しましょう。　1つ5〔40点〕

❶ 47−23　❷ 59−50　❸ 62−32　❹ 75−72

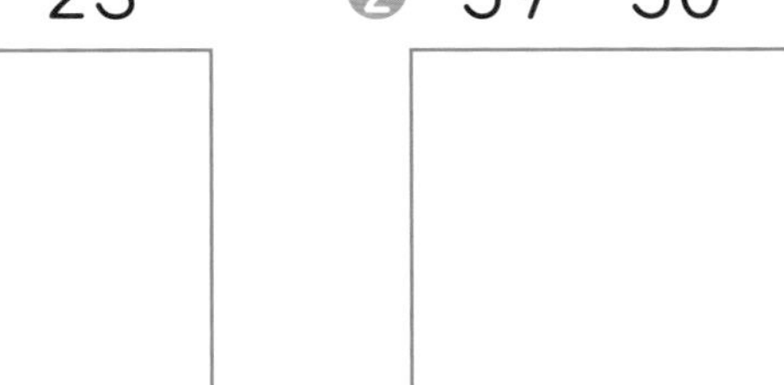
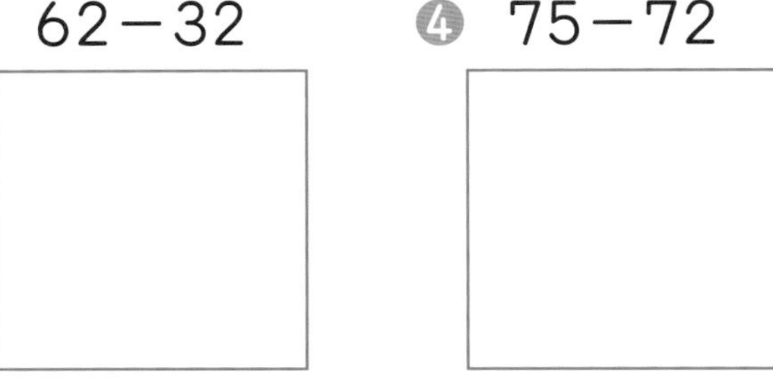

❺ 36−17　❻ 71−45　❼ 24−6　❽ 80−8

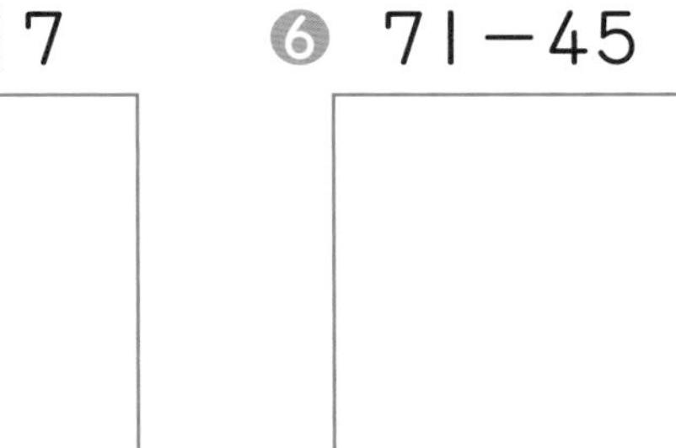
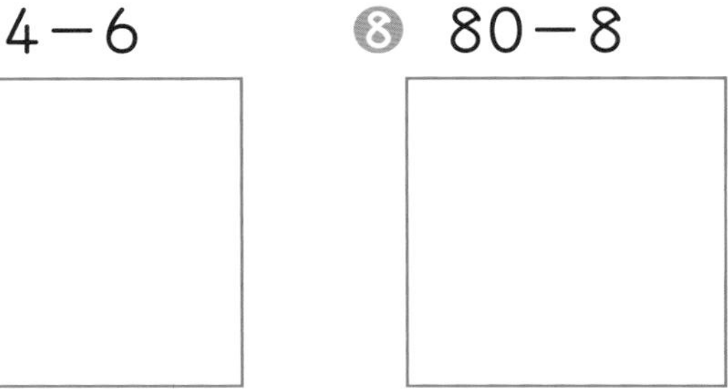

**2** □に あてはまる 数を かいて、ひき算の 答えを たしかめましょう。　1つ6〔24点〕

❶ 48−5＝43　　43＋□＝□

❷ 70−54＝16　　□＋54＝□

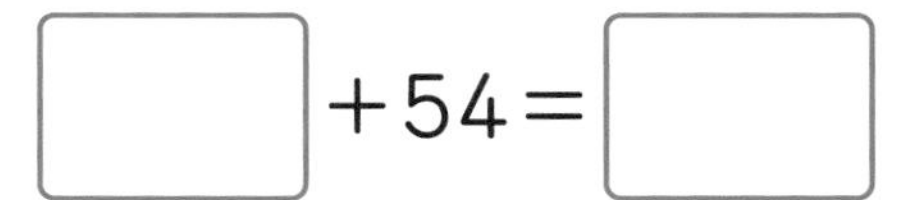

**3** 右の 筆算の まちがいを なおして、正しい しかたを かきましょう。〔12点〕

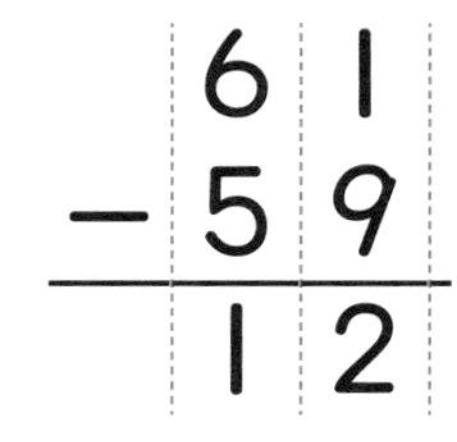


正しい しかた

**4** まなさんは、82円 もって います。お店で 36円の チョコレートを 買います。のこりは 何円ですか。　1つ8〔24点〕

しき

答え（　　　）

筆算

ふろくの「計算れんしゅうノート」5〜7ページを やろう！

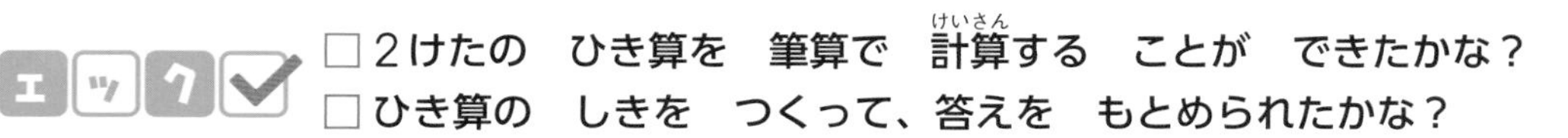

べんきょうした 日　　月　　日

おわったら シールを はろう

教科書 ㊤44ページ　答え 4ページ

## きほん1 たし算や ひき算の 文しょうだいが とけますか。

☆ そうたさんたちは、公園へ あそびに 行きました。

❶ 公園に おとなが 24人、子どもが 37人 います。あわせて 何人 いますか。

もとめるのは あわせた 人数だね。

たし算と ひき算の どちらに なるかな。

しき □○□＝□

＋か －を かこう。

答え □人

筆算

❷ ボールあそびを して いる 人が 23人、おいかけっこを して いる 人が 14人 います。どちらが 何人 多いですか。

ちがいを もとめるから…。

しき □＝□

答え □を して いる 人が □人 多い。

筆算

**1** ゆいさんは、ひまわりの たねを 50こ もって います。そのうち 12こを まくと、のこりは 何こですか。

教科書 44ページ

しき

答え（　　　）

筆算

**2** 色紙が 49まい ありました。今日、25まい 買いました。色紙は ぜんぶで 何まいに なりましたか。

教科書 44ページ

しき

答え（　　　）

筆算

おうちのかたへ　文章題の復習をします。問題文をよく読んで何を求めるのかを確認し、正しい式を立てられるようにします。「人」や「こ」、「まい」などのつけ忘れにも注意しましょう。

# 1 長さの はかり方
# 2 くわしい はかり方 ［その１］

もくひょう
長さの はかり方と あらわし方、長さの 単位を 知ろう。

おわったら シールを はろう

きほんのワーク

教科書 上 46〜54ページ　答え 5ページ

## きほん 1 センチメートルを つかって 長さを あらわせますか。

☆ テープの 長さを はかります。□に あう 数を かきましょう。

１めもりの 長さ　１cm

長さは、**１センチメートル**の いくつ分で あらわせます。

１センチメートルは、１ cm と かきます。

テープの 長さは、１cmの 8 つ分だから、□ cmです。

**1** 正しい 長さの はかり方を えらびましょう。　教科書 49ページ 1

㋐　㋑　㋒

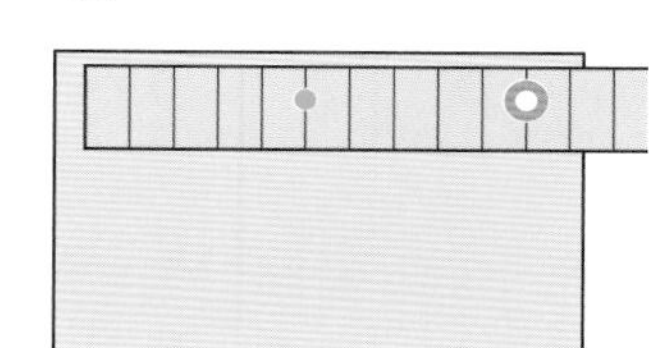

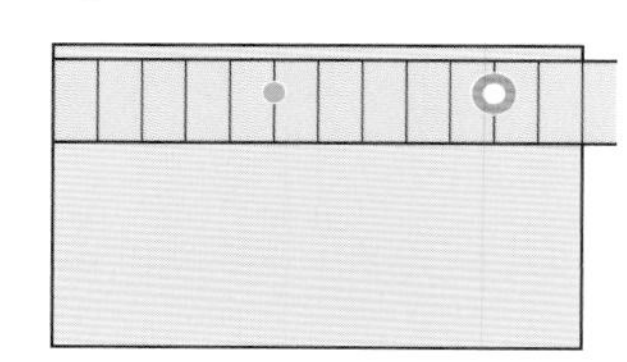

（　　　）

**2** 下の ものさしの １めもりの 長さは、１cmです。㋐、㋑の 長さは、それぞれ 何cmですか。　教科書 50ページ 3

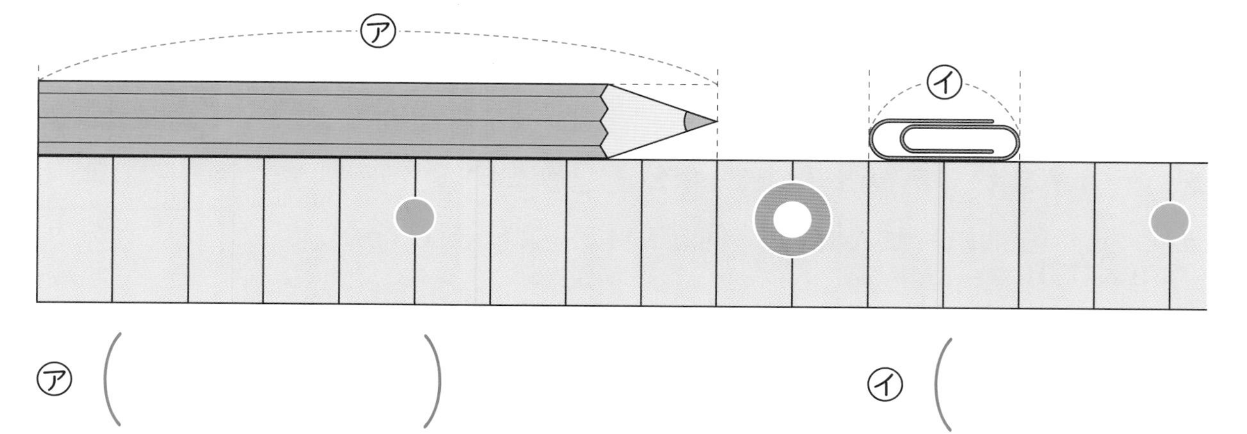


㋐（　　　）　㋑（　　　）

さんすうはかせ　長さの 単位の cmや mmは、多くの 国で つかわれて いる メートルほうの 単位なんだ。かさや おもさなども メートルほうで あらわして いるよ。

## きほん2 ミリメートルを　つかって　長さを　あらわせますか。

☆ ものさしの　左の　はしから　ア、イ、ウまでは　それぞれ　どれだけですか。

ア　イ　ウ

　1cmを　同じ　長さで　10に　分けた　1つ分の　長さを　1ミリメートルと　いい、1mmと　かきます。cmや　mmは　長さの　単位です。

1cm＝□mm

ア □mm　イ □cm □mm　ウ □cm □mm

**3** つぎの　テープや　線の　長さを　はかりましょう。　教科書 51ページ1 53ページ2〜5

❶ （　　　）

❷ （　　　）

このような　まっすぐな　線を　直線と　いうよ。

**4** □に　あてはまる　数を　かきましょう。　教科書 51ページ1

❶ 2cm＝□mm　❷ 60mm＝□cm

❸ 4cm5mm＝□mm　❹ 39mm＝□cm □mm

**5** つぎの　長さの　直線を　ひきましょう。　教科書 54ページ2 6

❶ 4cm2mm　ひきはじめ

❷ 87mm　ひきはじめ

おうちのかたへ
長さの表し方やはかり方、cmとmmの単位を学習します。
1cm＝10mmであることをきちんと理解しましょう。

# ② くわしい はかり方 [その2]

もくひょう
長さの 計算の しかたを 学ぼう。

おわったら シールを はろう

きほんのワーク

教科書 ㊤ 55〜56ページ 答え 5ページ

## きほん 1 長さの 計算を する ことが できますか。

☆ 線(せん)の 長(なが)さを しらべて、くらべましょう。

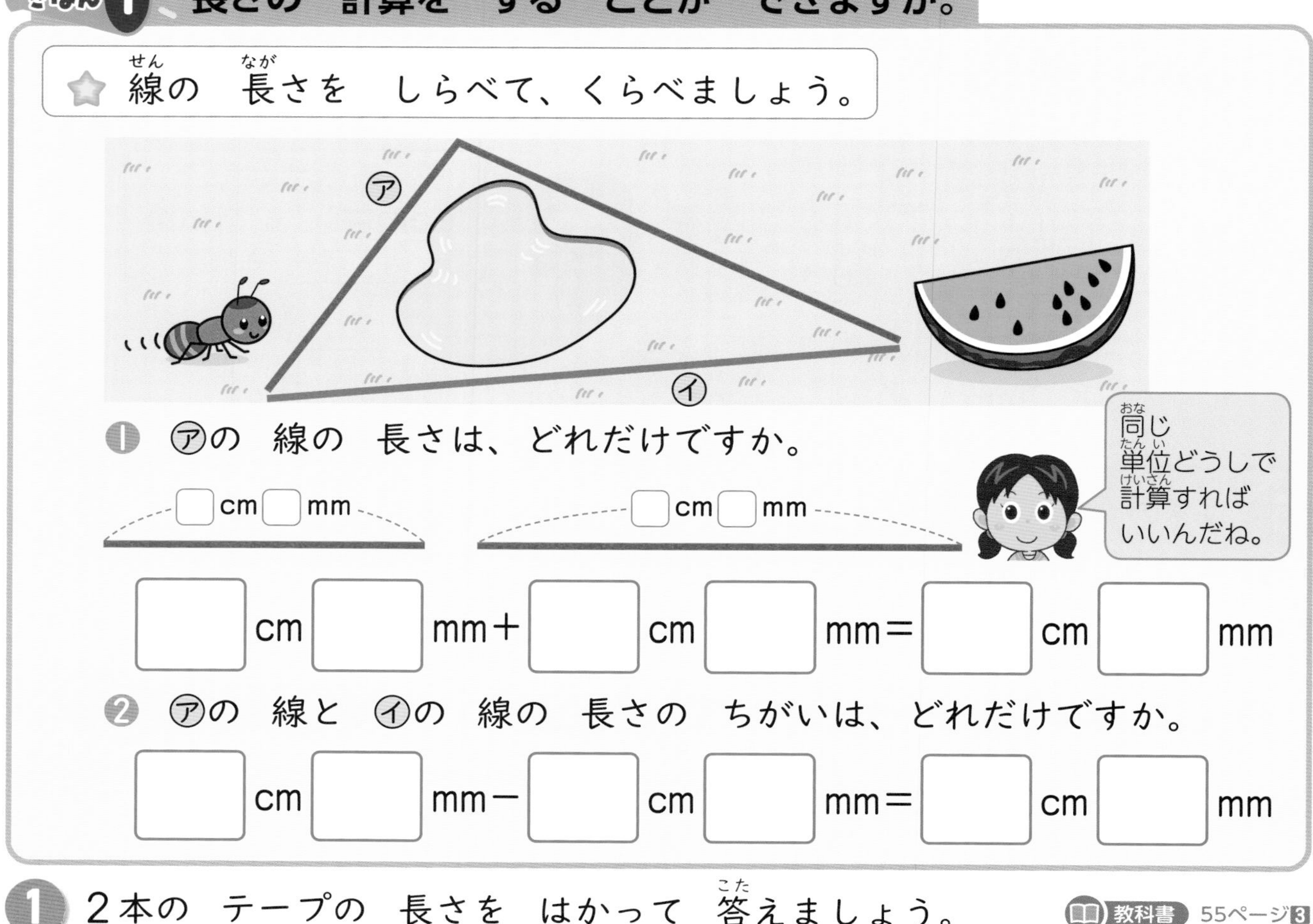


❶ ㋐の 線の 長さは、どれだけですか。

□cm□mm　□cm□mm

同(おな)じ単位(たんい)どうしで計算(けいさん)すればいいんだね。

□cm□mm＋□cm□mm＝□cm□mm

❷ ㋐の 線と ㋑の 線の 長さの ちがいは、どれだけですか。

□cm□mm－□cm□mm＝□cm□mm

**1** 2本の テープの 長さを はかって 答(こた)えましょう。 教科書 55ページ3

㋐

㋑

❶ あわせた 長さを もとめましょう。

しき　　　　答え（　　　）

❷ 長さの ちがいを もとめましょう。

しき　　　　答え（　　　）

**2** 長さの 計算を しましょう。 教科書 55ページ3

❶ 2cm4mm＋7cm3mm　　❷ 5cm9mm－5cm2mm



おうちのかたへ
長さの計算の学習をします。cmとmmの単位ごとに計算していくことを理解します。計算にとどまらず、実際に線をひいて、長さの量感を養っておくことが大切です。

# まとめのテスト

教科書 上 46～58ページ　答え 5ページ

**1** よく出る ものさしの　左の　はしから　ア、イ、ウ、エまでは　それぞれ　何cm何mmですか。　1つ7〔28点〕

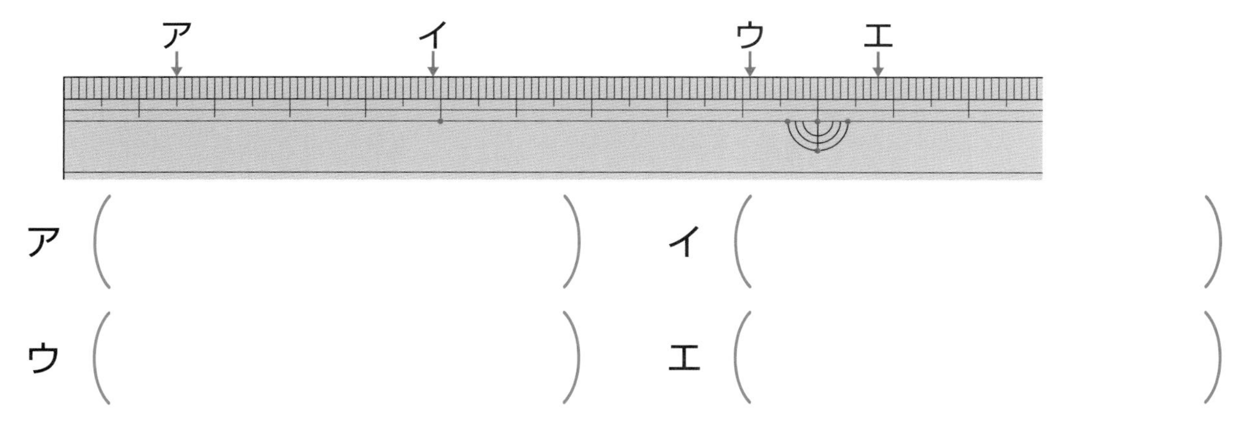


ア（　　　）　イ（　　　）

ウ（　　　）　エ（　　　）

**2** つぎの　長さの　直線を　ひきましょう。　〔7点〕

7cm3mm　ひきはじめ

**3** □に　あてはまる　数を　かきましょう。　1つ7〔21点〕

❶ 5cm＝□mm　❷ 69mm＝□cm□mm

**4** □に　あてはまる　単位を　かきましょう。　1つ8〔16点〕

❶ 教科書の　あつさ　5□　❷ えんぴつの　長さ　17□

**5** 2本の　テープの　長さを　はかり、つぎの　もんだいに　答えましょう。　1つ7〔28点〕

㋐　㋑

❶ あわせると　何cm何mmに　なりますか。

しき　答え（　　　）

❷ ちがいは　何cm何mmですか。

しき　答え（　　　）

□ものさしを　つかって　長さを　はかる　ことが　できたかな？
□1cm＝10mmの　かんけいが　わかって　いるかな？

# 時計を 生活に つかおう

**もくひょう**
時こくと 時間の ちがいや、午前・午後の 時こくを 知ろう。

おわったら シールを はろう

# きほんのワーク

教科書 上 60～64ページ　答え 5ページ

## きほん 1 時こくと 時間の ちがいが わかりますか。

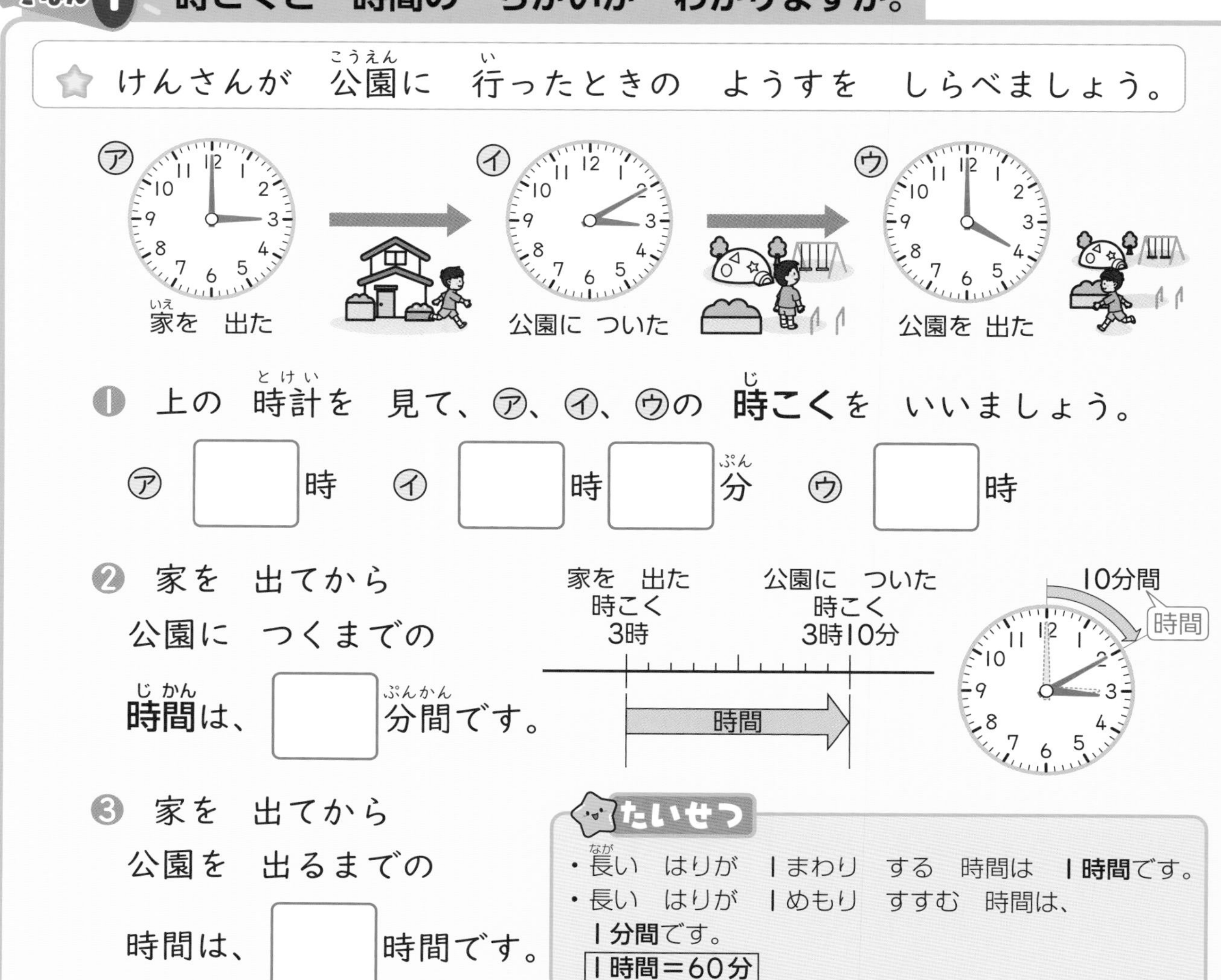

☆ けんさんが 公園に 行ったときの ようすを しらべましょう。



❶ 上の 時計を 見て、㋐、㋑、㋒の **時こく**を いいましょう。

㋐ □時　㋑ □時□分　㋒ □時

❷ 家を 出てから 公園に つくまでの **時間**は、□分間です。



❸ 家を 出てから 公園を 出るまでの 時間は、□時間です。

**たいせつ**
- 長い はりが 1まわり する 時間は **1時間**です。
- 長い はりが 1めもり すすむ 時間は、**1分間**です。

1時間＝60分

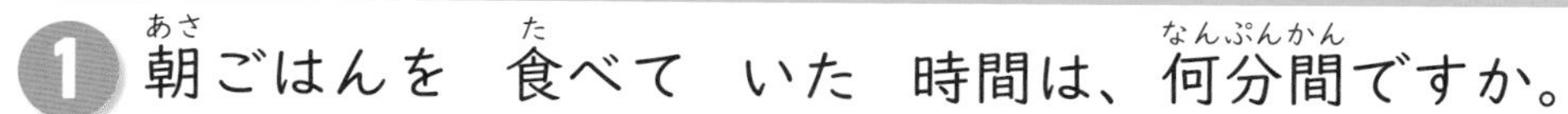

**1** 朝ごはんを 食べて いた 時間は、何分間ですか。　教科書 60ページ 1

食べはじめた

食べおわった

（　　　　）

**2** □に あてはまる 数を かきましょう。　教科書 61ページ 1

❶ 70分＝□時間□分　❷ 1時間25分＝□分

時こくは 「何時何分」のように いっしゅんの ときを さし、時間は 時こくと 時こくの 間の ときの ながれ(長さ)を あらわすよ。ちがいを おさえよう。

## きほん2 午前、午後を　つかって　時こくが　いえますか。

☆ 下の　絵を　見て、時こくや　時間を　しらべましょう。

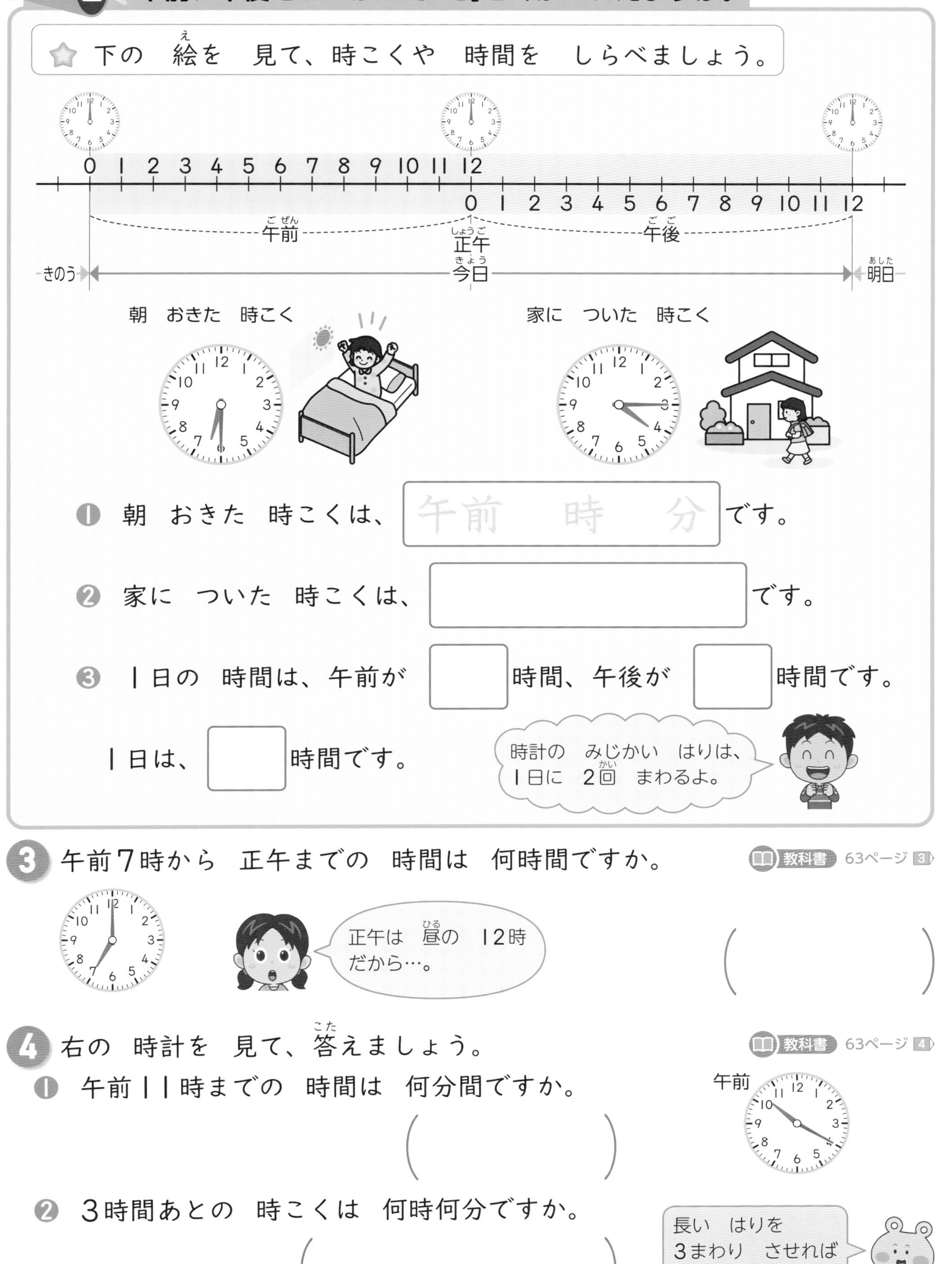


❶ 朝　おきた　時こくは、［午前　　時　　分］です。

❷ 家に　ついた　時こくは、［　　　］です。

❸ 1日の　時間は、午前が［　］時間、午後が［　］時間です。

1日は、［　］時間です。

時計の　みじかい　はりは、1日に　2回　まわるよ。

## 3 午前7時から　正午までの　時間は　何時間ですか。

教科書 63ページ 3

正午は　昼の　12時だから…。

（　　　　）

## 4 右の　時計を　見て、答えましょう。

教科書 63ページ 4

午前

❶ 午前11時までの　時間は　何分間ですか。

（　　　　）

❷ 3時間あとの　時こくは　何時何分ですか。

（　　　　）

長い　はりを　3まわり　させれば　いいね。

おうちのかたへ　時刻と時刻の間が時間になることを確認しましょう。1時間＝60分や1日＝24時間であることをおさえましょう。

べんきょうした 日　月　日

# れんしゅうのワーク

教科書 上 60～66ページ　答え 5ページ

できた 数 /6もん 中

おわったら シールを はろう

## 1 いろいろな 時こくや 時間

ゆうたさんは 家ぞくで 水ぞくかんへ 行きました。

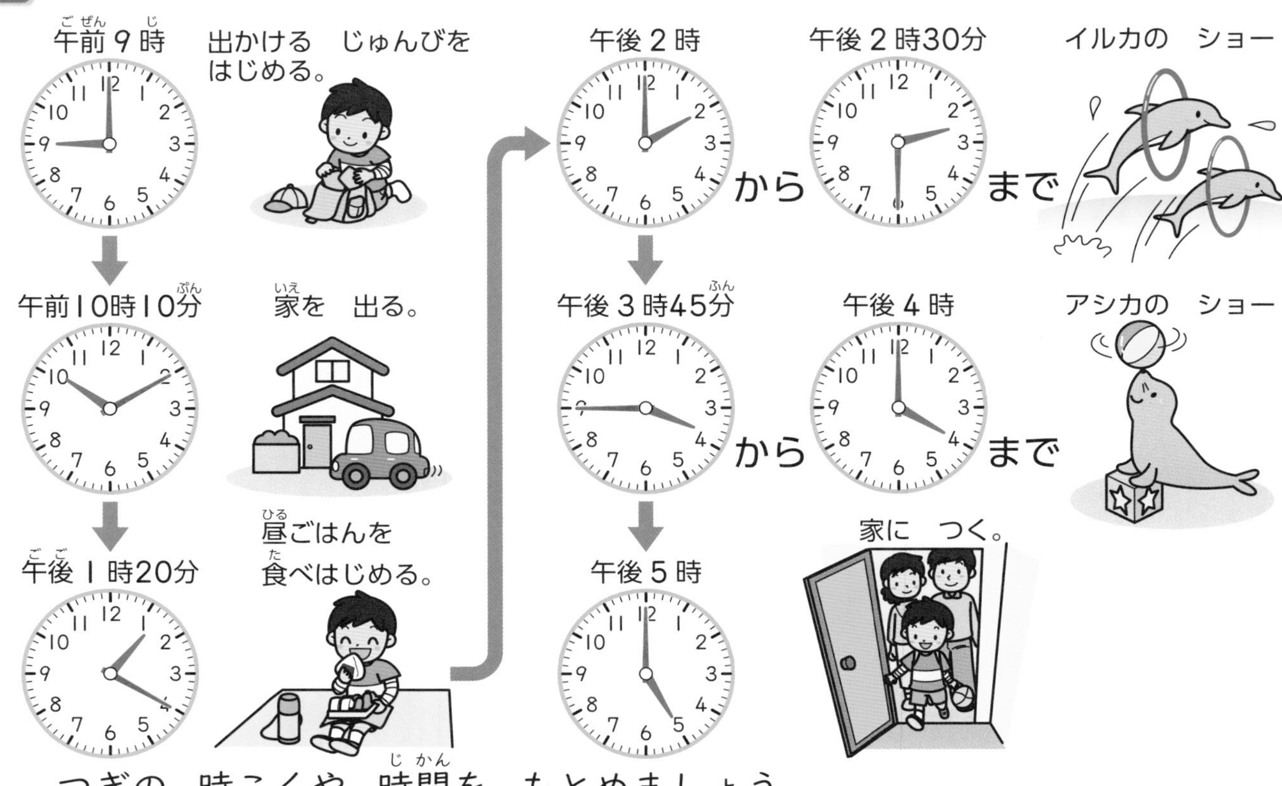


つぎの 時こくや 時間を もとめましょう。

❶ 出かける じゅんびを はじめてから １時間あとの 時こく （　　　　）

❷ 家を 出てから 40分あとの 時こく （　　　　）

❸ 昼ごはんを 食べはじめてから 20分あとの 時こく （　　　　）

❹ イルカの ショーが はじまってから おわるまでの 時間 （　　　　）

❺ アシカの ショーが はじまってから おわるまでの 時間 （　　　　）

❻ 出かける じゅんびを はじめてから 家に つくまでの 時間 （　　　　）

できるナビ
長い はりが １まわり すると １時間だね。
かかった 時間は、長い はりが どれだけ うごいたかを 見れば わかるね！

# まとめのテスト

時間 20分

とく点 /100点

おわったら シールを はろう

教科書 上 60～66ページ　答え 5ページ

**1** □に あてはまる 数(かず)を かきましょう。 1つ10〔20点〕

❶ 1時間40分＝□分　❷ 1日＝□時間

**2** よく出る つぎの 時こくを 午前、午後を つかって かきましょう。 1つ15〔30点〕

❶ 朝(あさ)

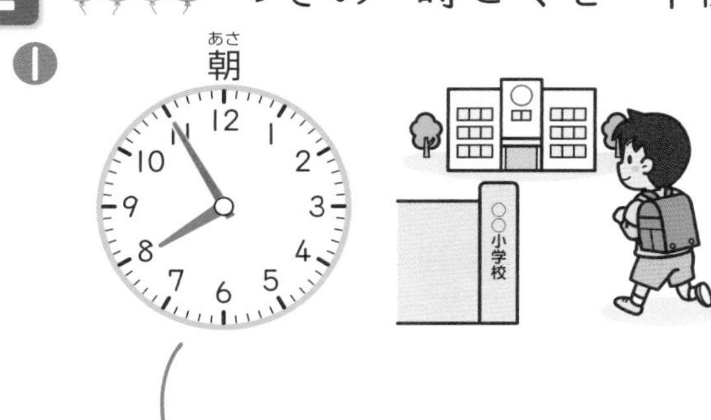

（　　　）

❷ 夜(よる)

（　　　）

**3** よく出る 下の 時計(とけい)を 見て 答(こた)えましょう。 1つ10〔20点〕

❶ 2時間前(まえ)の 時こくは 何時何分(なんじなんぷん)ですか。

（　　　）

午前

❷ 午前11時までの 時間は 何分間ですか。

（　　　）

**4** 午後3時に 本を 読(よ)みはじめて、30分あとに 本を 読みおわりました。本を 読みおわった 時こくは 何時何分ですか。 〔15点〕

午後

（　　　）

**5** 午前6時から 正午(しょうご)までの 時間は 何時間ですか。 〔15点〕

（　　　）

午前

□ 1時間や 1日の 時間の 長さが わかったかな？
□ 時こくや 時間を もとめる ことが できたかな？

べんきょうした 日　　月　　日

# 1 数の あらわし方 [その1]

もくひょう
100より 大きい 数の よみ方や かき方、あらわし方を 学ぼう。

おわったら シールを はろう

きほんのワーク

教科書 上 68〜72ページ　答え 5ページ

## きほん1 100より 大きい 数の あらわし方が わかりますか。

☆ ①の 色紙(いろがみ)と ②の □は、それぞれ いくつ ありますか。

① 100まい 100まい 100まい 10まい 10まい

| 百の位 | 十の位 | 一の位 |
|---|---|---|
| 100 100 100 | 10 10 | 1 1 1 1 |
| 3 | 2 | 4 |

100を 3こ あつめた 数(かず)を 三百(さんびゃく)と いいます。

100を 3こと、10を 2こと、1を 4こ あわせた 数を 三百二十四 と いい、数字(すうじ)で □ と かきます。

324の 百(ひゃく)の位(くらい)の 数字は 3で、300を あらわすよ。

答え 324まい

②

| 百の位 | 十の位 | 一の位 |
|---|---|---|
| 100 100 | | 1 1 1 1 1 |
| □ | □ | □ |

10が 0こ

200と 5を あわせた 数を 二百五 と いい、数字で □ と かきます。

答え 205こ

**1** つぎの 数の 百の位、十の位、一の位の 数字を かきましょう。 教科書 72ページ 1

① 467
(百の位 十の位 一の位 　、　、　)

② 590
(百の位 十の位 一の位 　、　、　)

③ 802
(百の位 十の位 一の位 　、　、　)

1が 10こ あつまると 「10」と いう まとまりに なり、10が 10こ あつまると 「100」と いう まとまりに なる。このような 数え方(かぞえかた)を 「十進法(じっしんほう)」と いうよ。

## 2 色紙と　かぞえぼうは、それぞれ　いくつ　ありますか。　教科書 72ページ 2

❶ 100まい　100まい　100まい　100まい　10まい

（　　　　）

❷ 100本　100本

（　　　　）

## 3 つぎの　数を　よみましょう。　教科書 72ページ 3

❶ 157　（　　　　）

❷ 380　（　　　　）

❸ 600　（　　　　）

## 4 つぎの　数を　数字で　かきましょう。　教科書 72ページ 4

❶ 二百八十一　（　　　　）

❷ 九百四　（　　　　）

❸ 八百　（　　　　）

## 5 つぎの　数を　かきましょう。　教科書 72ページ 5

❶ 100を　2こと、10を　6こと、1を　8こ　あわせた　数　（　　　　）

❷ 100を　6こと、10を　9こ　あわせた　数　（　　　　）

❸ 100を　3こと、1を　5こ　あわせた　数　（　　　　）

❹ 百の位の　数字が　7、十の位の　数字が　0、一の位の　数字が　6の　数　（　　　　）

## 6 □に　あてはまる　数を　かきましょう。　教科書 72ページ 6

❶ 479は、100を　□　こと、10を　□　こと、1を　□　こ　あわせた　数です。

❷ 524は、500と　□　と　4を　あわせた　数です。

おうちのかたへ　百の位を使って3けたの数で表すことを理解しましょう。100がいくつ、10がいくつ、1がいくつで3けたの数が構成されることをおさえます。空位を0で表すことに注意します。

べんきょうした 日　月　日

# 1 数の あらわし方 [その2]

もくひょう
100より 大きい 数の しくみや じゅんじょ、千に ついて 学ぼう。

おわったら シールを はろう

きほんのワーク

教科書 上 73〜76ページ　答え 6ページ

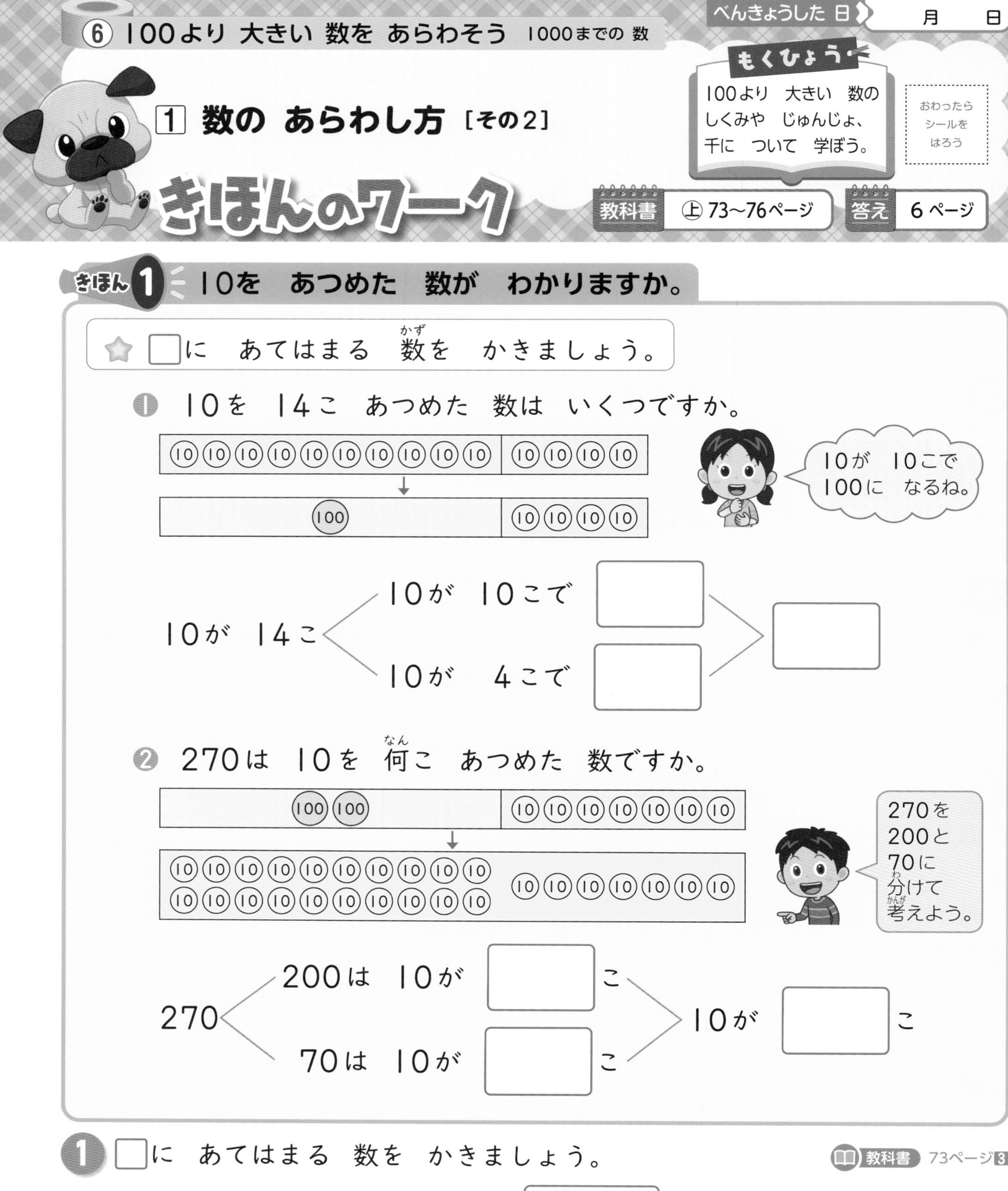


## 1 □に あてはまる 数を かきましょう。

教科書 73ページ3

❶ 10を 46こ あつめた 数は □ です。

❷ 10を □ こ あつめた 数は 390です。

❸ 800は、10を □ こ あつめた 数です。

10ごとに くらいが 上がり、よび名が かわる 「十進法」の ほかにも 「二進法」や 「五進法」など いろいろな 数え方が あるんだよ。

## きほん2 1000と いう 数や、数の線の よみ方が わかりますか。

☆ □に あてはまる 数を かきましょう。

□が 100こ

100が 10こ

❶ 100を 10こ あつめた 数を

千(せん)と いい、1000 と かきます。

❷ 999は、あと □ で

1000に なります。

1つの めもりの 大きさは 10だね。

❸ ↑が あらわす 数を かきましょう。

0 100 200 300 400 500 600 700 800 900 1000

□ □ □ □

❹ 上の 数の線(せん)で、560を あらわす めもりに ↑を かきましょう。

## 2 つぎの 数は、あと いくつで 1000に なりますか。

教科書 75ページ 7

❶ 970 (　　)　❷ 800 (　　)

## 3 □に あてはまる 数を かきましょう。

教科書 74ページ5 75ページ6

❶ 750 760 □ □ 790 800 □ □

❷ 790 791 □ 793 794 □ 796 797 798 □ 800

## 4 470に ついて、□に あてはまる 数を かきましょう。

教科書 76ページ7

❶ 470は、469より □ 大きい 数です。

❷ 470は、500より □ 小さい 数です。

ほかの あらわし方も 考えて みよう。

## 5 つぎの 数を かきましょう。

教科書 76ページ 8

❶ 800より 1 小さい 数 (　　)

❷ 790より 10 大きい 数 (　　)

おうちのかたへ

3けたの数のしくみや順序、1000の構成や表し方などを学習します。数のしくみを考えるときには、10円玉や100円玉など具体的な物を使うと理解しやすくなります。

べんきょうした 日　月　日

# 1 数の あらわし方 [その3]
# 2 何十の 計算

もくひょう
数の　大小の
あらわし方や、何十の
計算の　しかたを　学ぼう。

おわったら
シールを
はろう

## きほんのワーク

教科書 上 77〜78ページ　答え 6ページ

### きほん1 数の 大小(>、<を つかった あらわし方)が わかりますか。

☆ 3つの 数 357、268、361 の 大きさを くらべましょう。

❶ 357と 268の 大きさを くらべるには、
百 の位の 数字を くらべます。

357 > 268

数の　大小は　>、<の
しるしを　つかって　あらわすよ。

(357は 268より 大きい。)

| 百の位 | 十の位 | 一の位 |
|---|---|---|
| 3 | 5 | 7 |
| 2 | 6 | 8 |
| 3 | 6 | 1 |

上の　位から　じゅんに
くらべれば　いいね。

❷ 357と 361の 大きさを くらべるには、
□ の位の 数字を くらべます。

357 □ 361

(357は 361より 小さい。)

3 5 7
3 6 1

百の位の
数は
同じだよ。

>、<は、
大きい　数の
ほうに　ひらいて
あらわすよ。

**1** □に あてはまる >、<を かきましょう。　教科書 77ページ 9

❶ 690 □ 706　　❷ 754 □ 745

❸ 308 □ 314　　❹ 123 □ 99

**2** あから えの 数を 小さい じゅんに ならべましょう。　教科書 77ページ 8

あ 624　い 462　う 246　え 264

(　　→　　→　　→　　)



はってん さんすうはかせ

数の　あらわし方は　「十進法」だけでは　ないよ。たとえば、1時間は　60分、1分は
60秒だよ(3年生で　ならうよ)。秒と　分は　60ごとに　言い方が　かわるんだね。

## きほん2 何十の　計算の　しかたが　わかりますか。

☆ つぎの　もんだいを　考えましょう。

❶ 60円の　ラムネと　90円の　キャラメルを　買(か)うと、何円(なんえん)に　なりますか。

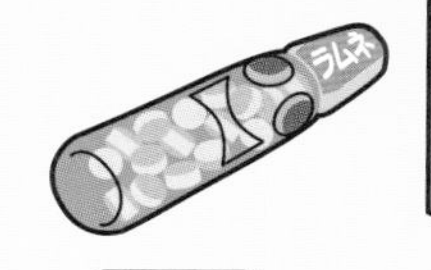


しき ［　　　　］＝［？］

⑩で　考えると　6＋9＝［　］だから、

60＋90＝［　　］

答(こた)え ［　　］円

❷ 130円　もって　います。70円の　ガムを　買うと、何円　のこりますか。

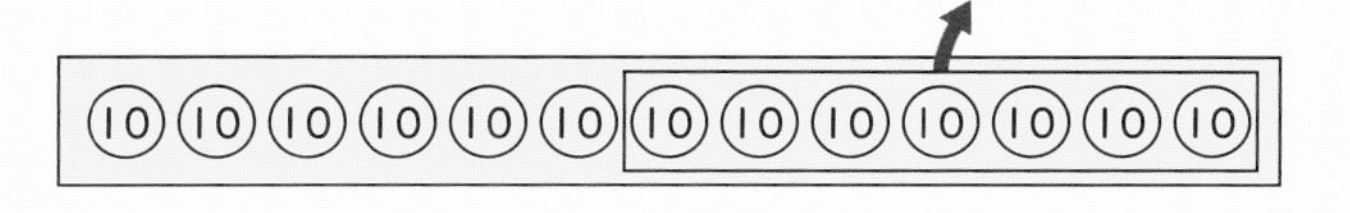

しき ［　　　　］＝［？］

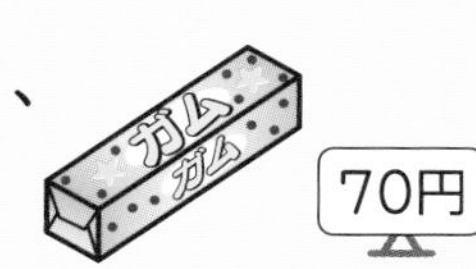


⑩で　考えると　13－7＝［　］だから、

130－70＝［　　］

答え ［　　］円

## 3 つぎの　計算(けいさん)を　しましょう。

教科書 78ページ 1 2

❶ 70＋90　　❷ 80＋60

❸ 40＋80　　❹ 90＋30

❺ 150－90　　❻ 140－50

❼ 110－80　　❽ 160－70

おうちのかたへ　不等号(＞、＜)を用いた数の大小の表し方と、何十の計算のしかたを学習します。＞、＜の意味をしっかり理解しましょう。何十の計算では、10のまとまりで考えることを身につけます。

べんきょうした 日　月　日

# れんしゅうのワーク

教科書 上 68～80ページ　答え 6ページ

できた 数　/15もん 中

おわったら シールを はろう

**1** 数の しくみ　つぎの 数を かきましょう。

❶ 100を 7こと、1を 5こ あわせた 数 (　　　)

❷ 10を 63こ あつめた 数 (　　　)

**2** 数の じゅんじょ　□に あてはまる 数を かきましょう。

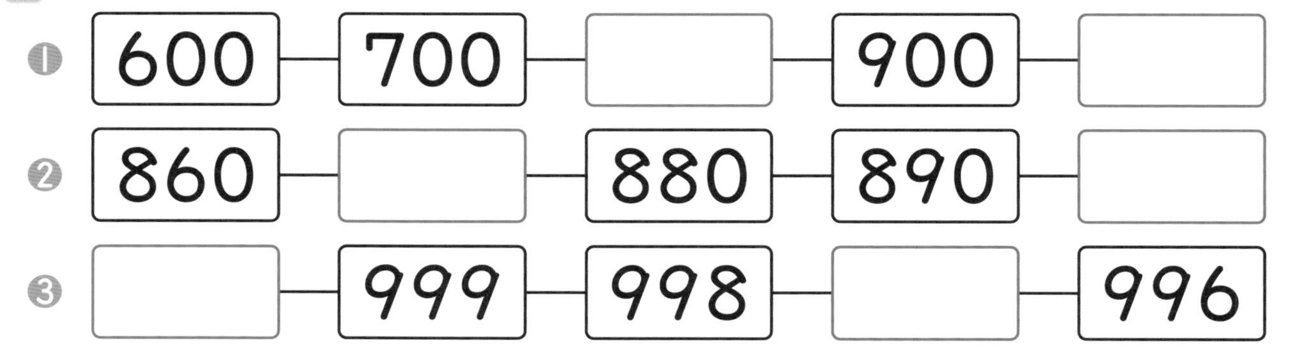

❶ 600 — 700 — □ — 900 — □

❷ 860 — □ — 880 — 890 — □

❸ □ — 999 — 998 — □ — 996

**3** 数の 見方　240は どんな 数と いえますか。

❶ □に あてはまる 数を かきましょう。

▶240は、10を □こ あつめた 数です。

▶240は、200より □ 大きい 数です。

いろいろな あらわし方が できるね。

❷ ❶の 2つの ほかに、考えた ことを 1つ かきましょう。

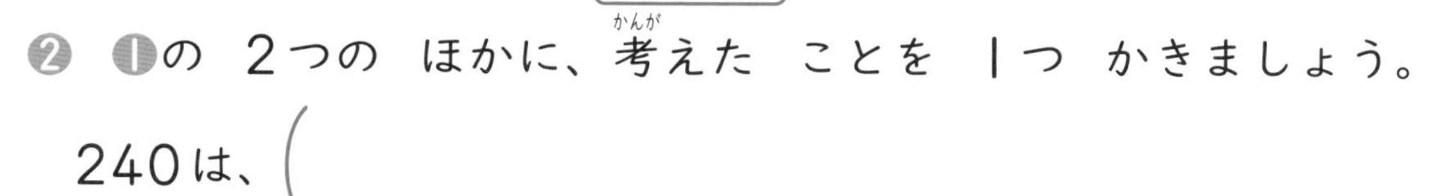

240は、(　　　　　　　　　　)数です。

**4** 何十の 計算　80円の クッキーと 30円の あめを 買うと、何円に なりますか。

(10)(10)(10)(10)(10)(10)(10)(10)

(10)(10)(10)

しき　　　答え (　　　)

**5** 何十の 計算　180まいの 色紙が あります。90まい つかうと、何まい のこりますか。

10の たばの 数で 考えると…。

しき　　　答え (　　　)

できるナビ　❹❺ 何十の たし算や 百何十から ひく ひき算は、10の まとまりが いくつに なるかを 考えて 計算しよう。

# まとめのテスト

時間 20分　とく点　/100点　おわったら シールを はろう

教科書 ㊤68～80ページ　答え 6ページ

**1** よく出る 色えんぴつと 色紙の 数を 数字(すうじ)で かきましょう。 1つ10〔20点〕

❶ （　　　）　❷ （　　　）

**2** □に あてはまる 数を かきましょう。 1つ10〔30点〕

❶ 100を 6こと、10を 2こと、1を 9こ あわせた 数は □ です。

❷ 580は 10を □ こ あつめた 数です。

❸ 100を 10こ あつめた 数は □ です。

**3** つぎの 数の線(せん)で、□に あてはまる 数を かきましょう。 1つ5〔30点〕

❶ 0　100　200　300　400　500　600

ア □　イ □　ウ □

❷ 970　980　990　1000

エ □　オ □　カ □

**4** □に あてはまる ＞、＜を かきましょう。 1つ5〔10点〕

❶ 803 □ 795　❷ 322 □ 321

**5** よく出る つぎの 計算を しましょう。 1つ5〔10点〕

❶ 60＋50　❷ 120－40

チェック

□ 100より 大きい 数の あらわし方が わかったかな？

□ 10の まとまりを 考えて 何十の 計算が できたかな？

ふろくの「計算れんしゅうノート」8ページを やろう！

べんきょうした 日 月 日

# 1 たし算

もくひょう
百の位に くり上がりの ある たし算の 筆算を 学ぼう。

おわったら シールを はろう

## きほんのワーク

教科書 上 82～86ページ 答え 6ページ

### きほん 1 くり上がりが 1回 ある たし算が できますか。

☆ 73＋54の 筆算の しかたを 考えましょう。

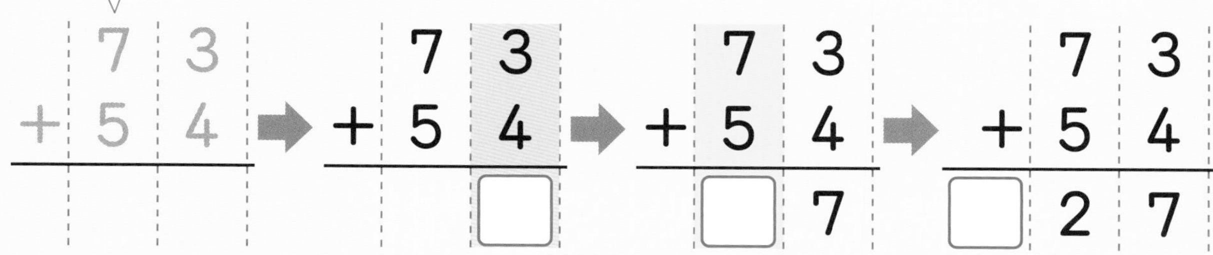

1 位を そろえて かく。

2 一の位の 計算
3＋4＝□

3 十の位の 計算
7＋5＝□
十の位に 2を かいて、百の位に 1 くり上げる。

4 百の位に □を かく。

73＋54＝□

### 1 計算を しましょう。

教科書 83ページ1 84ページ1

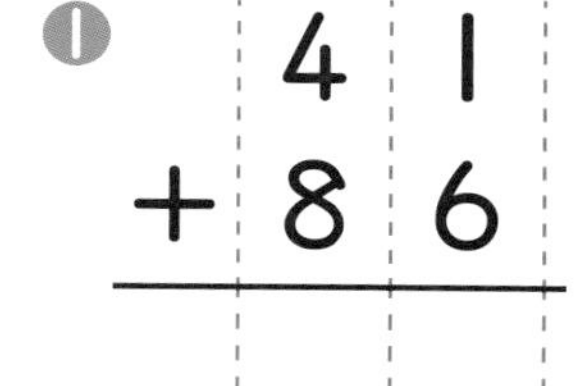

❶ 41＋86
❷ 26＋93
❸ 64＋70
❹ 53＋52

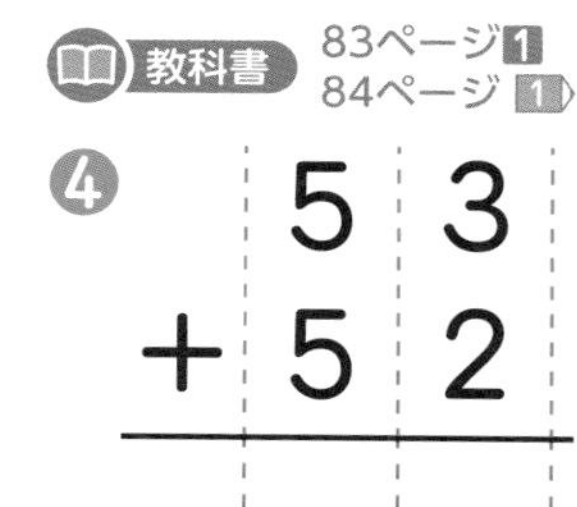

### 2 筆算で しましょう。

❶ 36＋92 ❷ 89＋30 ❸ 43＋65 ❹ 82＋26

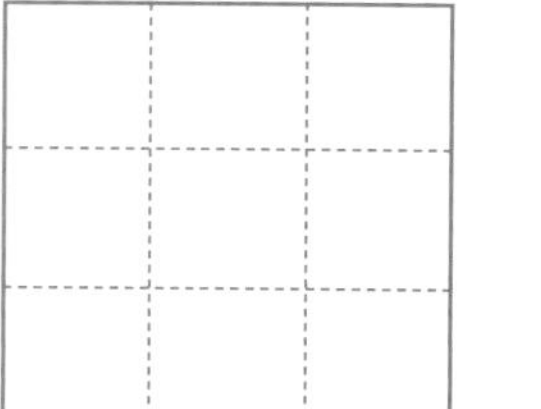

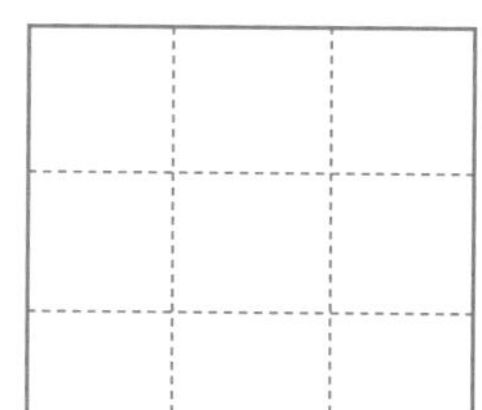

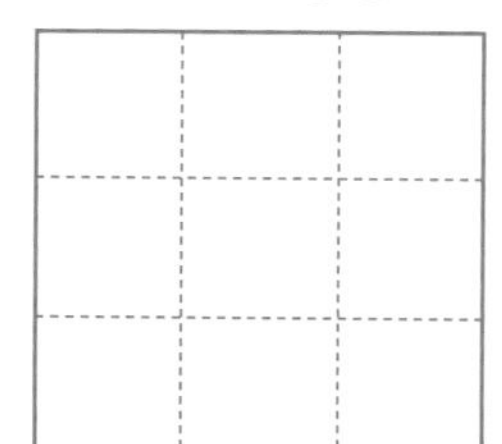

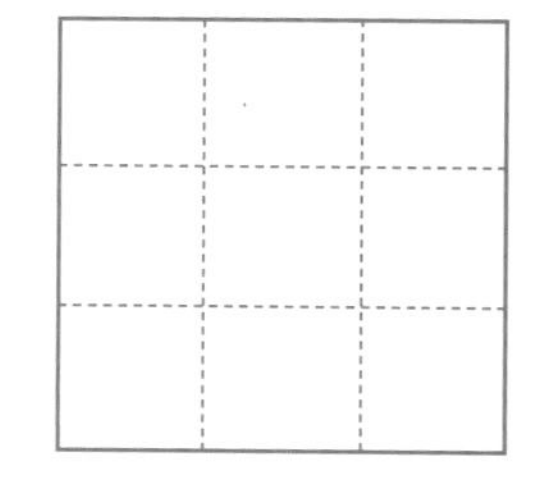

さんすうはかせ
「＋」の 記ごうは、古だいローマの ことばだった ラテン語の 「…と …」を いみする エ(et)が へんかした ものだと いわれて いるよ。

## きほん2 くり上がりが 2回 ある たし算が できますか。

☆ 63＋89の 筆算の しかたを 考えましょう。

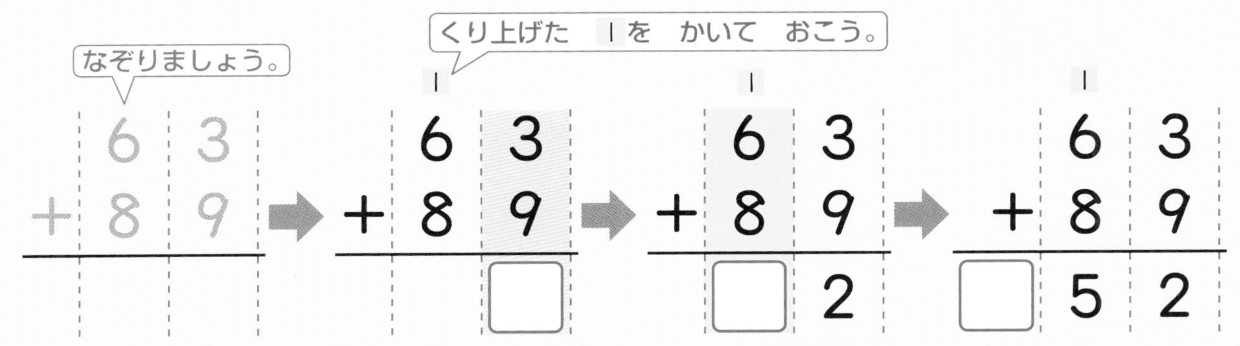


1 位を そろえて かく。

2 一の位の 計算

3＋9＝□

十の位に 1 くり上げる。

3 十の位の 計算

1＋6＋8＝□

百の位に 1 くり上げる。

4 百の位に

□を かく。

63＋89＝□

### 3 筆算で しましょう。

教科書 85ページ 2 2

❶ 68＋75 ❷ 84＋49 ❸ 97＋58 ❹ 53＋77

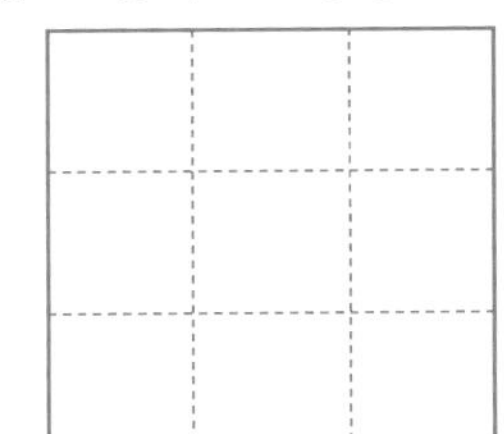
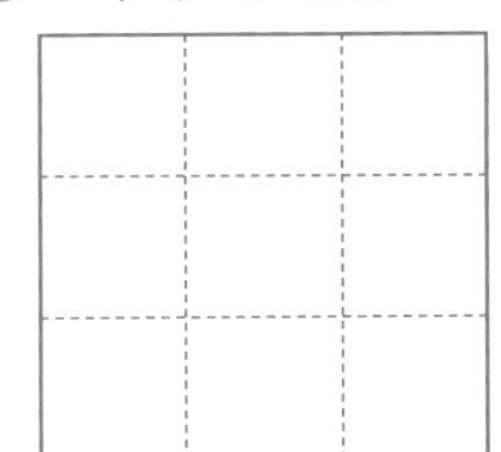
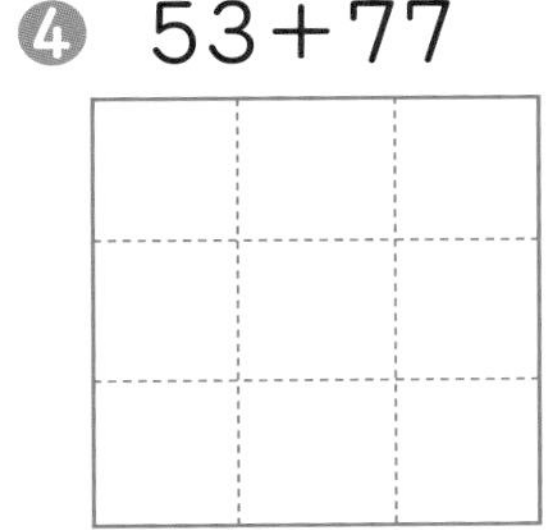

### 4 筆算で しましょう。

教科書 86ページ 4

❶ 83＋18 ❷ 36＋64 ❸ 97＋4 ❹ 2＋98

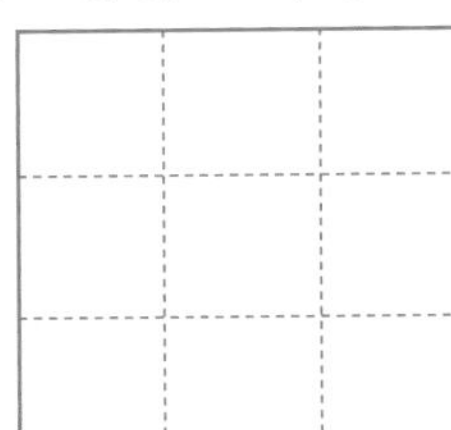
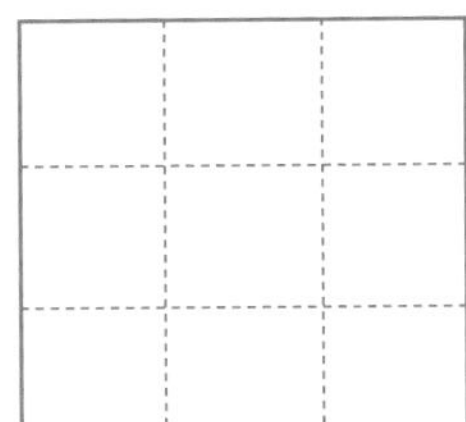
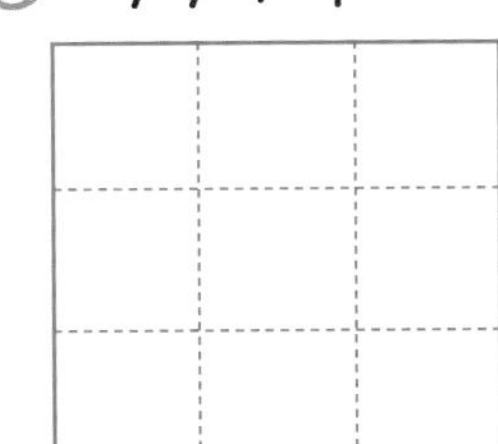

### 5 なわとびを、1回目は 46回、2回目は 59回 とびました。あわせて 何回(なんかい) とびましたか。

教科書 86ページ 5

しき

答(こた)え（　　　　　）

筆算

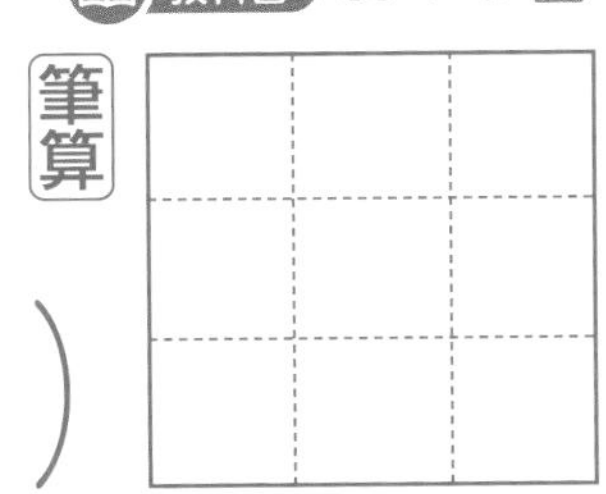

おうちのかたへ

百の位にくり上がるたし算のしかたを学習します。筆算の考え方は、一の位から十の位へくり上げたときと同じです。97＋4、2＋98のような計算にとまどうことが多いので、注意しましょう。

# 2 ひき算

もくひょう
百の位から くり下がりの ある ひき算の 筆算を 学ぼう。

おわったら シールを はろう

教科書 上 87〜91ページ 答え 7ページ

## きほん1 くり下がりが 1回 ある ひき算が できますか。

☆ 128−43の 筆算の しかたを 考えましょう。

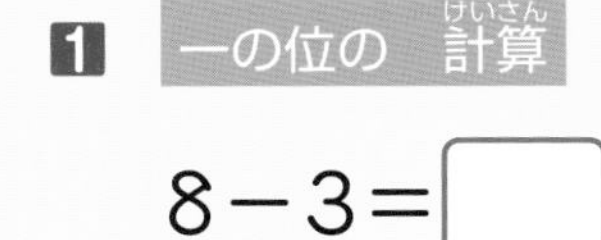

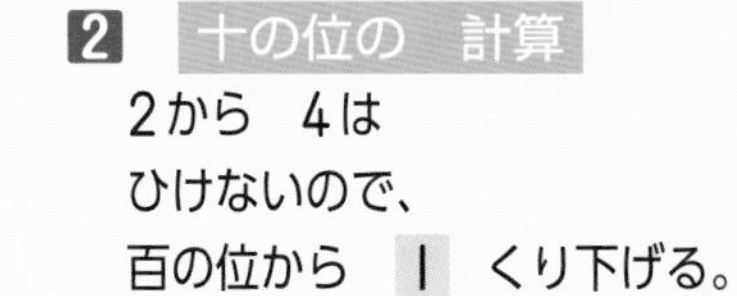

| | 百 | 十 | 一 |
|---|---|---|---|
| | 1 | 2 | 8 |
| − | | 4 | 3 |
| | | | □ |

| | 百 | 十 | 一 |
|---|---|---|---|
| | 1 | 2 | 8 |
| − | | 4 | 3 |
| | | □ | 5 |

1 一の位の 計算

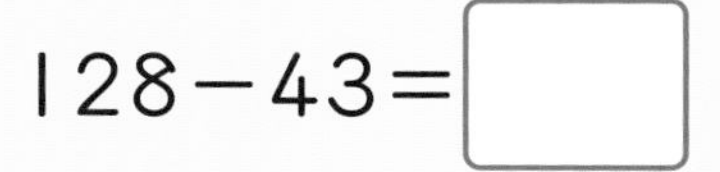

8−3=□

2 十の位の 計算

2から 4は ひけないので、百の位から 1 くり下げる。

12−4=□

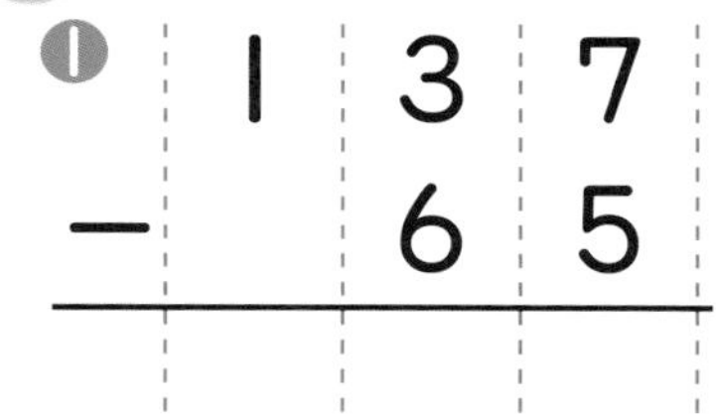


128−43=□

考え方
ひけない ときは、上の位から 1 くり下げて ひきます。

## 1 計算を しましょう。

教科書 87ページ1 88ページ1

❶
| | 百 | 十 | 一 |
|---|---|---|---|
| | 1 | 3 | 7 |
| − | | 6 | 5 |
| | | | |

❷
| | 百 | 十 | 一 |
|---|---|---|---|
| | 1 | 2 | 6 |
| − | | 7 | 3 |
| | | | |

❸
| | 百 | 十 | 一 |
|---|---|---|---|
| | 1 | 1 | 2 |
| − | | 8 | 2 |
| | | | |

## 2 筆算で しましょう。

教科書 87ページ1 88ページ1

❶ 148−56

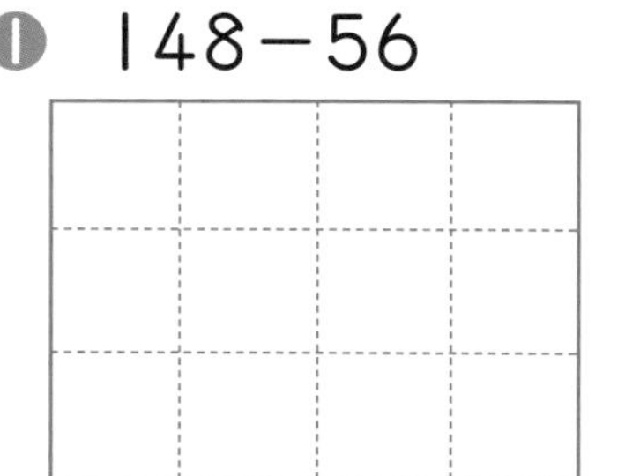

❷ 173−90

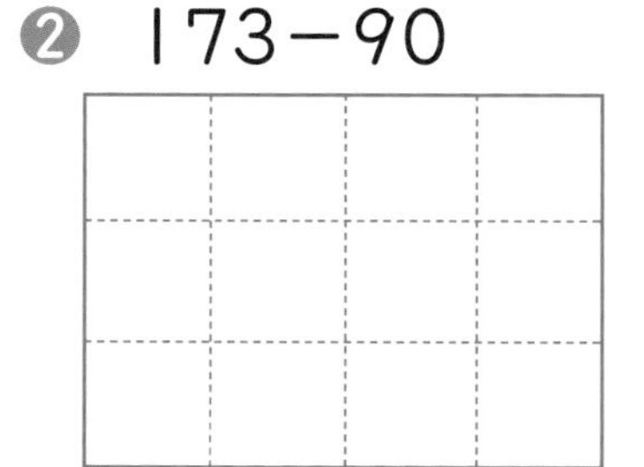

❸ 109−64

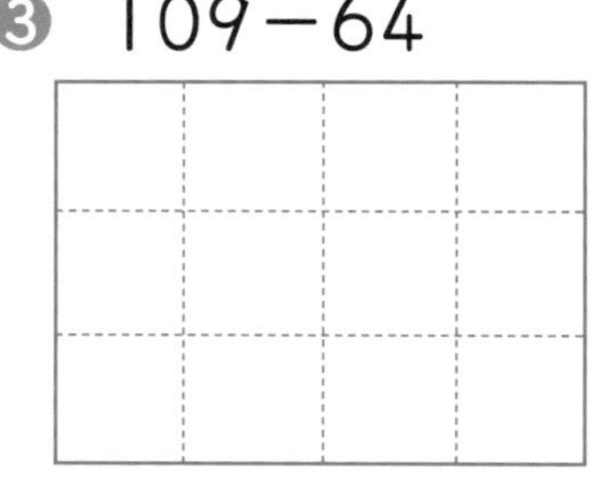

さんすうはかせ
ひき算では 「−」と いう 記ごうを つかうよね。「−」の 記ごうも 「+」の 記ごうも、ドイツの 数学しゃ ウィッドマンと いう 人が つかいはじめたんだ。

## きほん2 くり下がりが　2回　ある　ひき算が　できますか。

☆ つぎの　計算を　筆算で　しましょう。

❶ 145－78

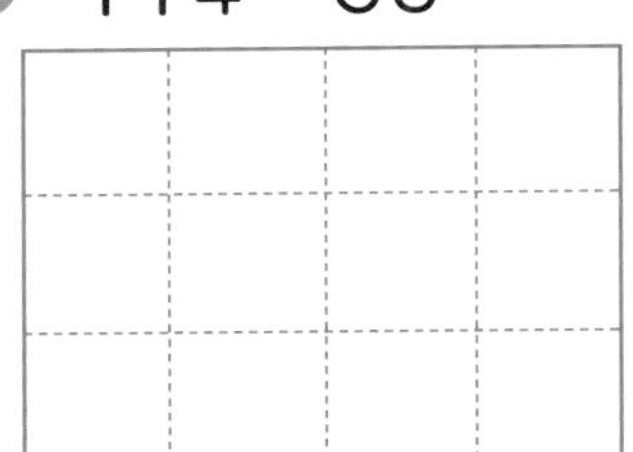

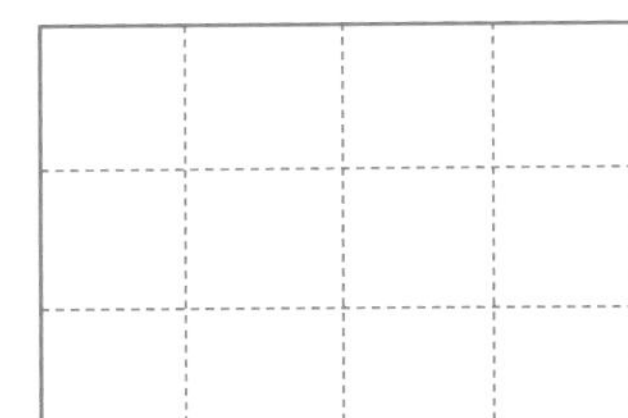

**1** 一の位の　計算

十の位から
1　くり下げて

15－8＝□

**2** 十の位の　計算

百の位から
1　くり下げて

14－1－7＝□

❷ 103－67

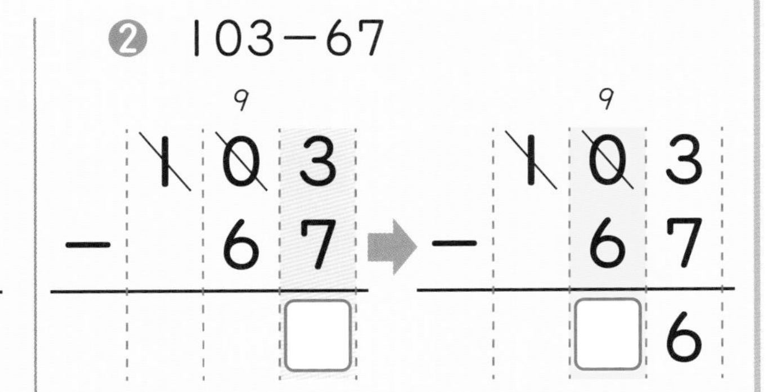

**1** 一の位の　計算

百の位から
じゅんに　くり下げて

13－7＝□

**2** 十の位の　計算

10－1－6＝□

一の位の　計算の
ときに　くり下げた　1

### 3 筆算で　しましょう。

教科書 89ページ 2 2

❶ 114－58　❷ 161－97　❸ 130－46

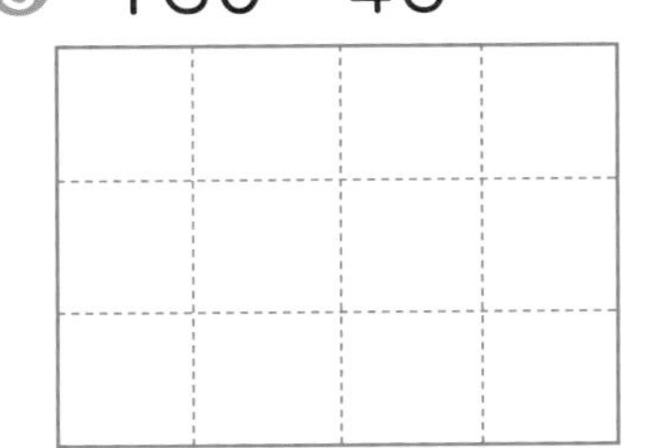

### 4 筆算で　しましょう。

教科書 90ページ 3
91ページ 4～6

❶ 102－35　❷ 104－96　❸ 106－9　❹ 100－8

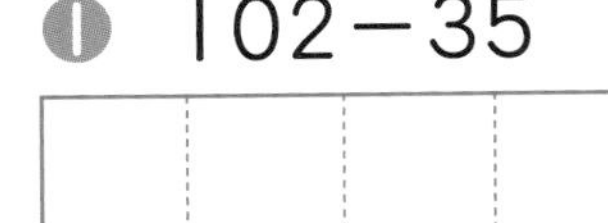

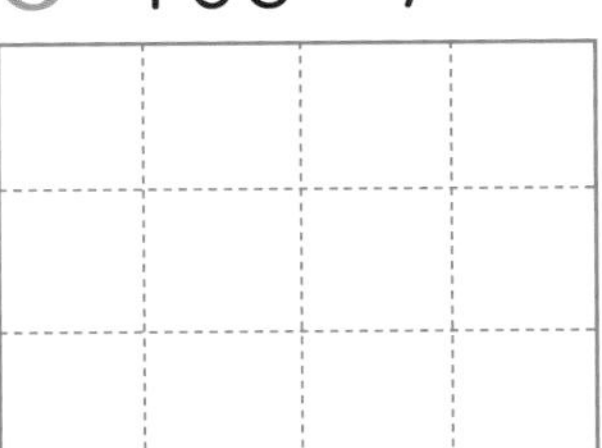

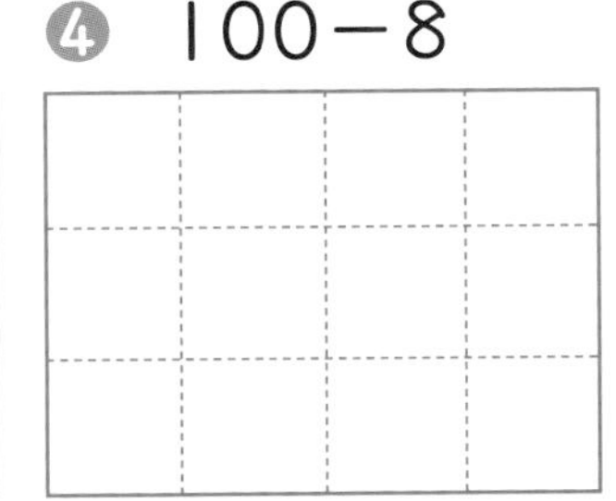

### 5 色紙(いろがみ)が　100まい　あります。そのうち　53まい　つかうと、のこりは　何(なん)まいですか。

教科書 91ページ 7

しき

答(こた)え（　　　　）

筆算

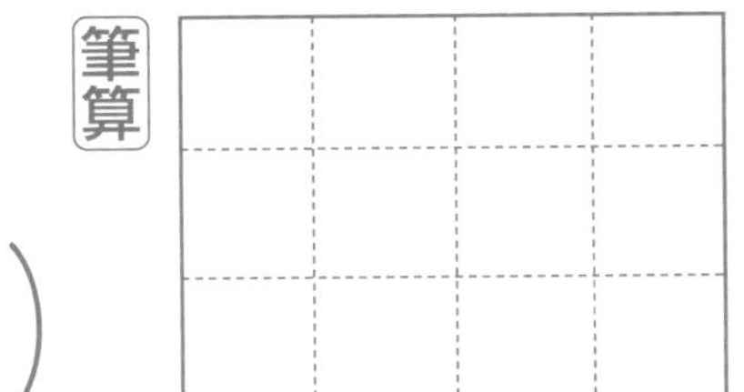

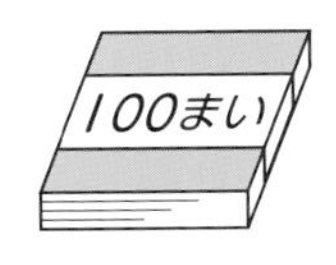


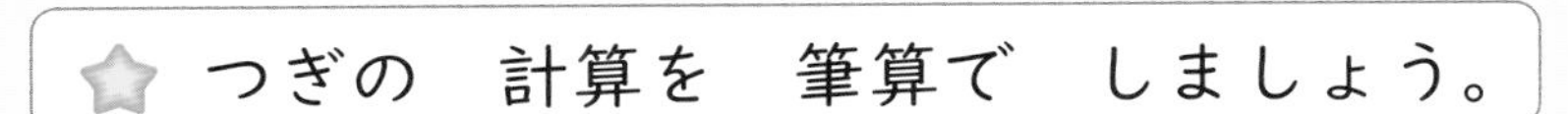

おうちのかたへ　百の位からくり下がりのあるひき算です。ひけないときには、必ず1つ上の位からくり下げることをおさえます。ひかれる数の十の位が空位の場合に間違いが目立ちますので注意しましょう。

## 3 筆算を つかって

もくひょう
3けたの たし算と ひき算の 筆算の しかたを 学ぼう。

おわったら シールを はろう

# きほんのワーク

教科書 上 92～93ページ　答え 7ページ

## きほん1 3けたの 数の たし算が できますか。

☆ つぎの 計算(けいさん)を 筆算(ひっさん)で しましょう。

❶ 325＋47

$$\begin{array}{r} 325 \\ +\ \ 47 \\ \hline \square\square\square \end{array}$$

❷ 278＋6

$$\begin{array}{r} 278 \\ +\ \ \ 6 \\ \hline \square\square\square \end{array}$$

3けたの 筆算も、2けたの ときと 同(おな)じように 計算できるね。

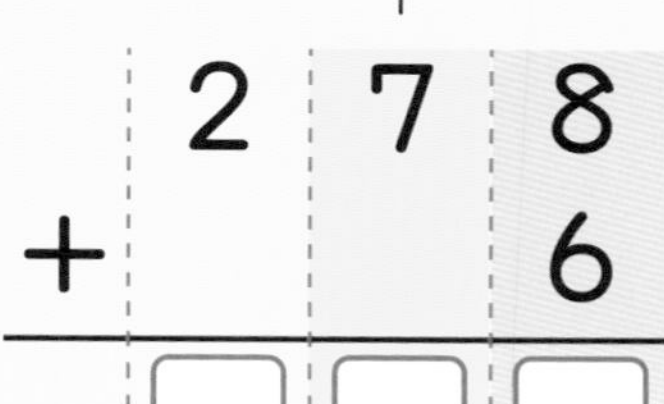


❶
1 一の位(くらい)の 計算
5＋7＝□
十の位に 1 くり上げる。
2 十の位の 計算
1＋2＋4＝□
3 百の位は □

❷
1 一の位の 計算
8＋6＝□
十の位に 1 くり上げる。
2 十の位の 計算
1＋7＝□
3 百の位は □

考え方
・位を そろえて かきます。
・一の位から じゅんに 計算します。
・くり上がりに ちゅういします。

## 1 筆算で しましょう。

❶ 423＋76

|   | 4 | 2 | 3 |
|---|---|---|---|
| ＋ |   | 7 | 6 |
|   |   |   |   |

❷ 51＋634

|   |   | 5 | 1 |
|---|---|---|---|
| ＋ | 6 | 3 | 4 |
|   |   |   |   |

❸ 547＋36

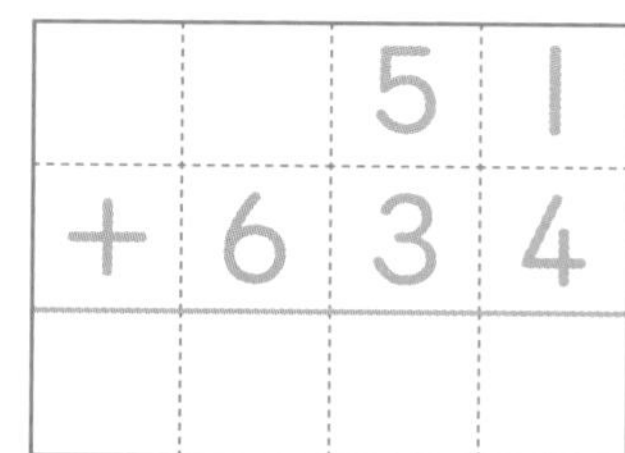

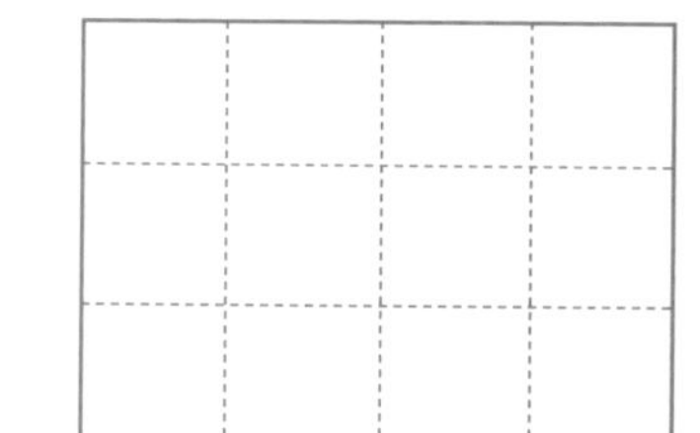

❹ 24＋329

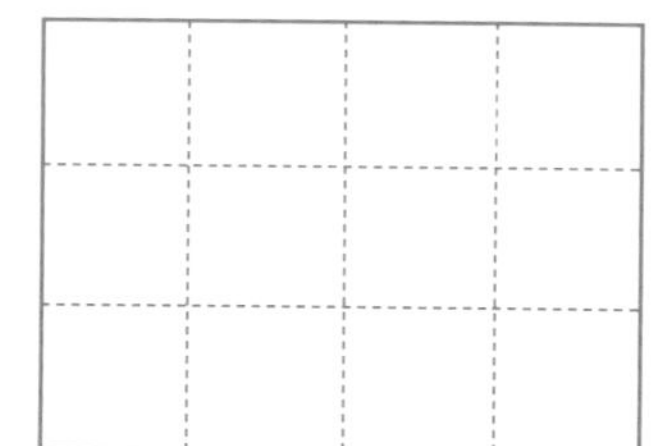

❺ 218＋7

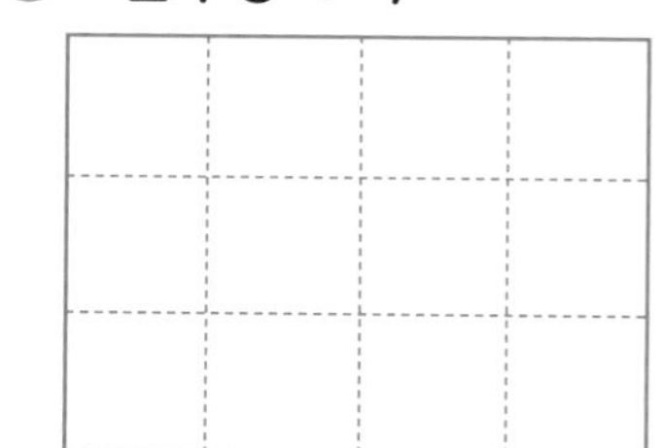

❻ 3＋758

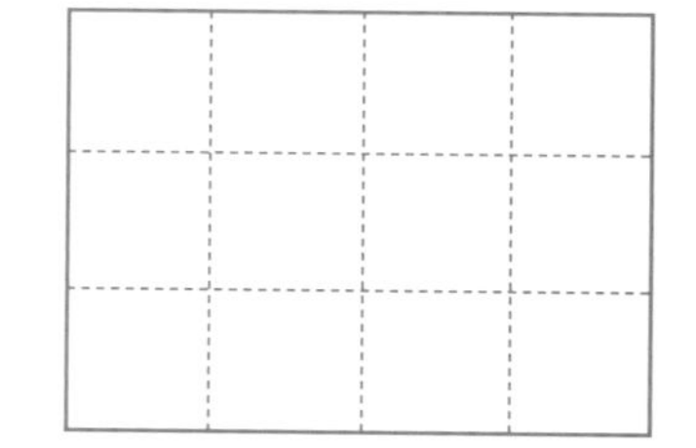

1から 10までの 数(かず)の 読(よ)み方(かた)は、せかいの 国(くに)に よって さまざまだ。でも、0は えい語(ご)でも、フランス語でも、イタリア語でも 「ゼロ」と はつ音するんだって。

## きほん2 3けたの　数の　ひき算が　できますか。

☆ つぎの　計算を　筆算で　しましょう。

❶ 463−28

|   | 5 |   |
|---|---|---|
| 4 | ~~6~~ | 3 |
| − | 2 | 8 |
| □ | □ | □ |

百の位を わすれずに かこう。

**1** 一の位の　計算

十の位から　1　くり下げる。

13−8=□

**2** 十の位の　計算

6−1−2=□

**3** 百の位は　□

❷ 356−9

数が　大きく なっても、今(いま)までと 同じように できるね。

**1** 一の位の　計算

十の位から　1　くり下げる。

16−9=□

**2** 十の位の　計算

5−1=□

**3** 百の位は　□

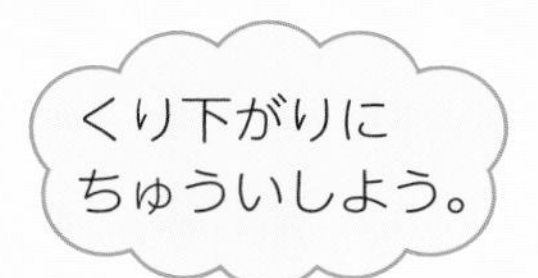

## 2 筆算で　しましょう。

教科書　93ページ 2 3

❶
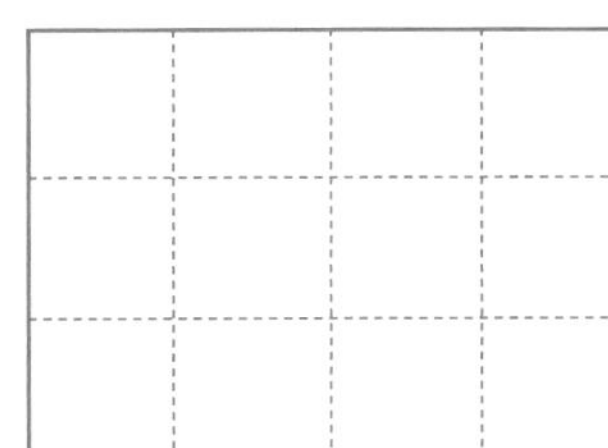


❷
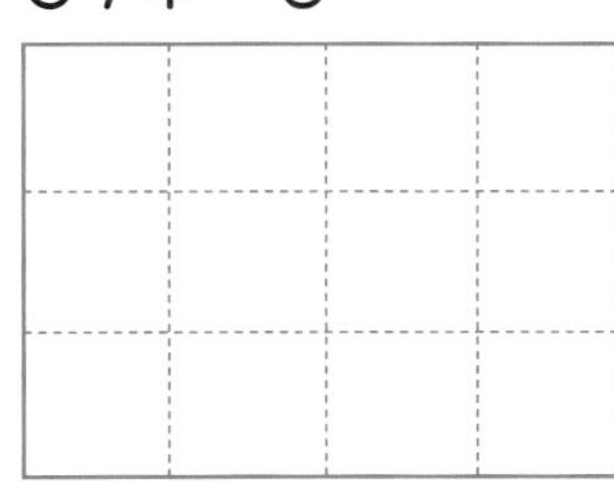


❸
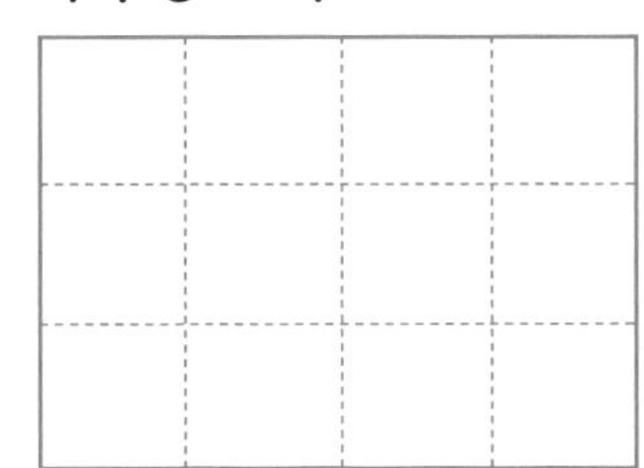


❹ 840−26

❺ 574−8

❻ 410−9

## 3 394円　もって　います。55円の　ガムを　買(か)うと、のこりは 何円(なんえん)ですか。

教科書　93ページ 4

しき

筆算

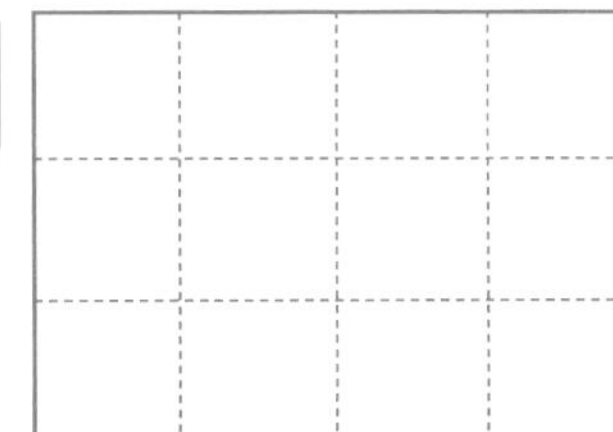

答(こた)え（　　　　）

おうちのかたへ　（3けた）±（2けた・1けた）の筆算のしかたを学習します。数が大きくなっても、「これまでと同じように計算できる」という意識をもつことが大切です。

べんきょうした 日　月　日

# 4 (　)を つかった 計算

もくひょう
(　)を　つかった
3つの　数の　たし算の
しかたを　学ぼう。

おわったら シールを はろう

## きほんのワーク

教科書 上 94～95ページ　答え 7ページ

### きほん1 (　)を　つかった　しきの　計算が　できますか。

☆ ゆうきさんは、ビー玉を　19こ　もって　いました。
きのう　お兄さんから　13この　ビー玉を
もらいました。また、今日　お姉さんから
7この　ビー玉を　もらいました。
ビー玉は、ぜんぶで　何こに　なりましたか。

しき　19＋13＋7を　2とおりの　しかたで　計算しましょう。

❶ じゅんに　たす。

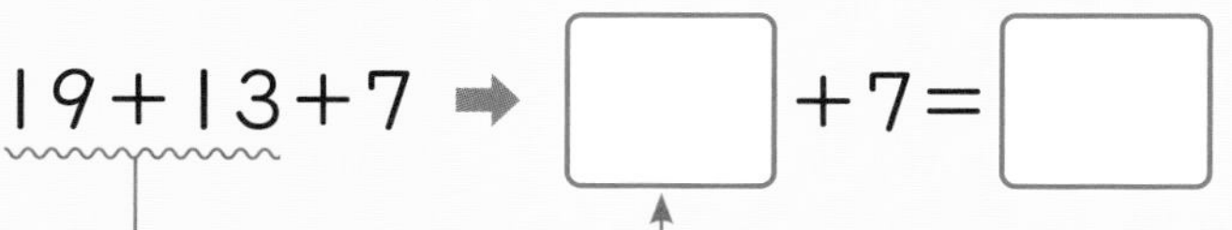

19＋13＋7 ➡ □＋7＝□　答え □こ

❷ もらった　数を　まとめて　たす。

19＋(13＋7) ➡ 19＋□＝□　答え □こ

(　)の　中は、先に　計算します。

たいせつ
たし算では、じゅんに　たしても、まとめて　たしても、
答えは　同じ　に　なります。

・19＋13＋7＝39
・19＋(13＋7)＝39

答えは同じ。

**1** くふうして　つぎの　計算を　しましょう。　教科書 95ページ 1

❶ 17＋8＋2　　❷ 28＋24＋6

**2** 25＋14＋5の　かんたんな　計算の　しかたを　考えて　書きましょう。　教科書 95ページ 2

(　　　　　　　　　　　　)

2つの　数を
入れかえると…。

おうちのかたへ　(　)を使った式を学習します。(　)の中をひとまとまりと考え、先に計算することを学びます。たす順序を変えると、計算が簡単になる場合があることを確認しましょう。

# れんしゅうのワーク①

教科書 ㊤ 82〜97ページ　答え 7ページ

できた 数 /14もん 中

おわったら シールを はろう

## 1 たし算と ひき算の 筆算

筆算(ひっさん)で しましょう。

❶ 36＋94　❷ 8＋679　❸ 100−3　❹ 592−76

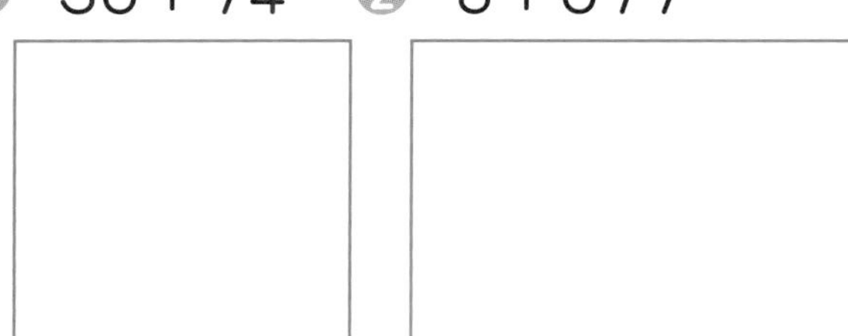

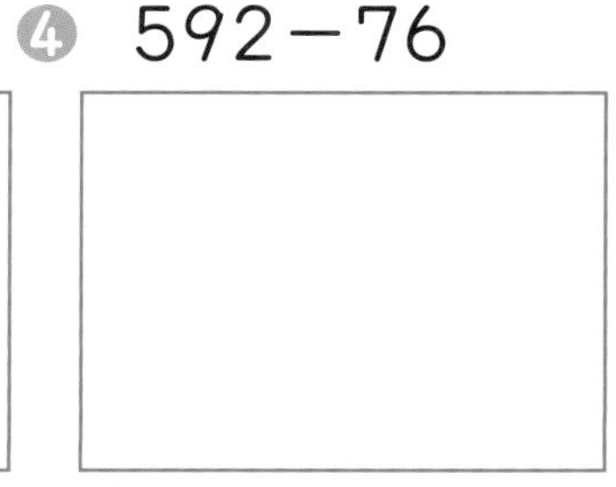

## 2 筆算の しかた

計算の まちがいを 見つけて、正しい 答えを かきましょう。

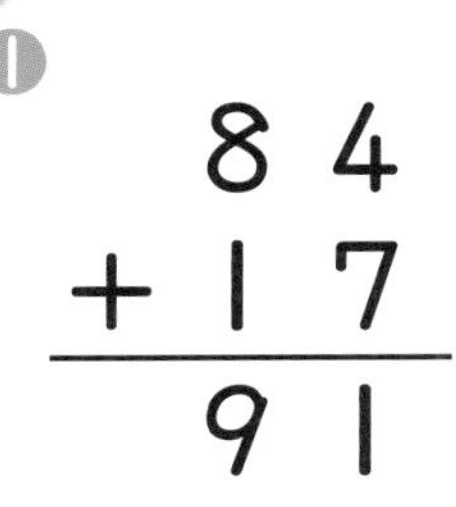
❶
```
  84
+ 17
----
  91
```

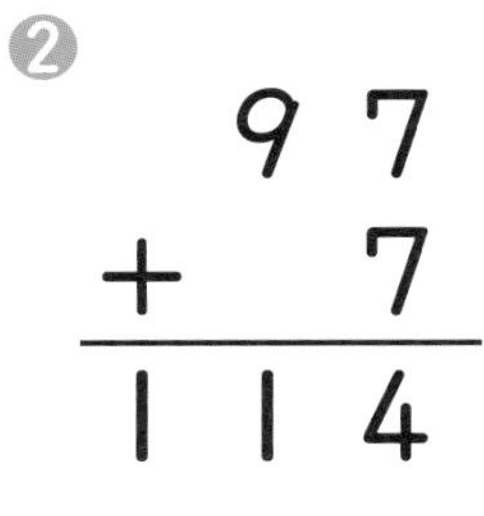
❷
```
  97
+  7
----
 114
```

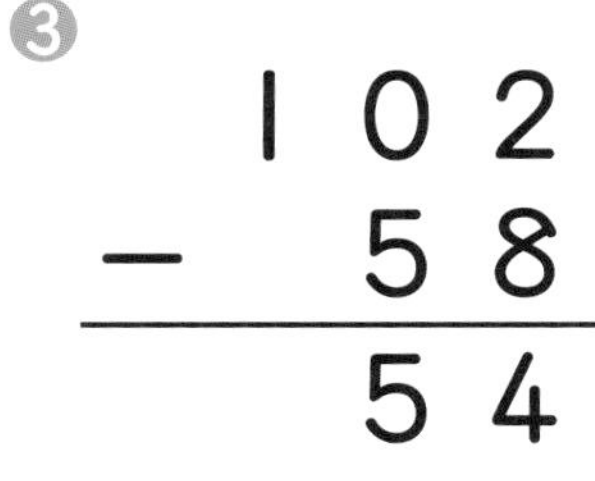
❸
```
  102
-  58
-----
   54
```

❹
```
  267
-  43
-----
  124
```

(　　)　(　　)　(　　)　(　　)

## 3 文しょうだい

さくらさんの クラスでは、きのうと 今日で、あきかんを 125こ ひろいました。きのう ひろった あきかんは 79こです。

今日 ひろった あきかんは 何こですか。

しき

答え (　　)

筆算

## 4 文しょうだい

456円の ふでばこと 38円の えんぴつを 買(か)います。

あわせて 何円に なりますか。

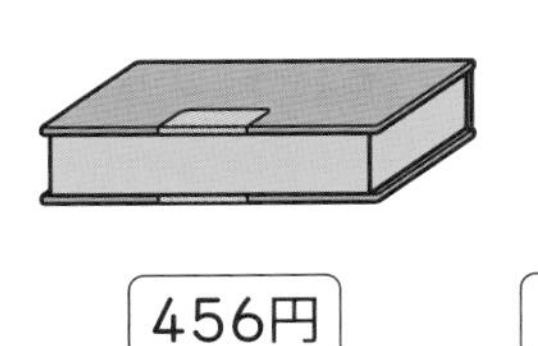

しき

答え (　　)

筆算

**できるナビ** 筆算では、くり上がりの 数や くり下がりの 数も、位(くらい)に そろえて かきたすように しよう！ まちがいが 少(すく)なく なるよ。

べんきょうした 日 月 日

# れんしゅうのワーク②

教科書 上 82～97ページ　答え 8ページ

できた 数 /17もん 中

おわったら シールを はろう

**1** 筆算の しかた　計算の まちがいを 見つけて、正しい 答えを かきましょう。

❶
```
  26
+ 86
 102
```
（　　）

❷
```
  739
+  17
  856
```
（　　）

❸
```
  105
-   8
  197
```
（　　）

❹
```
  547
-   9
  532
```
（　　）

**2** （ ）を つかった 計算　2とおりの しかたで 計算しましょう。

❶ 39＋12＋8

㋐じゅんに たす。（　　）

㋑12と 8を 先に 計算する。（　　）

❷ 13＋56＋4

㋐じゅんに たす。（　　）

㋑56と 4を 先に 計算する。（　　）

**3** 文しょうだい　りくさんは 63円 もって いました。97円の ノートを 買いに 行くために、お父さんから 80円 もらいました。

❶ りくさんは、買いものに 何円 もって 行きましたか。

しき

答え（　　）

筆算

❷ ノートを 買うと 何円 のこりますか。

しき

答え（　　）

筆算

**4** 文しょうだい　ぜんぶで 261ページの 本を、43ページ 読みました。あと、何ページ のこって いますか。

しき

答え（　　）

筆算

できるナビ

❶ くり上がりや くり下がりに ちゅういしよう。どこが まちがって いるか 言って みよう。

❷ たし算では、たす じゅんばんを かえても 答えは 同じに なるね。

# まとめのテスト

教科書 上 82～97ページ　答え 8ページ

**1** よく出る 筆算で しましょう。　1つ10〔60点〕

❶ 58+61　❷ 5+97　❸ 74+318

❹ 129−56　❺ 140−42　❻ 473−25

**2** くふうして つぎの 計算を しましょう。　1つ5〔10点〕

❶ 28+17+3　❷ 11+6+34

**3** わかざりを、きのうは 46こ、今日(きょう)は 57こ つくりました。ぜんぶで 何こ つくりましたか。　1つ5〔15点〕

答え（　　　　）

筆算

**4** みずきさんたちは、みんなで クッキーを 104まい つくりました。そのうち 39まい 食(た)べました。のこりは 何まいですか。　1つ5〔15点〕

しき

答え（　　　　）

筆算

ふろくの「計算れんしゅうノート」11～17ページを やろう！

チェック✓
□大きい 数(かず)の たし算が 筆算で できたかな？
□大きい 数の ひき算が 筆算で できたかな？

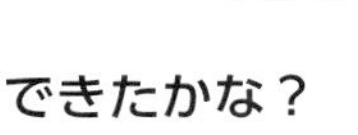

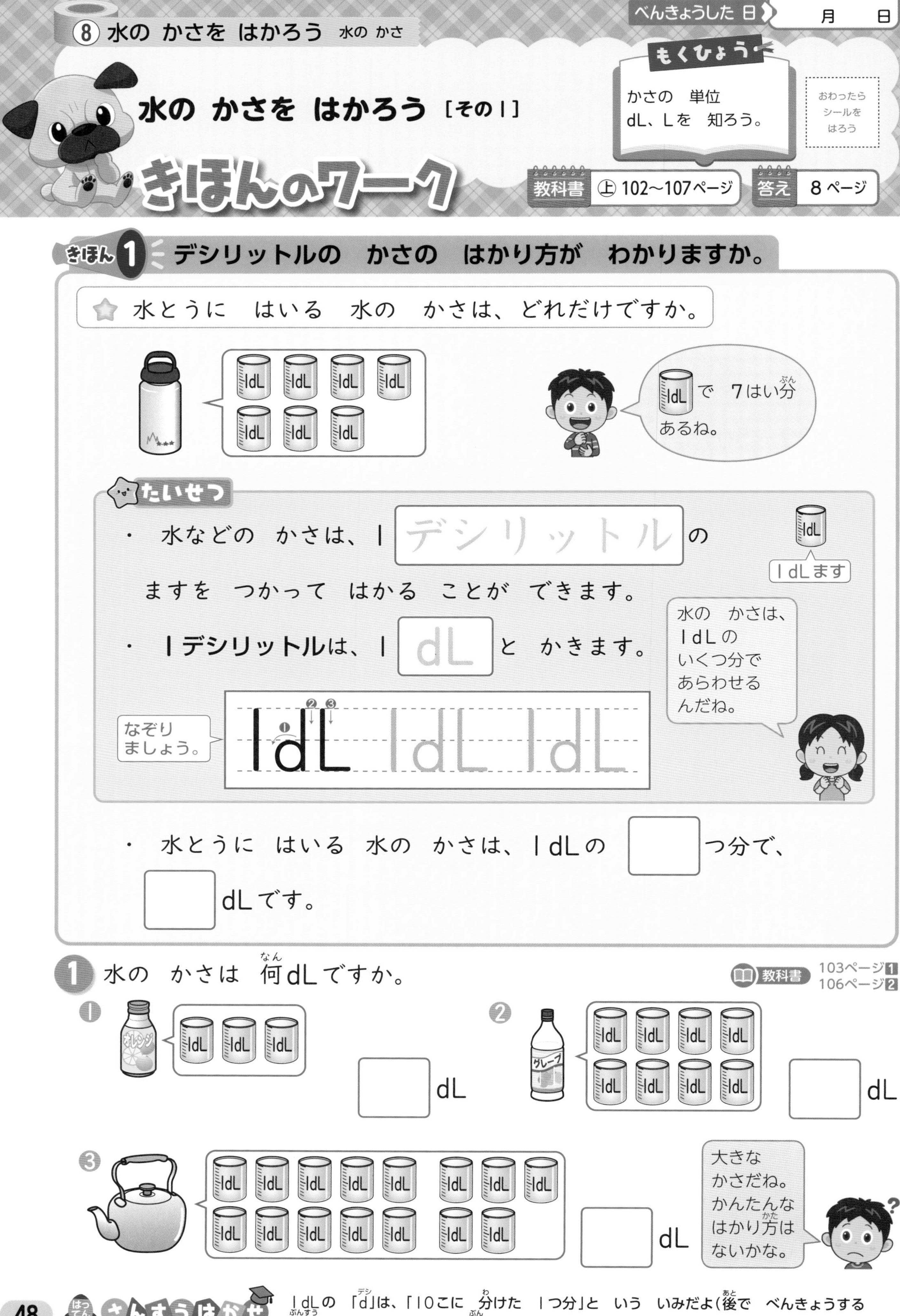



べんきょうした 日 月 日

# 水の かさを はかろう ［その1］

## きほんのワーク

もくひょう
かさの 単位
dL、Lを 知ろう。

おわったら シールを はろう

教科書 上 102～107ページ　答え 8ページ

## きほん1 デシリットルの かさの はかり方が わかりますか。

☆ 水とうに はいる 水の かさは、どれだけですか。



たいせつ

・ 水などの かさは、1［デシリットル］の ますを つかって はかる ことが できます。

1dLます

・ 1デシリットルは、1［dL］と かきます。



・ 水とうに はいる 水の かさは、1dLの □つ分で、□dLです。

**1** 水の かさは 何dLですか。

教科書 103ページ1 106ページ2

❶ □dL



❷ □dL



❸ □dL



はってん さんすうはかせ

1dLの 「d」は、「10こに 分けた 1つ分」と いう いみだよ（後で べんきょうする 分数の あらわし方で 10分の1と いうよ）。1dLは、1Lの 10分の1だよ。

## きほん2 リットルの かさの はかり方が わかりますか。

☆ やかんに はいる 水の かさを、1Lますと 1dLますを つかって はかりましょう。

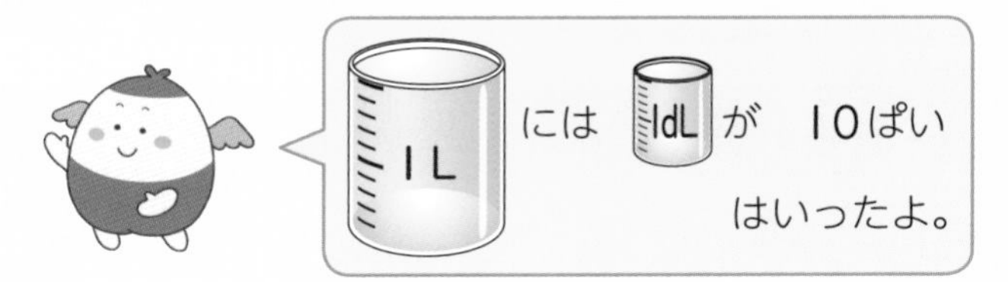


**たいせつ**

・ 大きな かさを はかる ときは、1 リットル の ますを つかいます。

1Lます

・ **1リットル**は 1 L と かきます。

dLや Lは かさの 単位だよ。

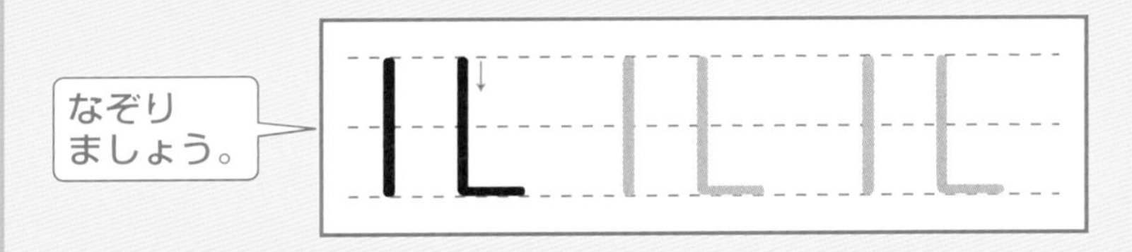


・ 1Lは、1dLの 10こ分の かさです。

・ やかんに はいる 水の かさは、□L□dLです。

## 2 水の かさは 何L何dLですか。また、何dLですか。

教科書 106ページ2 107ページ1

❶

（●何L何dL　　●何dL　　、）

❷

（●何L何dL　　●何dL　　、）

❸

（●何L何dL　　●何dL　　、）

**おうちのかたへ** 水などのかさは、ますではかることを知り、単位を使って表す学習をします。dL（デシリットル）とL（リットル）の意味と表し方を理解し、1L＝10dLの関係をおさえます。

べんきょうした 日　月　日

# 水の かさを はかろう ［その2］

## きほんのワーク

もくひょう

mLの 単位や かさの 計算の しかたを 知ろう。

おわったら シールを はろう

教科書 上 108～109ページ　答え 8ページ

## きほん1 ミリリットルの かさの あらわし方が わかりますか。

☆ びんに はいる 水の かさを しらべましょう。

1dL 1dL 1dL

1dLより 小さい かさが あるよ。

たいせつ

・ dLより 小さい かさの 単位に ミリリットル が あります。

・ 1ミリリットルは、1 mL と かきます。

なぞりましょう。 1mL 1mL 1mL

・ 1L＝ 1000 mL

1dLより 小さい かさを mLで あらわすんだね。

**1** 1000mL はいる 牛にゅうの パックに 水を 入れ、1Lますに うつしかえます。1Lますの 何ばい分に なりますか。 教科書 108ページ4

1L

1Lますの ちょうど ☐ ぱい分

**2** ☐に あてはまる かさの 単位を かきましょう。 教科書 108ページ2

❶ かんに はいった お茶　250 ☐

❷ 水そうに はいった 水　8 ☐

❸ 紙パックに はいった ジュース　2 ☐

さんすうはかせ

1mLの 「m（ミリ）」は、「1000こに 分けた 1つ分（1000分の1）」と いう いみだよ。長さを あらわす mmの 「m（ミリ）」も、同じように 1000分の1 と いう いみだよ。

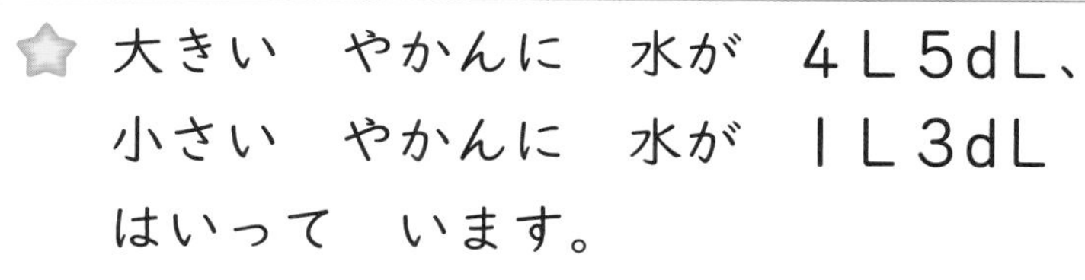

## きほん2 かさの 計算の しかたが わかりますか。

☆ 大きい やかんに 水が 4L5dL、小さい やかんに 水が 1L3dL はいって います。水の かさを しらべましょう。

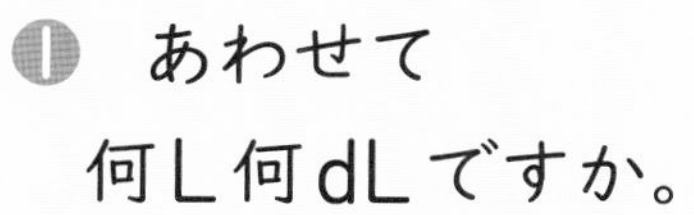

❶ あわせて 何L何dLですか。

□L□dL＋□L□dL＝□L□dL

❷ ちがいは 何L何dLですか。

□L□dL－□L□dL＝□L□dL

### 3 大きい ポットに 水が 3L8dL、小さい ポットに 水が 2L1dL はいって います。

教科書 109ページ5

❶ あわせて 何L何dLですか。

しき

答え（　　　）

❷ ちがいは 何L何dLですか。

しき

答え（　　　）

### 4 つぎの 計算を しましょう。

教科書 109ページ5 3〉4〉

❶ 5L2dL＋3L4dL

❷ 6dL＋2L3dL

❸ 2L7dL－1L5dL

❹ 4L9dL－9dL

おうちのかたへ mL（ミリリットル）の意味と表し方を理解します。1L＝1000mLをおさえましょう。かさの計算は、長さのときと同様に、同じ単位どうしで計算することを確認します。

べんきょうした 日 月 日

# れんしゅうのワーク

教科書 ㊤102〜112ページ　答え 8ページ

できた 数 /11もん 中

おわったら シールを はろう

**1** L、dLの 単位の かんけい □に あてはまる 数を かきましょう。

❶ 2L6dL＝□dL　❷ 54dL＝□L□dL

**2** かさの くらべ方 □に あてはまる ＞、＜を かきましょう。

❶ 42dL □ 3L7dL　❷ 950mL □ 1L

**3** かさの はかり方 つぎの 入れものに はいる 水の かさは、1dLますと 1Lますの どちらで はかると よいですか。

❶ ポット（　　）　❷ ヨーグルトの カップ（　　）

**4** 文しょうだい、かさの 計算 ほのかさんと そうまさんと ゆいさんは、いろいろな 入れものに はいる 水の かさを しらべました。

❶ ゆいさんが もって いる 入れものに はいる 水の かさは、何L何dLですか。
また、それは 何dLですか。（●何L何dL　）（●何dL　）

チャレンジ! ❷ ほのかさんと ゆいさんの 入れものに はいる 水の かさを あわせると、何Lに なりますか。（　　）

チャレンジ! ❸ ほのかさんと そうまさんの 入れものに はいる 水の かさの ちがいは、何dLですか。（　　）

できるナビ
1L＝10dL、1L＝1000mLだね。
❷ かさを くらべる ときは、単位を そろえて くらべよう。

# まとめのテスト

時間 20分　とく点 /100点　おわったら シールを はろう

教科書 上 102～112ページ　答え 8ページ

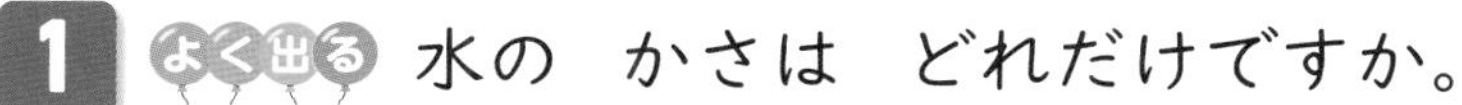

**1** よく出る 水の かさは どれだけですか。　1つ10〔20点〕

❶

（　　　　　）

❷

（　　　　　）

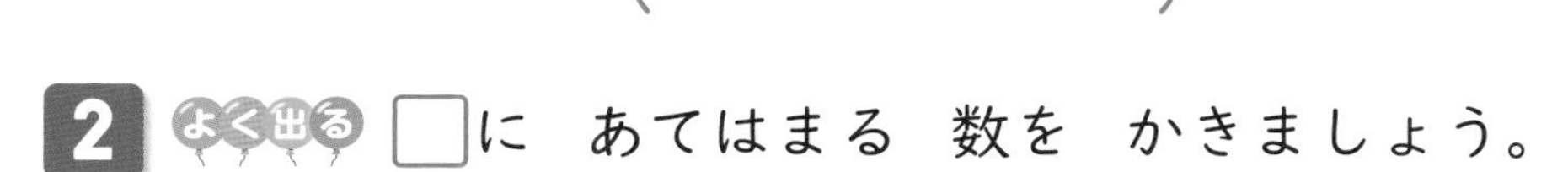

**2** よく出る □に あてはまる 数を かきましょう。　1つ10〔20点〕

❶ 1L3dL＝□dL　　❷ 1L＝□mL

**3** 1Lと 9dLの かさを くらべて、多(おお)いのは どちらですか。　〔10点〕

（＿＿＿＿＿＿の ほうが 多い。）

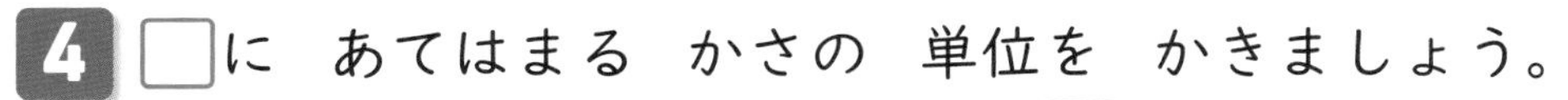

**4** □に あてはまる かさの 単位を かきましょう。　1つ10〔30点〕

❶ バケツに はいった 水 ………………… 6 □

❷ コップに はいった 水 …………………180 □

❸ 水とうに はいった 水 ………………… 7 □

**5** 大きい 水そうに 水が 5L6dL、小さい 水そうに 水が 4L3dL はいって います。　1つ5〔20点〕

❶ あわせて 何L何dLですか。

しき　　　　　　　　　　答(こた)え（　　　　　）

❷ ちがいは 何L何dLですか。

しき　　　　　　　　　　答え（　　　　　）

ふろくの「計算れんしゅうノート」10ページを やろう！

□水の かさを 単位を つかって あらわせたかな？
□水の かさの 計算(けいさん)が できたかな？

べんきょうした 日　月　日

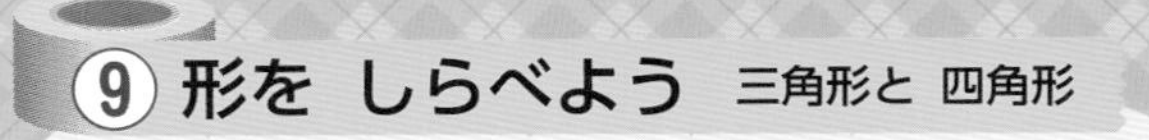

# 1 三角形と 四角形

もくひょう
三角形と 四角形、辺と 頂点を 知ろう。

おわったら シールを はろう

## きほん1 三角形と 四角形が わかりますか。

☆ ㋐、㋑のような 形を 何と いいますか。

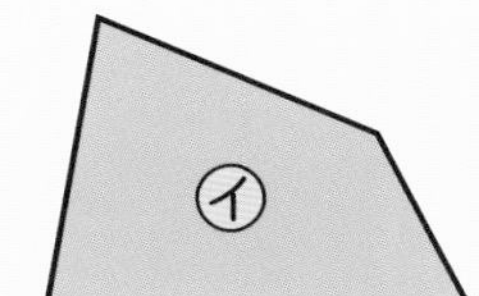


何本の 直線で かこまれて いるかな？

たいせつ
- 3 本の 直線で かこまれた 形を 三角形 と いいます。
- 4 本の 直線で かこまれた 形を 四角形 と いいます。

㋐…□　㋑…□

直線の 数で なかま分け できるんだね。かどの 数は…。
△… 3本、3つ　□… 4本、4つ

## 1 三角形と 四角形を 3つずつ えらんで、㋐～㋚で 答えましょう。

教科書 117ページ 1

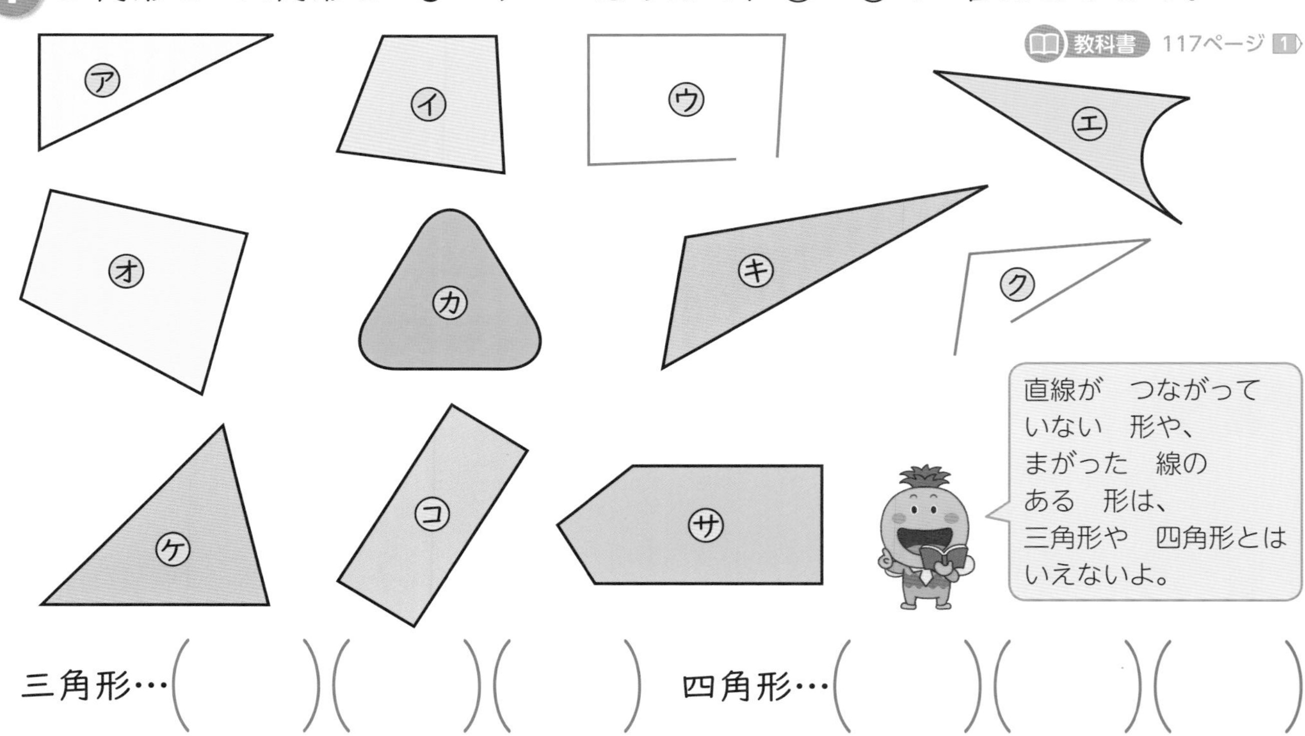


三角形…(　　)(　　)(　　)　四角形…(　　)(　　)(　　)



はってん さんすうはかせ
3本の 直線で かこまれた 形は 三角形、4本だと 四角形と いうよ。同じように、16本なら 十六角形、20本なら 二十角形と いうんだ。

## きほん2 辺と　頂点が　わかりますか。

☆ 三角形と　四角形には、辺(へん)や　頂点(ちょうてん)が　それぞれ　いくつ　ありますか。

**たいせつ**

・　三角形や　四角形の

まわりの　直線を　［辺］、

かどの　点を　［頂点］と

いいます。

［　　］　［　　］

・　三角形には　辺が　［　　］つで　頂点が　［　　］つ　あります。

・　四角形には　辺が　［　　］つで　頂点が　［　　］つ　あります。

**2** 点と　点を　直線で　つないで　辺を　かき、いろいろな　三角形や　四角形を　かきましょう。

教科書 118ページ2

**3** 下の　三角形を　1本の　直線で　2つに　切(き)ります。三角形と　四角形が　1つずつ　できる　切り方(かた)を、(れい)のように　直線で　かきましょう。

教科書 119ページ3

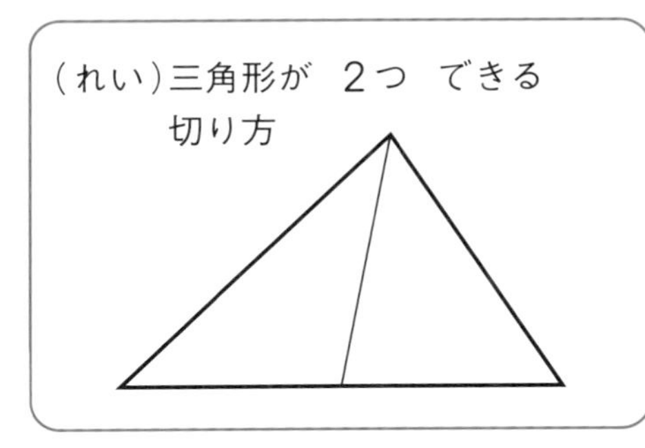


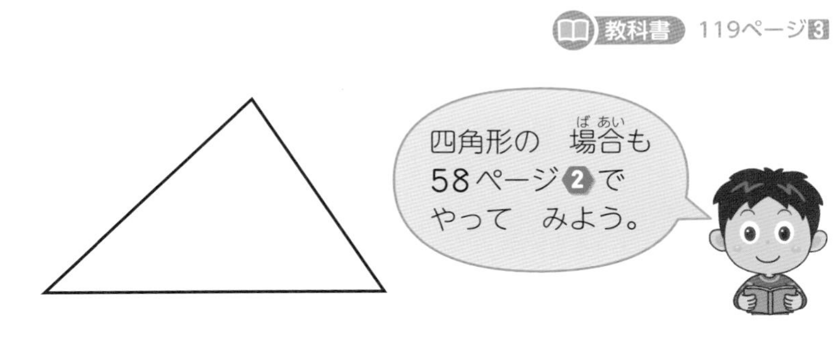


おうちのかたへ　三角形と四角形を学習します。何本の直線で囲まれているかによって、呼び名が変わることに着目します。また、図形を分割することで、新たな図形ができることを発見します。

べんきょうした 日　月　日

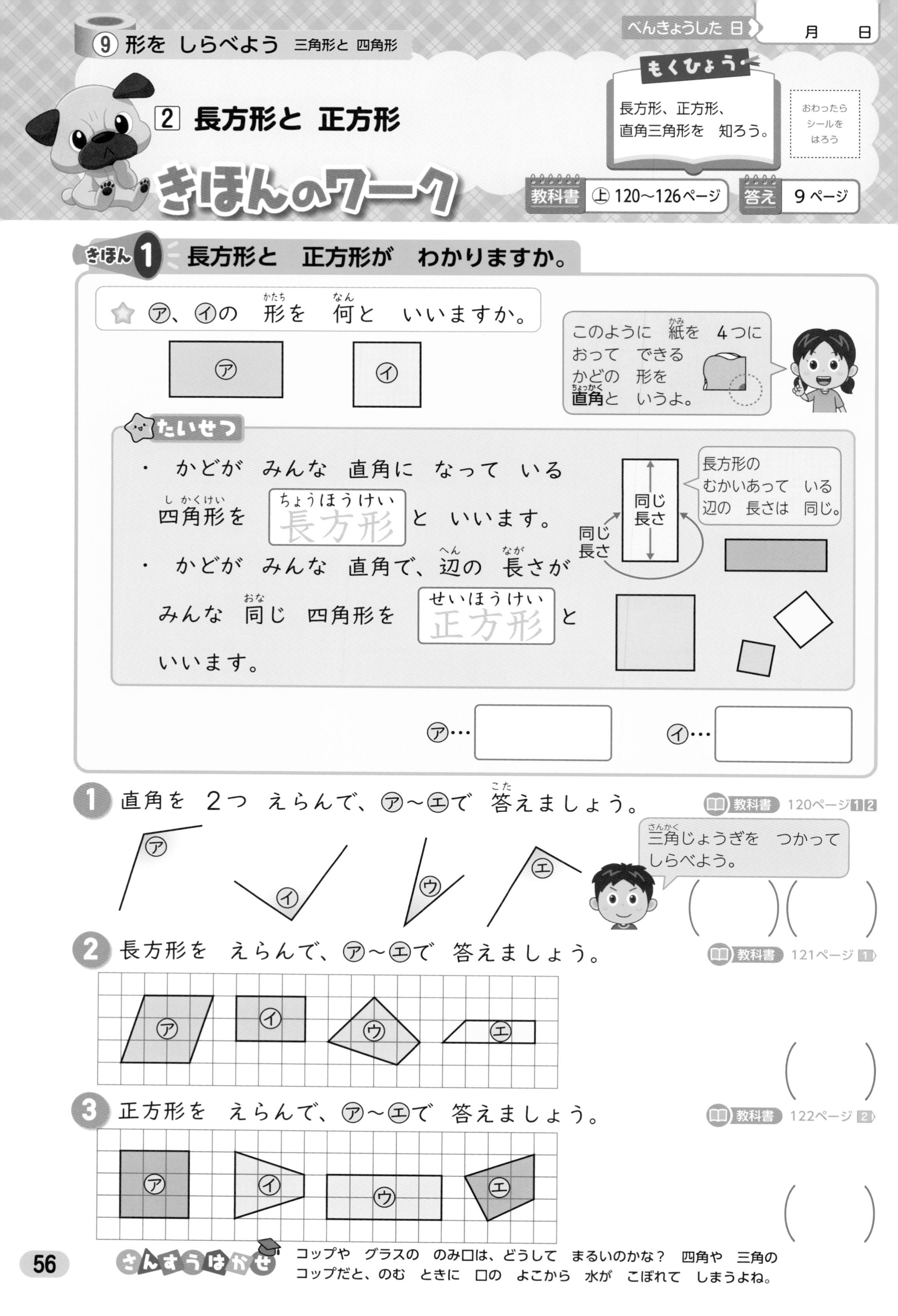

## 2 長方形と 正方形

# きほんのワーク

もくひょう
長方形、正方形、直角三角形を 知ろう。

おわったら シールを はろう

教科書 上 120〜126ページ　答え 9ページ

### きほん1 長方形と 正方形が わかりますか。

☆ ㋐、㋑の 形を 何と いいますか。



たいせつ

・ かどが みんな 直角に なって いる 四角形を [ちょうほうけい 長方形] と いいます。

・ かどが みんな 直角で、辺の 長さが みんな 同じ 四角形を [せいほうけい 正方形] と いいます。



㋐… [　　]　㋑… [　　]

**1** 直角を 2つ えらんで、㋐〜㋓で 答えましょう。　教科書 120ページ 1 2



(　　)(　　)

**2** 長方形を えらんで、㋐〜㋓で 答えましょう。　教科書 121ページ 1



(　　)

**3** 正方形を えらんで、㋐〜㋓で 答えましょう。　教科書 122ページ 2



(　　)

さんすうはかせ　コップや グラスの のみ口は、どうして まるいのかな？ 四角や 三角の コップだと、のむ ときに 口の よこから 水が こぼれて しまうよね。

## きほん2 直角三角形が　わかりますか。

☆ ㋐～㋓の　中で、直角三角形(ちょっかくさんかくけい)は　どれと　どれですか。

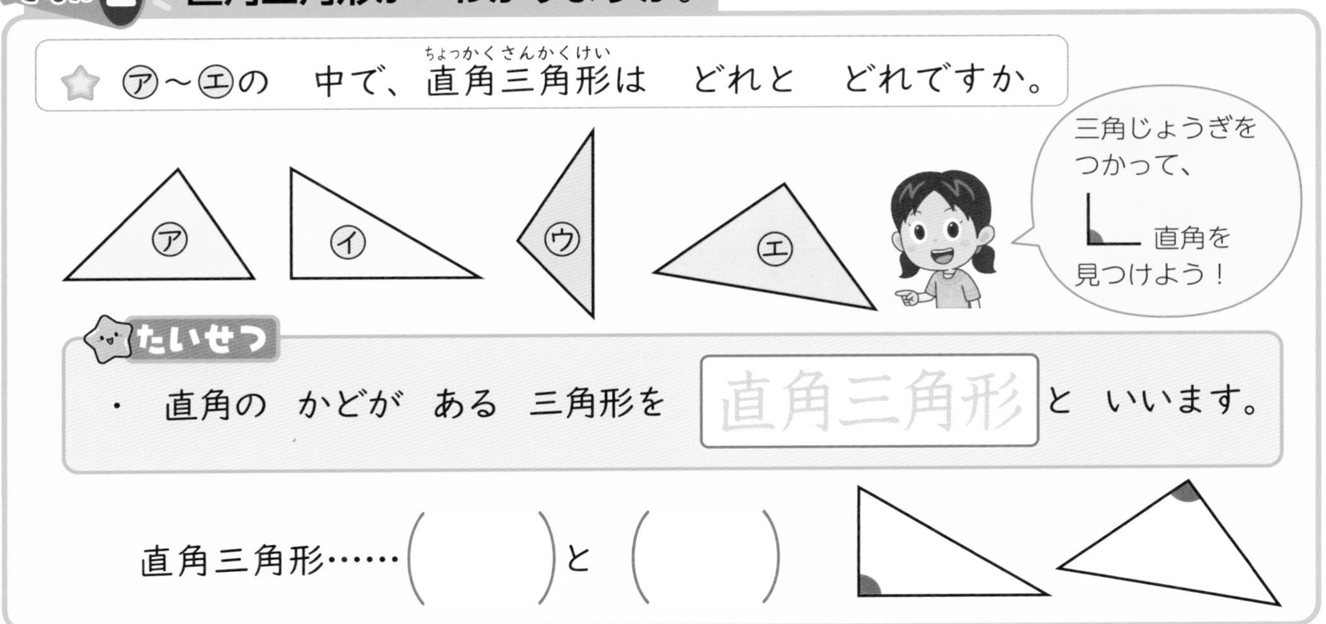


**たいせつ**

・　直角の　かどが　ある　三角形を　直角三角形　と　いいます。

直角三角形……（　　　）と（　　　）

**4** ほうがん紙(し)に　つぎの　形を　かきましょう。　教科書 124ページ7

❶ たて　2cm、よこ　4cmの　長方形

❷ 1つの　辺の　長さが　5cmの　正方形

❸ 直角の　りょうがわの　辺の　長さが　2cmと　3cmの　直角三角形

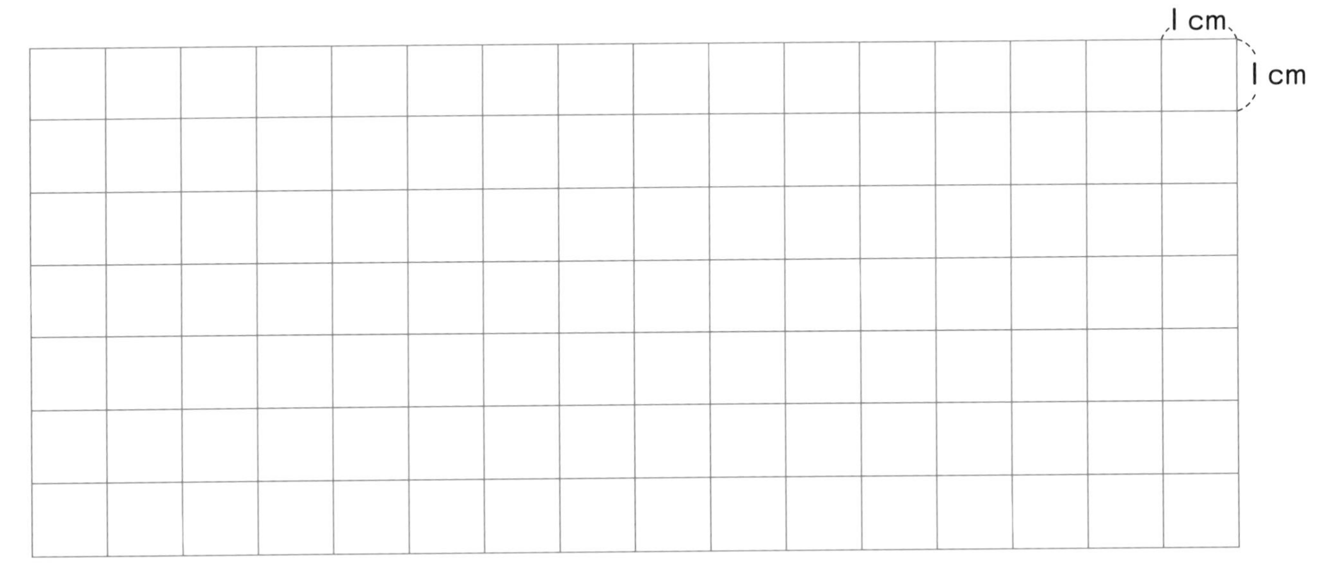


**5** 下の　図(ず)のような　形の　紙を　切(き)り、2つの　直角三角形を　つくります。切り方(かた)を、直線(ちょくせん)で　かきましょう。　教科書 123ページ56

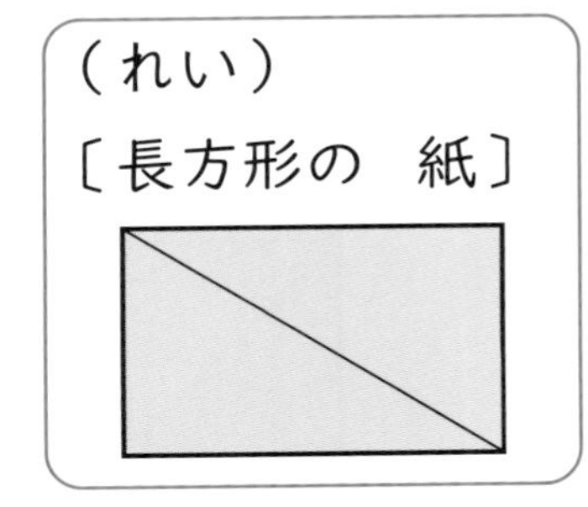


❶〔正方形の　紙〕

❷〔三角形の　紙〕

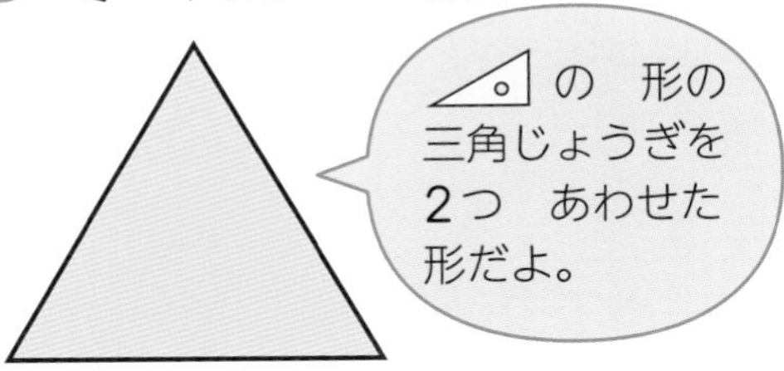


おうちのかたへ　直角の意味を知り、長方形、正方形、直角三角形を学習します。紙を折る、切るといった作業を行うことで、図形に親しみ、図形の性質を自然に体得していきましょう。

# れんしゅうのワーク

教科書 上 114～128ページ　答え 9ページ

できた 数 ／14もん 中

おわったら シールを はろう

## 1 辺と 頂点

□に あてはまる ことばや 数を かきましょう。

❶

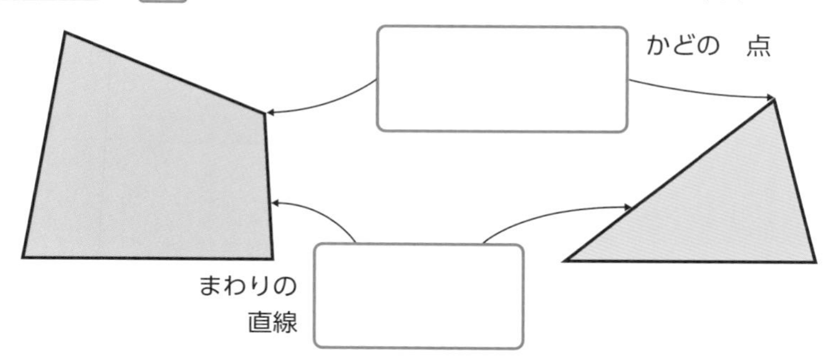

❷ 三角形には 辺が □つで 頂点が □つ あります。

❸ 四角形には 辺が □つで 頂点が □つ あります。

## 2 三角形や 四角形に 分ける

下の 四角形に 直線を 1本 ひいて、つぎの 形を つくりましょう。

❶ 2つの 三角形　❷ 2つの 四角形　❸ 三角形と 四角形

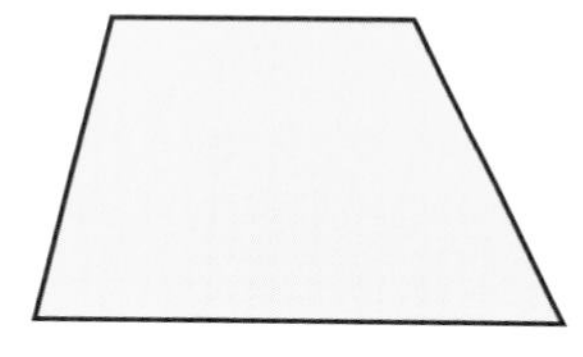

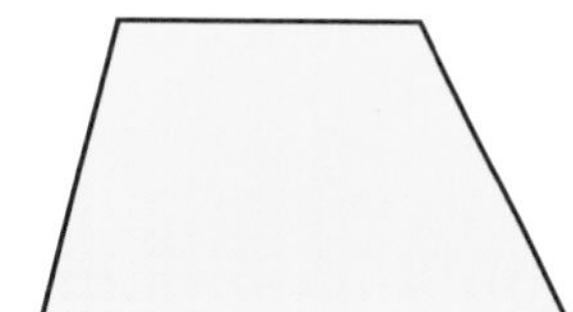

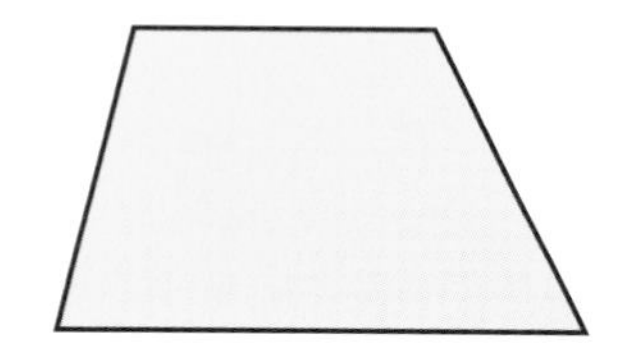

## 3 長方形

右の 四角形は 長方形です。

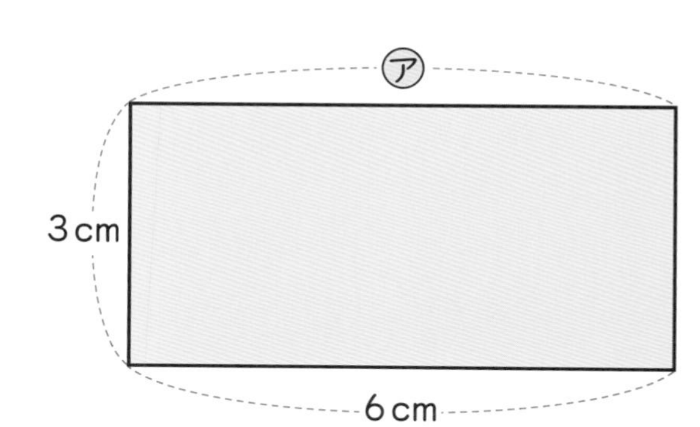


❶ 直角の かどに ○を かきましょう。

❷ ㋐の 辺の 長さは 何cmですか。（　　　）

❸ 直線を 1本 ひいて、2つの 直角三角形に 分けましょう。

## チャレンジ! 4 正方形と 直角三角形さがし

右の 図の 中に、正方形と 直角三角形は それぞれ いくつ ありますか。

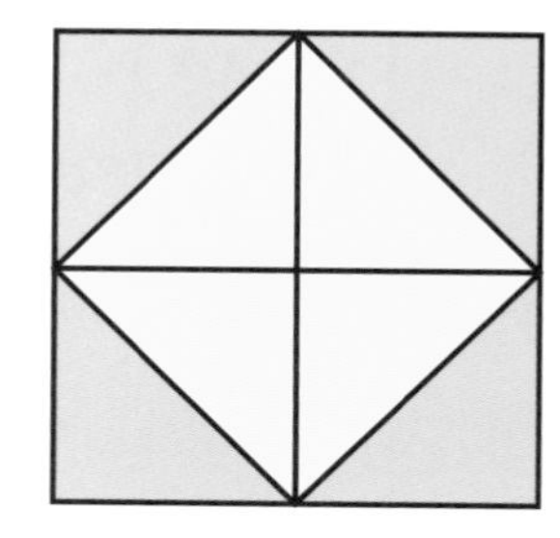

● 正方形…（　　　）つ　● 直角三角形…（　　　）

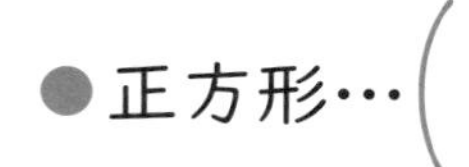

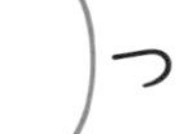

できるナビ　長方形は、4つの かどが みんな 直角。
正方形は、4つの かどが みんな 直角で、4つの 辺の 長さが みんな 同じ。

# まとめのテスト

時間 20分　とく点 /100点　おわったら シールを はろう

教科書 上 114〜128ページ　答え 9ページ

**1** つぎの 形を 何と いいますか。　1つ10〔30点〕

❶ 4つの かどが みんな 直角に なって いる 四角形 （　　）

❷ 直角の かどが ある 三角形 （　　）

❸ 4つの かどが みんな 直角で、辺の 長さが みんな 同じ 四角形 （　　）

**2** よく出る 正方形、直角三角形は どれですか。㋐〜㋘で 答えましょう。　1つ10〔40点〕

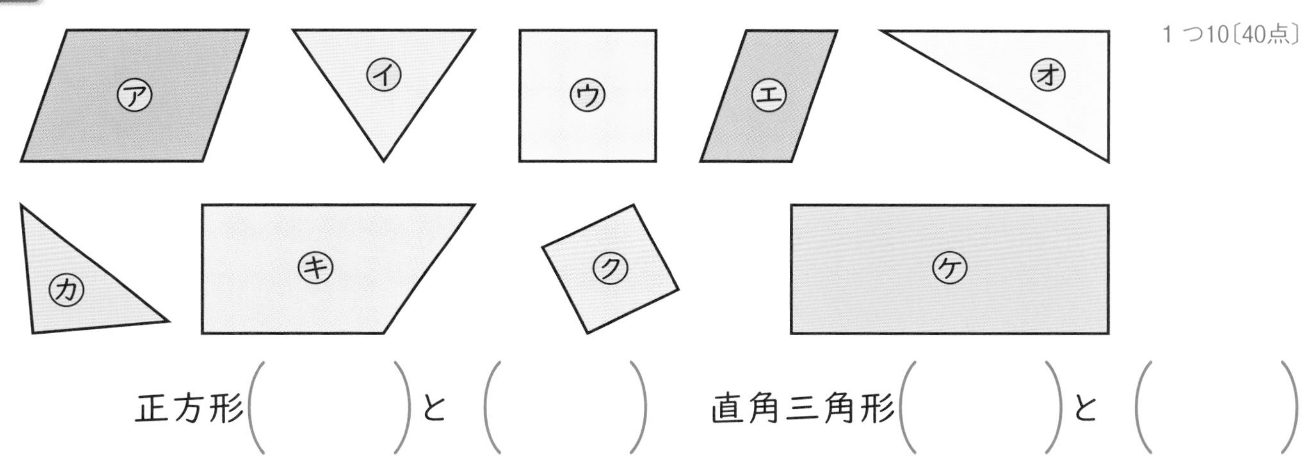


正方形（　　）と（　　）　直角三角形（　　）と（　　）

**3** ほうがん紙に つぎの 形を かきましょう。　1つ10〔30点〕

❶ たて 3cm、よこ 4cmの 長方形

❷ 1つの 辺の 長さが 2cmの 正方形

❸ 直角の りょうがわの 辺の 長さが 3cmと 5cmの 直角三角形

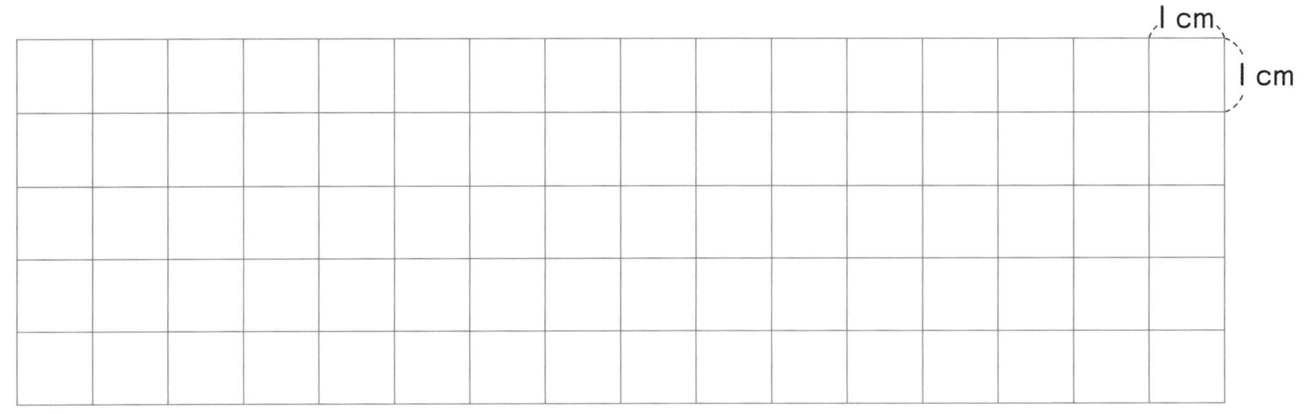


チェック
□長方形、正方形、直角三角形が どんな 形か わかったかな？
□長方形、正方形、直角三角形を 正しく かく ことが できたかな？

べんきょうした 日　月　日

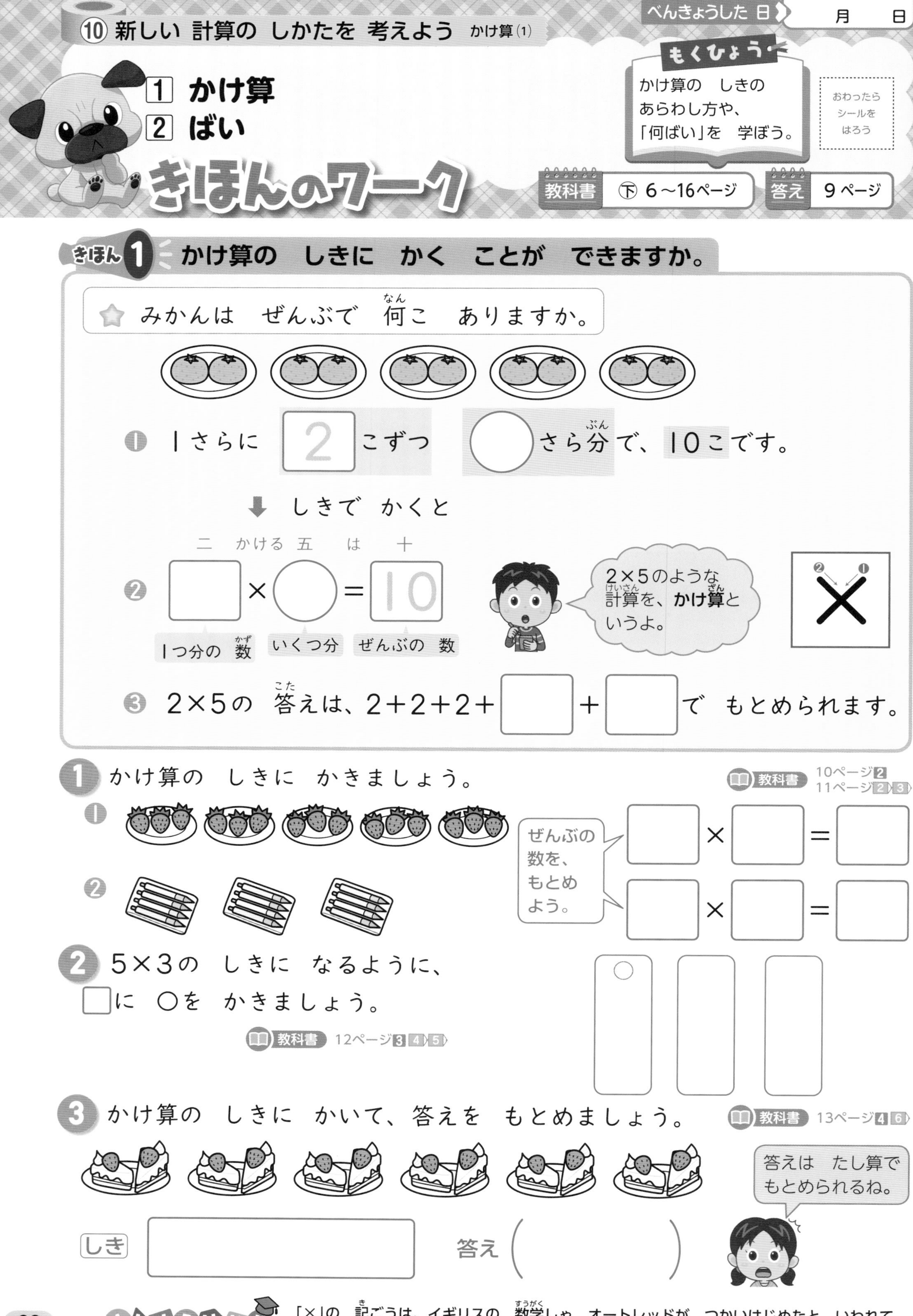
1 かけ算
2 ばい
きほんのワーク
もくひょう
かけ算の しきの あらわし方や、「何ばい」を 学ぼう。
おわったら シールを はろう
教科書 下 6～16ページ
答え 9ページ
きほん1 かけ算の しきに かく ことが できますか。
みかんは ぜんぶで 何こ ありますか。
❶ 1さらに 2 こずつ ○ さら分で、10こです。
しきで かくと
二 かける 五 は 十
❷ □×○＝10
1つ分の 数
いくつ分
ぜんぶの 数
2×5のような 計算を、かけ算と いうよ。
❸ 2×5の 答えは、2＋2＋2＋□＋□で もとめられます。
1 かけ算の しきに かきましょう。
教科書 10ページ2 11ページ2 3
ぜんぶの 数を、もとめよう。
2 5×3の しきに なるように、□に ○を かきましょう。
教科書 12ページ3 4 5
3 かけ算の しきに かいて、答えを もとめましょう。
教科書 13ページ4 6
答えは たし算で もとめられるね。
しき
答え
さんすうはかせ
「×」の 記ごうは、イギリスの 数学しゃ オートレッドが つかいはじめたと いわれて いるよ。キリスト教の 十字かを ななめに したとも いわれて いるんだ。

## きほん2 ばいの 大きさの いみと もとめ方が わかりますか。

☆ 3cmの テープが あります。

❶ 3cmの テープの 2つ分の 長(なが)さは、何cmですか。

3cm

3cm 3cm

しき 3×[2]=[ ]

3＋3で もとめられるね。

2つ分の ことを 2ばいと いうよ。

答え（ ）

❷ 3cmの テープの 4ばいの 長さの テープは、何cmですか。

3cm

ばいの 大きさも、かけ算を つかって もとめられるんだね。

3cmの 4ばいの 長さは、3cmの [ ]つ分の 長さ。

しき [3]×[ ]=[ ]　答え（ ）

**4** つぎの 長さに なるように、下の テープに 色(いろ)を ぬりましょう。

教科書 16ページ2

❶ ㋐の テープの 3ばいの 長さ

❷ ㋐の テープの 1ばいの 長さ

**5** 5cmの 高(たか)さの 2ばいの 高さは、何cmですか。

教科書 16ページ2 2

しき

答え（ ）

**6** 何この 何ばいか 答え、しきを かいて ぜんぶの 数を もとめましょう。

教科書 16ページ 3

❶

・[ ]この [ ]ばい　しき

答え（ ）

❷

・[ ]この [ ]ばい　しき

答え（ ）

おうちのかたへ　かけ算の式に表すことや、「倍」の意味と表し方を学習します。(1つ分の数)×(いくつ分)＝(全部の数)になることをしっかりおさえましょう。この段階では、答えはたし算で求めます。

べんきょうした 日　　月　　日

# 3 2のだんの 九九
# 4 5のだんの 九九

## きほんのワーク

もくひょう
2のだんと 5のだんの 九九を つくり、おぼえて つかえるように しよう。

おわったら シールを はろう

教科書 下 17〜20ページ　答え 10ページ

### きほん 1 2のだんの 九九を つくる ことが できますか。

☆ ドーナツの 数を、1さら分から じゅんに しらべましょう。

1さらに 2こだよ。

1さら分では 何こ？

| | 1つ分の 数 | | いくつ分 | | ぜんぶの 数 |
|---|---|---|---|---|---|
| 1さら | 2 | × | 1 | = | 2 |
| 2さら | 2 | × | 2 | = | |
| 3さら | 2 | × | | = | |
| 4さら | 2 | × | | = | |
| 5さら | 2 | × | | = | |

1さら ふえると 2こずつ ふえて いくね。

**1** ☆で、6さら分から 9さら分までを しらべましょう。　教科書 17ページ 1

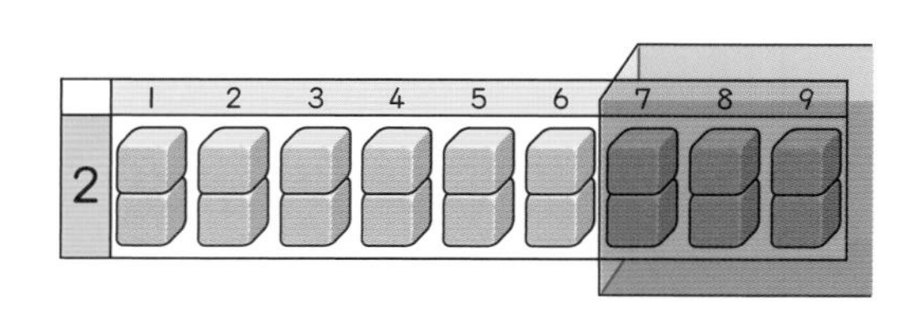

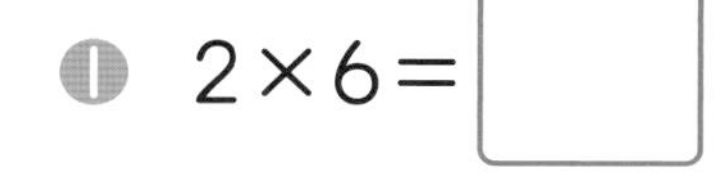

❶ 2×6=
❷ 2×7=
❸ 2×8=
❹ 2×9=

2×5=10を
「二五 10」と いって
おぼえるよ。
このような いい方を
九九と いうよ。

2のだんの 九九

| | |
|---|---|
| 二一が | 2 |
| 二二が | 4 |
| 二三が | 6 |
| 二四が | 8 |
| 二五 | 10 |
| 二六 | 12 |
| 二七 | 14 |
| 二八 | 16 |
| 二九 | 18 |

**2** プリンが 1パックに 2こずつ はいって います。
8パックでは、ぜんぶで 何こ ありますか。

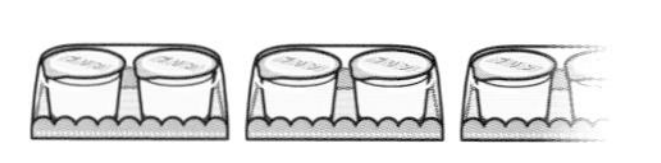

教科書 18ページ 1

しき

答え（　　　　）

九九には 「二二が 4」のように、間に 「が」を 入れる ときと 入れない ときが あるよね。「が」を 入れるのは、答えが 1から 9までの ときだよ。

## きほん2 5のだんの　九九を　つくる　ことが　できますか。

☆ りんごの　数を、1ふくろ分から　じゅんに　しらべましょう。

1ふくろに　5こだよ。

| | 1つ分の 数 | | いくつ分 | | ぜんぶの 数 |
|---|---|---|---|---|---|
| 1ふくろ分では　何こ？ | 5 | × | 1 | = | □ |
| 2ふくろ | 5 | × | ○ | = | □ |
| 3ふくろ | 5 | × | ○ | = | □ |
| 4ふくろ | 5 | × | ○ | = | □ |
| 5ふくろ | 5 | × | ○ | = | □ |

りんごの　数は、1ふくろ　ふえると　□　こずつ　ふえます。

**3** ☆で、6ふくろ分から　9ふくろ分までの　りんごの　数を　もとめましょう。　教科書 19ページ1

❶ 5×6＝□　❷ 5×7＝□

❸ 5×8＝□

❹ 5×9＝□

5のだんの　九九

| | |
|---|---|
| 五一(ごいち)が | 5(ご) |
| 五二(ごに) | 10(じゅう) |
| 五三(ごさん) | 15(じゅうご) |
| 五四(ごし) | 20(にじゅう) |
| 五五(ごご) | 25(にじゅうご) |
| 五六(ごろく) | 30(さんじゅう) |
| 五七(ごしち) | 35(さんじゅうご) |
| 五八(ごは) | 40(しじゅう) |
| 五九(ごっく) | 45(しじゅうご) |

**4** 1はこに　5こずつ　はいった　おかしが　4はこ　あります。おかしは　ぜんぶで　何こ　ありますか。　教科書 20ページ2

しき

答え（　　　　）

**5** あめを　1人に　5こずつ　くばります。7人に　くばるには、あめは　何こ　いりますか。　教科書 20ページ2

しき

答え（　　　　）

おうちのかたへ　2の段、5の段の九九を学習します。かけ算の場面を通じて、2の段、5の段の九九をつくり、覚えます。九九を何回も声に出して練習することで、しっかり覚えましょう。

# 5 3のだんの 九九
# 6 4のだんの 九九

きほんのワーク

もくひょう
3のだんと 4のだんの 九九を おぼえて、つかえるように しよう。

おわったら シールを はろう

教科書 下 21～24ページ　答え 10ページ

## きほん1 3のだんの 九九が わかりますか。

☆ かけ算の しきに かきましょう。

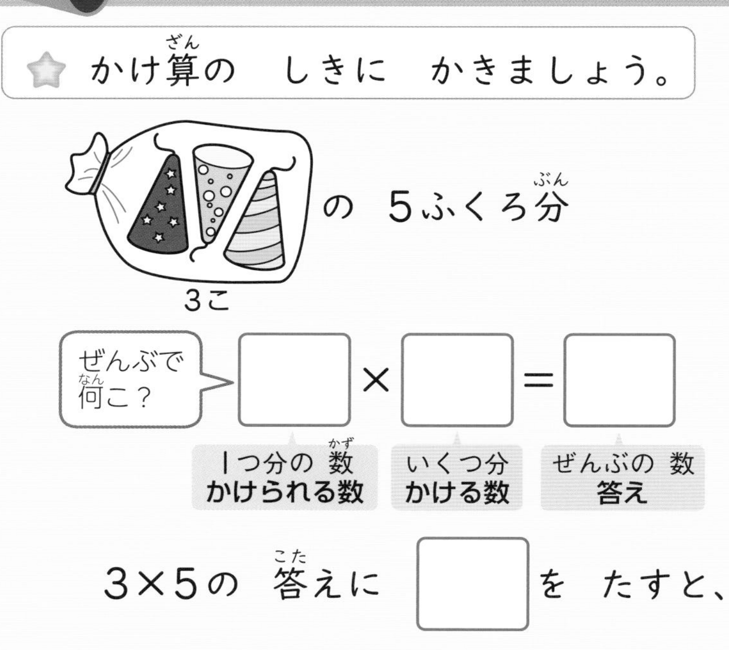


3×5の 答えに □ を たすと、3×6の 答えに なります。

声に 出して おぼえよう。

3のだんの 九九

| | |
|---|---|
| 3×1= 3 | 三一が 3 |
| 3×2= 6 | 三二が 6 |
| 3×3= 9 | 三三が 9 |
| 3×4=12 | 三四 12 |
| 3×5=15 | 三五 15 |
| 3×6=18 | 三六 18 |
| 3×7=21 | 三七 21 |
| 3×8=24 | 三八 24 |
| 3×9=27 | 三九 27 |

**1** かけ算を しましょう。　教科書 22ページ2 1

❶ 3×8　❷ 3×1　❸ 3×6
❹ 3×2　❺ 3×4　❻ 3×9
❼ 3×7　❽ 3×3　❾ 3×5

**2** 右の 絵を 見て、3のだんの 九九を つかう もんだいを つくりましょう。また、しきを かいて、答えを もとめましょう。　教科書 22ページ 2

□本で 1セットの えんぴつが □セット あります。
えんぴつは ぜんぶで 何本 ありますか。

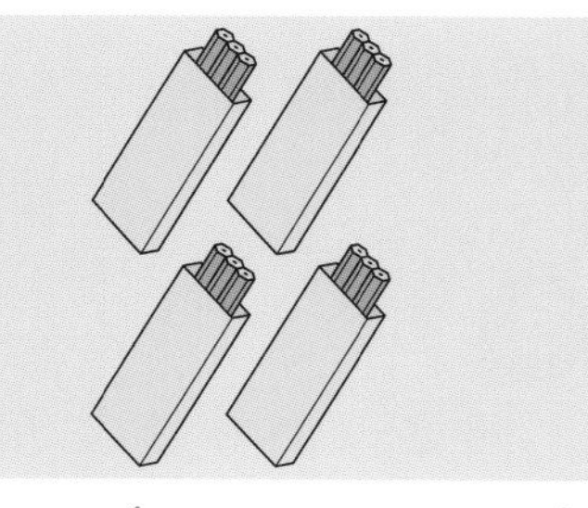

しき　　答え（　　）

九九は むかし、中国から つたえられたよ。中国から つたわった ときに 九九81から となえたから、「九九」と いわれるように なったんだ。

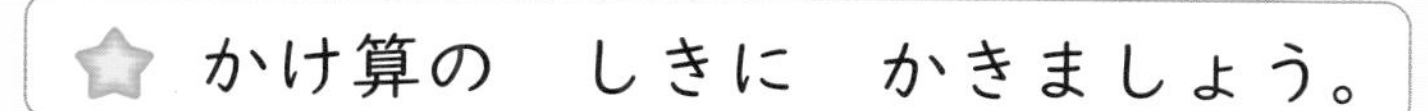


## 4のだんの　九九が　わかりますか。

☆ かけ算の　しきに　かきましょう。

4人 の　3グループ分

ぜんぶで何人？ □×□＝□

4のだんでは、かける数が　1ふえると答えは □ ふえます。

かけられる数　かける数　答え

4 × 3 ＝ 12
1ふえる↓　↓□ふえる
4 × 4 ＝ 16

声に　出して　おぼえよう。

4のだんの　九九

| | |
|---|---|
| 4×1＝　4 | 四一が(しいちが)　4(し) |
| 4×2＝　8 | 四二が(しにが)　8(はち) |
| 4×3＝ 12 | 四三(しさん)　12(じゅうに) |
| 4×4＝ 16 | 四四(しし)　16(じゅうろく) |
| 4×5＝ 20 | 四五(しご)　20(にじゅう) |
| 4×6＝ 24 | 四六(しろく)　24(にじゅうし) |
| 4×7＝ 28 | 四七(ししち)　28(にじゅうはち) |
| 4×8＝ 32 | 四八(しは)　32(さんじゅうに) |
| 4×9＝ 36 | 四九(しく)　36(さんじゅうろく) |

**3** かけ算を　しましょう。　教科書 24ページ2

❶ 4×3　❷ 4×5　❸ 4×8

❹ 4×6　❺ 4×2　❻ 4×9

❼ 4×4　❽ 4×7　❾ 4×1

**4** 1はこに　ケーキを　4こずつ　入れます。　教科書 24ページ1

❶ 8はこ分では、ケーキは　何こに　なりますか。

しき　　答え（　　　）

❷ ❶から　1はこ　ふえると、ケーキは　何こ　ふえますか。（　　　）

**5** 絵を　見て　□に　あてはまる　数を　かき、だんごの　数を　かけ算を　つかって　もとめましょう。　教科書 24ページ2

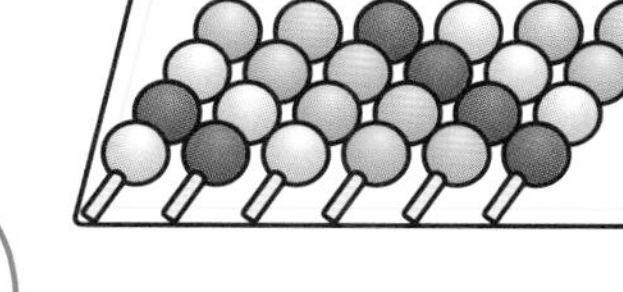

・1本の　くしに □ こずつで、□ 本分。

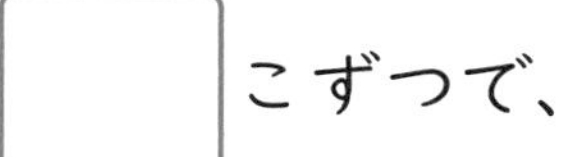

しき　　答え（　　　）

おうちのかたへ　3の段、4の段の九九を学習します。「かけられる数」、「かける数」、「答え」の用語を知り、かける数が1増えると答えはその段の数（4の段なら4）だけ増えることをおさえます。

べんきょうした 日 月 日

# れんしゅうのワーク

できた 数 /39もん 中

おわったら シールを はろう

教科書 ㊦ 6～26ページ　答え 10ページ

**1** かけ算の しき　絵を 見て □に あてはまる 数を かいて、かけ算の しきに かきましょう。

● 1さらに □ こずつ □ さら分。

● しき □ × □ = □

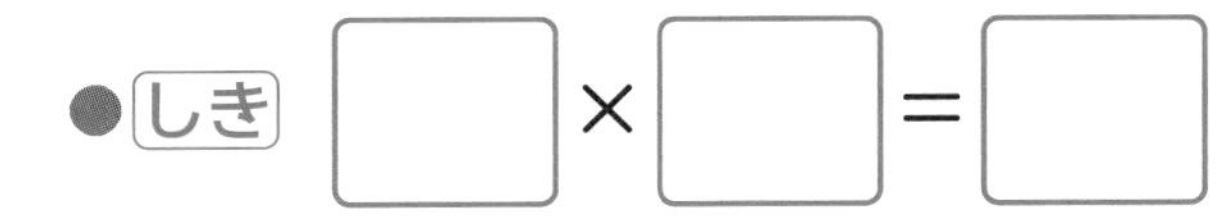

**2** 九九　中の 数に まわりの 数を かけて、答えを もとめましょう。

❶

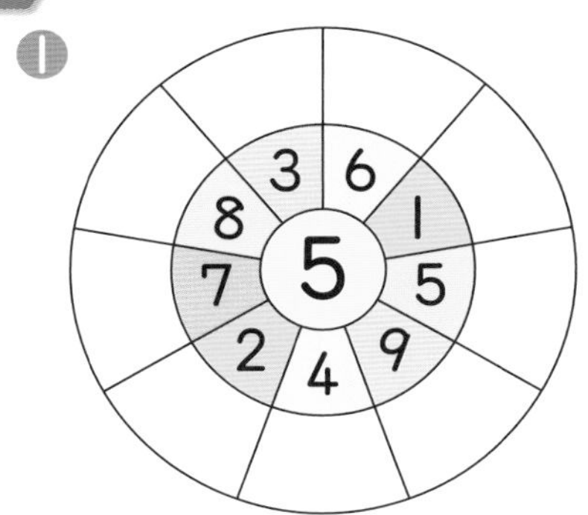


❷

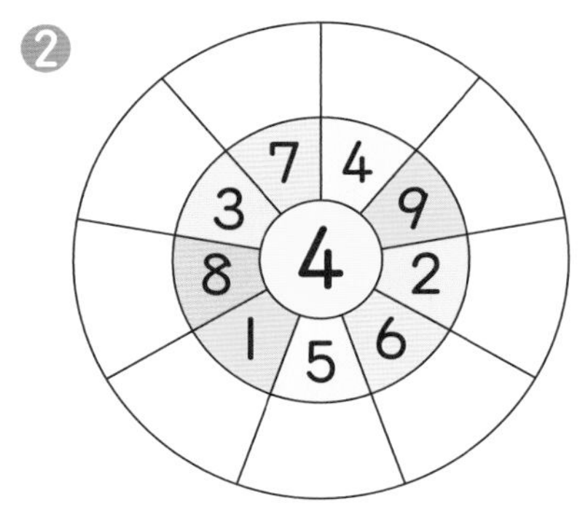


❸

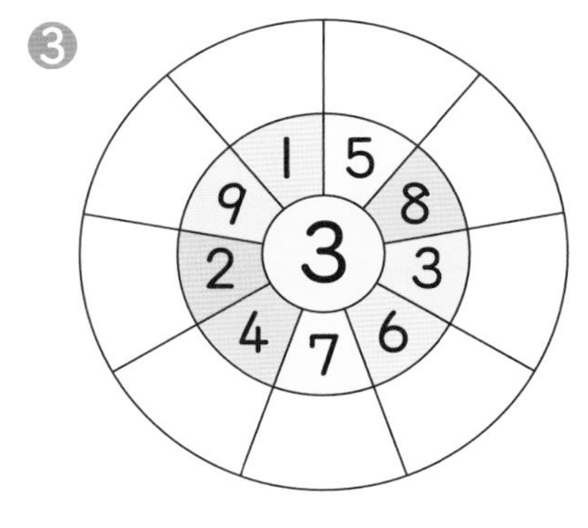


**3** ばいの 文しょうだい　あつさが 4mmの ノートを 9さつ つむと、9ばいの あつさに なります。あつさは ぜんぶで 何mmに なりますか。

しき　答え（　　）

**4** 文しょうだい　2L入りの 水の ペットボトルを、7本 買いました。

❶ 水は ぜんぶで 何L ありますか。

しき　答え（　　）

❷ もう 1本 買うと、水は 何L ふえますか。

（　　）

**5** 文しょうだい　長いすが 6つ あります。1つの 長いすに 5人ずつ すわると、みんなで 何人 すわれますか。

しき　答え（　　）

できるナビ
❹❷ 2のだんでは かける数が 1 ふえると 答えは いくつ ふえるかな？
❺ もんだい文を よく 読もう！ 1つの 長いすに 5人ずつ 長いす 6つ分だね。

# まとめのテスト

時間 20分

とく点　　/100点

おわったら シールを はろう

教科書 ㊦ 6～26ページ　答え 10ページ

**1** りんごは　ぜんぶで　何こ　ありますか。しきを　かいて、答えを　もとめましょう。　1つ5〔10点〕

しき

答え（　　　）

**2** よく出る　かけ算を　しましょう。　1つ5〔45点〕

❶ 4×6　❷ 3×7　❸ 2×9

❹ 5×2　❺ 2×3　❻ 4×1

❼ 4×4　❽ 5×9　❾ 3×5

**3** かけ算を　つかって、おはじきの　数を　2とおりの　考え方で　もとめましょう。　1つ5〔15点〕

しき1

しき2

答え（　　　こ）

**4** 5cmの　8ばいの　長さの　テープは、何cmですか。しきを　かいて、答えを　もとめましょう。　しき10、答え5〔15点〕

しき

答え（　　　）

**5** よく出る　色紙を　1人に　4まいずつ　7人に　くばります。色紙は　ぜんぶで　何まい　いりますか。　しき10、答え5〔15点〕

しき

答え（　　　）

ふろくの「計算れんしゅうノート」18～19ページを　やろう！

□九九を　つかって　かけ算を　する　ことが　できたかな？
□ばいの　計算が　できたかな？

べんきょうした 日　月　日

1 6のだんの 九九
2 7のだんの 九九

# きほんのワーク

もくひょう
6のだんと
7のだんの 九九を
つくって、おぼえよう。

おわったら シールを はろう

教科書 下 28～32ページ　答え 10ページ

## きほん 1 6のだんの 九九を つくる ことが できますか。

☆ 6のだんの 九九を、くふうして つくりましょう。

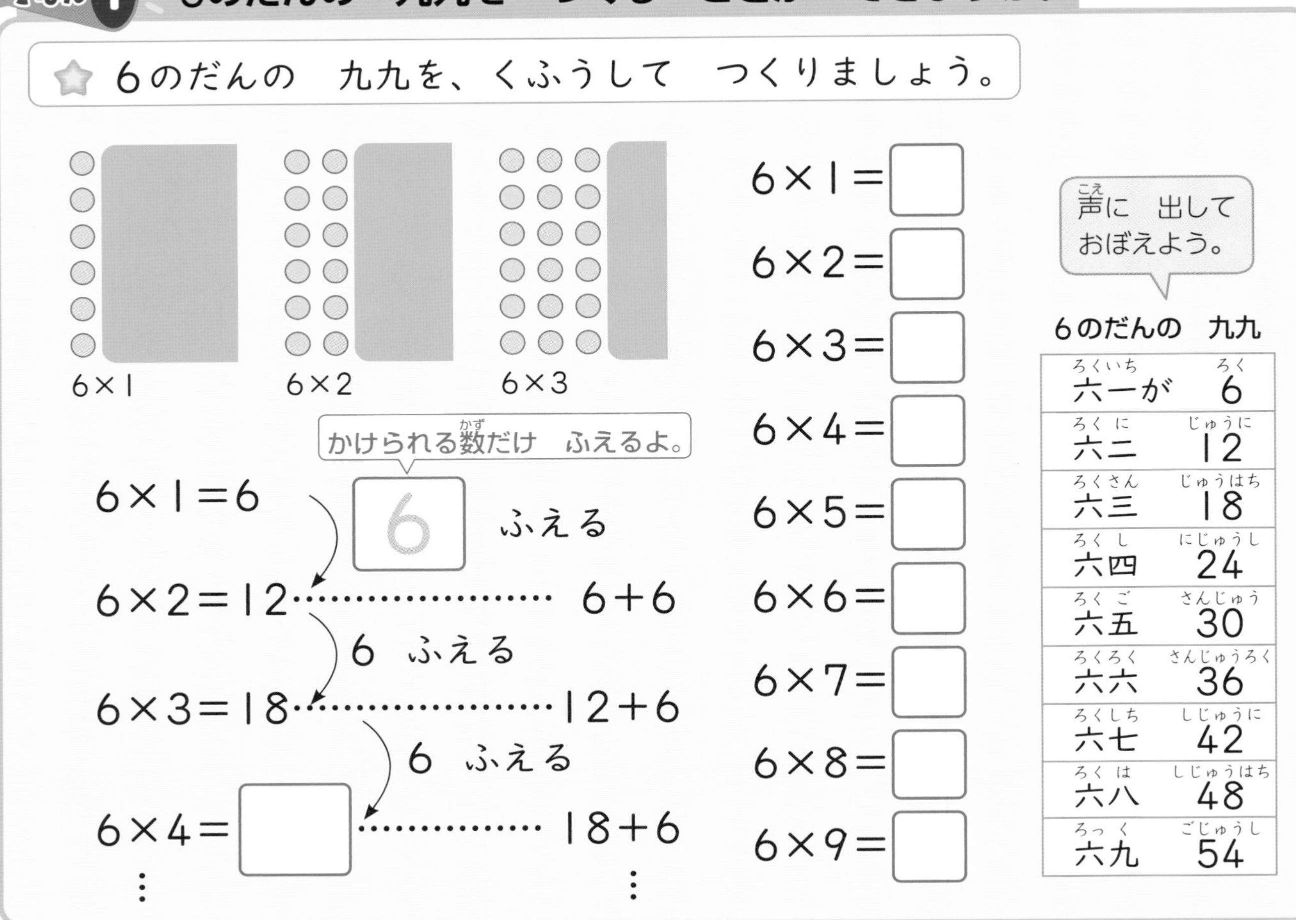


6のだんの 九九

| | |
|---|---|
| 六一が(ろくいち) | 6(ろく) |
| 六二(ろくに) | 12(じゅうに) |
| 六三(ろくさん) | 18(じゅうはち) |
| 六四(ろくし) | 24(にじゅうし) |
| 六五(ろくご) | 30(さんじゅう) |
| 六六(ろくろく) | 36(さんじゅうろく) |
| 六七(ろくしち) | 42(しじゅうに) |
| 六八(ろくは) | 48(しじゅうはち) |
| 六九(ろっく) | 54(ごじゅうし) |

**1** 花を 1たばに 6本ずつ 入れて、花たばを 5たば つくります。

❶ 花は 何本(なんぼん) いりますか。　教科書 30ページ 1

しき　　　　答え(こたえ)（　　　）

❷ 花たばを もう 1たば つくる ことに しました。
花は あと 何本 いりますか。

（　　　）

**2** クッキーが 6まい はいった ふくろが 7ふくろ あります。
クッキーは ぜんぶで 何まい ありますか。　教科書 30ページ 1

しき　　　　答え（　　　）

6のだんでは 6×7、7のだんでは 7×6の まちがいが とくに 多(おお)いよ。7(しち)は 4(し)と はつ音が にて いるからね。はつ音に ちゅういして おぼえよう。

## きほん2 7のだんの 九九を つくる ことが できますか。

☆ 7のだんの 九九を、くふうして つくりましょう。

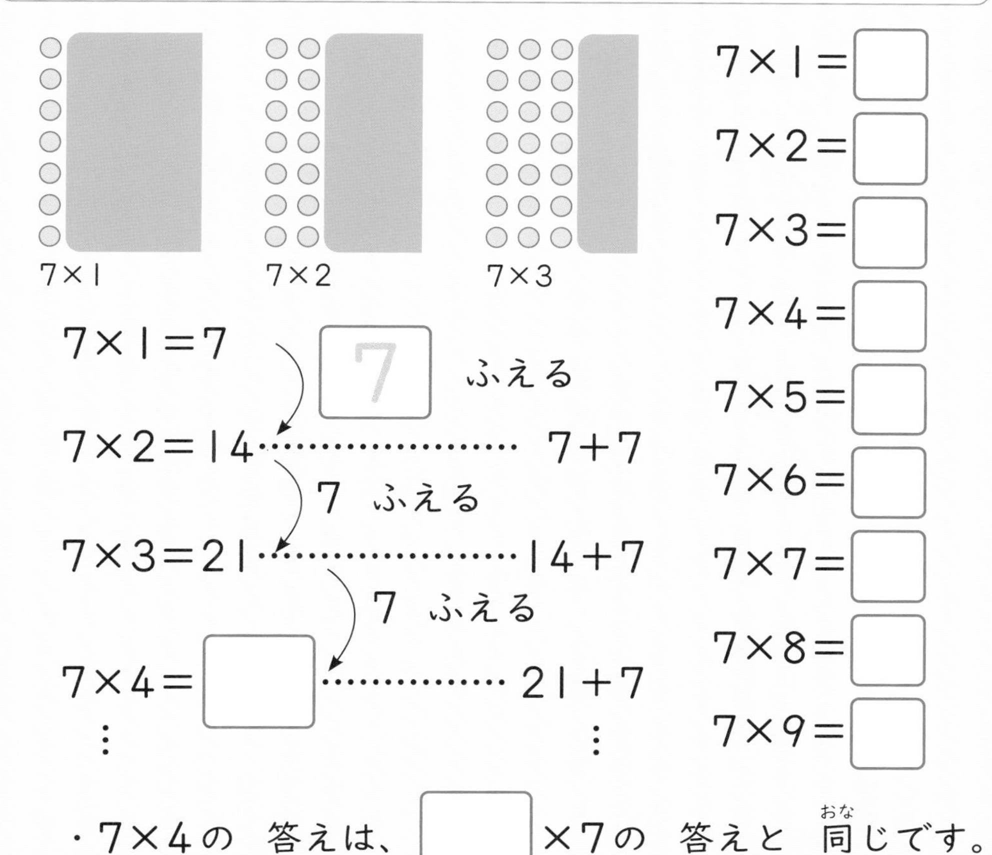


7×1=□
7×2=□
7×3=□
7×4=□
7×5=□
7×6=□
7×7=□
7×8=□
7×9=□

声に 出して おぼえよう。

7のだんの 九九

| | |
|---|---|
| 七一が(しちいちが) | 7(しち) |
| 七二(しちに) | 14(じゅうし) |
| 七三(しちさん) | 21(にじゅういち) |
| 七四(しちし) | 28(にじゅうはち) |
| 七五(しちご) | 35(さんじゅうご) |
| 七六(しちろく) | 42(しじゅうに) |
| 七七(しちしち) | 49(しじゅうく) |
| 七八(しちは) | 56(ごじゅうろく) |
| 七九(しちく) | 63(ろくじゅうさん) |

・7×4の 答えは、□×7の 答えと 同(おな)じです。

7×4=28
4×7=28 同じ

**3** □に あてはまる 数を かきましょう。 教科書 31ページ1

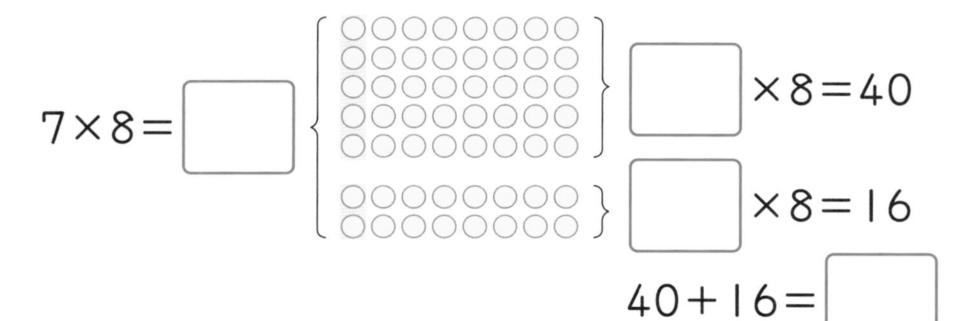


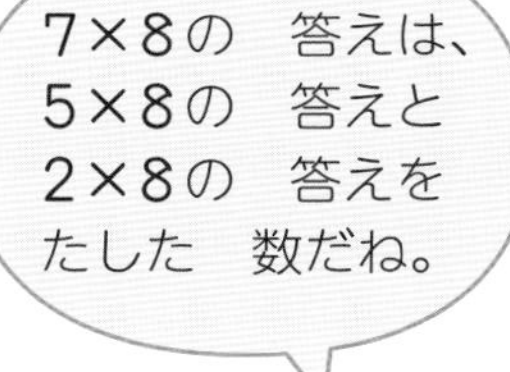

**4** 1週間(しゅうかん)は 7日です。3週間は 何日ですか。 教科書 32ページ1

しき

答え (　　　)

**5** えんぴつを、4人に 7本ずつ くばります。
えんぴつは、ぜんぶで 何本 いりますか。 教科書 32ページ2

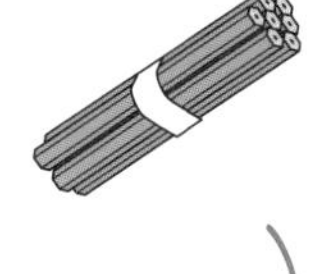

しき

答え (　　　)

おうちのかたへ
6の段、7の段の九九を学習します。2年生の多くがつまずくのが7の段の九九です。声に出して何度も練習することで、自然に身につくようにしましょう。

べんきょうした 日 月 日

3 8のだんの 九九 4 9のだんの 九九
5 1のだんの 九九

もくひょう
8のだん、9のだん、1のだんの 九九を つくって、おぼえよう。

おわったら シールを はろう

# きほんのワーク

教科書 ㊦33〜37ページ　答え 10ページ

## きほん1 8のだん、9のだんの 九九を つくる ことが できますか。

☆ 8のだん、9のだんの 九九を つくりましょう。

8×1=□
8×2=□
8×3=□
8×4=□
8×5=□
8×6=□
8×7=□
8×8=□
8×9=□

声(こえ)に 出して おぼえよう。

8のだんの 九九

| | |
|---|---|
| 八一(はちいち)が | 8(はち) |
| 八二(はちに) | 16(じゅうろく) |
| 八三(はちさん) | 24(にじゅうし) |
| 八四(はちし) | 32(さんじゅうに) |
| 八五(はちご) | 40(しじゅう) |
| 八六(はちろく) | 48(しじゅうはち) |
| 八七(はちしち) | 56(ごじゅうろく) |
| 八八(はっぱ) | 64(ろくじゅうし) |
| 八九(はっく) | 72(しちじゅうに) |

9×1=□
9×2=□
9×3=□
9×4=□
9×5=□
9×6=□
9×7=□
9×8=□
9×9=□

声に 出して おぼえよう。

9のだんの 九九

| | |
|---|---|
| 九一(くいち)が | 9(く) |
| 九二(くに) | 18(じゅうはち) |
| 九三(くさん) | 27(にじゅうしち) |
| 九四(くし) | 36(さんじゅうろく) |
| 九五(くご) | 45(しじゅうご) |
| 九六(くろく) | 54(ごじゅうし) |
| 九七(くしち) | 63(ろくじゅうさん) |
| 九八(くは) | 72(しちじゅうに) |
| 九九(くく) | 81(はちじゅういち) |

**1** □に あてはまる 数(かず)や ことばを かきましょう。 教科書 35ページ1

9×3=□
3×9=□

・9×3の 答(こた)えは、3×9の 答えと □ です。

**2** 8cmの リボンの 9ばいの 長(なが)さは 何(なん)cmですか。 教科書 34ページ 1 2

8cm

しき

答え（　　）

**3** 6チームで やきゅうの しあいを します。1チームは 9人です。みんなで 何人 いますか。 教科書 36ページ 1

しき

答え（　　）

9のだんの 九九の 答えは、一の位(くらい)の 数と 十の位の 数を たすと、ぜんぶ 9に なるよ。9、1＋8＝9、2＋7＝9、3＋6＝9、… たしかめて ごらん。

## きほん 2　1のだんの　九九を　つくる　ことが　できますか。

☆ いちごの　数を　もとめる　しきを　かいて、答えを　もとめましょう。

❶

1つ分の 数　いくつ分　ぜんぶの 数

しき　2　×　□　＝　□

❷

しき　□　×　□　＝　□

1こ　の　3さら分　で　3こ

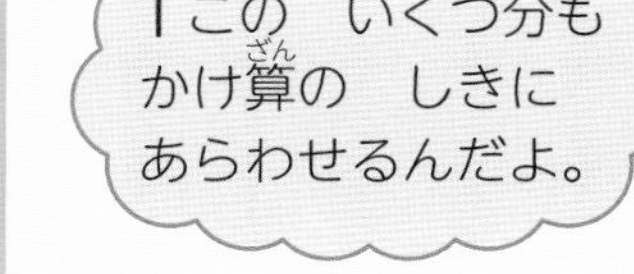

1のだんの
九九を
つくって
みよう。

1×1＝□

1×2＝□

1×3＝□

1×4＝□

1×5＝□

1×6＝□

1×7＝□

1×8＝□

1×9＝□

声に　出して
おぼえよう。

1のだんの　九九

| | |
|---|---|
| 一一が | 1 |
| 一二が | 2 |
| 一三が | 3 |
| 一四が | 4 |
| 一五が | 5 |
| 一六が | 6 |
| 一七が | 7 |
| 一八が | 8 |
| 一九が | 9 |

**4** ／と　🍅と　🍤の　数を　もとめましょう。　教科書 37ページ 1 2

❶ ／は　ぜんぶで　何こ　ありますか。

しき　　　　答え（　　　）

❷ 🍅は　ぜんぶで　何こ　ありますか。

しき　　　　答え（　　　）

❸ 🍤は　ぜんぶで　何こ　ありますか。

しき　　　　答え（　　　）

**5** ゆりさんは、1週間に　1さつずつ　本を　読んで　います。
4週間では、本を　何さつ　読む　ことに　なりますか。　教科書 37ページ 1 2

しき　　　　答え（　　　）

おうちのかたへ　8の段、9の段、1の段の九九を学習します。8の段、9の段の九九は覚えにくいので、何度も練習することが大切です。1の段のかけ算の意味も、しっかり理解しましょう。

べんきょうした 日 月 日

# れんしゅうのワーク

教科書 下 28～40ページ 答え 11ページ

できた 数 /15もん 中

おわったら シールを はろう

**1** かけ算の カード 答え(こた)が 同(おな)じ カードを 線(せん)で むすびましょう。

❶ 9×4 ❷ 7×5 ❸ 2×9 ❹ 6×4

㋐ 3×8 ㋑ 5×7 ㋒ 6×6 ㋓ 6×3

**2** 九九の きまり 8×4の 答えの 考(かんが)え方(かた)に ついて、□に あてはまる 数(かず)を かきましょう。

❶ 8×3の 答えに □を たすと、8×4の 答えに なります。

❷ 8×4の 答えは、□×8の 答えと 同じです。

❸ 8×4の 答えは、2×4の 答えと □×4の 答えを たした 数です。

8×4＝□　2×4＝□　□×4＝□

❹ 8×4の 答えは、5×4の 答えと □×4の 答えを たした 数です。

**3** 文しょうだい 7cmの 高(たか)さの はこを 6こ つみます。ぜんぶの 高さは 何(なん)cmに なりますか。

しき

答え（　　　）

**4** もんだいづくり 6のだんの 九九を つかう もんだいを つくりましょう。

（　　　）

すきな もので つくろう！

できるナビ
2❶ 8のだんでは、かける数が 1 ふえると、答えは かけられる数の 8 ふえるね。
❸ 2のだんと 6のだんの 答えを たすと、8のだんの 答えに なるよ！

# まとめのテスト

とく点　/100点

おわったら シールを はろう

教科書 ㊦ 28〜40ページ　答え 11ページ

**1** よく出る かけ算を しましょう。　1つ5〔45点〕

❶ 6×5　❷ 8×8　❸ 7×7

❹ 1×6　❺ 6×9　❻ 9×9

❼ 7×3　❽ 9×7　❾ 8×5

**2** □に あてはまる 数を かきましょう。　1つ5〔15点〕

❶ 7×4の 答えに □ を たすと、7×5の 答えに なります。

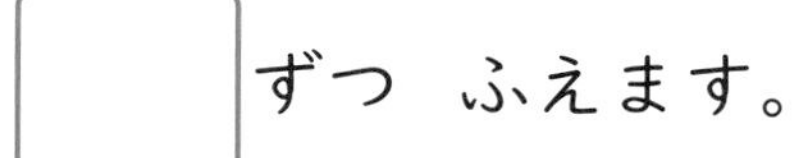

❷ 9のだんの 九九は、答えが □ ずつ ふえます。

❸ 6×2の 答えは、2×□ の 答えと 同じです。

**3** 9人の 5ばいは、何人ですか。　1つ5〔10点〕

しき　答え（　　　）

**4** みかんが はいった ふくろが 7ふくろ あります。1ふくろには みかんが 8こずつ はいって います。みかんは ぜんぶで 何こ ありますか。　1つ5〔10点〕

しき　答え（　　　）

**5** お楽しみ会で、1人に おかしを 6こと、ジュースを 1本 くばります。8人分では、おかしと ジュースは、それぞれ いくつ いりますか。　1つ5〔20点〕

しき　おかし ＿＿＿＿
ジュース ＿＿＿＿

答え　おかし ＿＿ こ
ジュース ＿＿ 本

ふろくの「計算れんしゅうノート」20〜24ページを やろう！

□九九を つかって かけ算を する ことが できたかな？
□かけ算の しきを つくって、答えを もとめられたかな？

べんきょうした 日　月　日

# 1 かけ算の きまり

## きほんのワーク

もくひょう
九九の ひょうを つくって、
かけ算の きまりを 見つけよう。
九九の つづきを つくろう。

おわったら シールを はろう

教科書 下 42～46ページ　答え 11ページ

### きほん1 九九の ひょうを つくって、きまりを 見つける ことが できますか。

☆ □を うめて、九九の ひょうを かんせいさせましょう。

| かけられる数＼かける数 | 1 | 2 | 3 | 4 | 5 | 6 | 7 | 8 | 9 |
|---|---|---|---|---|---|---|---|---|---|
| 1 | 1 | 2 | 3 | 4 | 5 | 6 | 7 | 8 | |
| 2 | | 4 | 6 | 8 | 10 | | 14 | 16 | 18 |
| 3 | 3 | 6 | 9 | | 15 | 18 | 21 | | 27 |
| 4 | 4 | 8 | | 16 | | 24 | | | |
| 5 | 5 | 10 | 15 | 20 | | | 35 | | 45 |
| 6 | 6 | 12 | | | 30 | | | | 54 |
| 7 | | 14 | | | | | 49 | | |
| 8 | 8 | 16 | | 32 | | 48 | | | 72 |
| 9 | 9 | | 27 | | 45 | | | 72 | |

3のだんの 答(こた)えは、
3ずつ ふえて いるね。
ほかの だんでは どうかな？

ほかにも
いろんな ことが
わかるね。

・3のだんの 答えと 4のだんの 答えを たすと、7のだんの 答えに なって いる。

同(おな)じ 答えが ならんで いる ところが ある。
1×3と 3×1の 答えは 同じ。
8×9と 9×8の 答えは 同じ。

**たいせつ**

・かけ算(ざん)では、かける数(かず)が 1 ふえると、
答えは **かけられる数** だけ ふえます。

2×4＝8
1 ふえる　2 ふえる
2×5＝10

・かけ算では、かけられる数と **かける数** を 入れかえても 答えは 同じに なります。

3×5＝15
5×3＝15
同じ

**1** □に あてはまる 数を かきましょう。　教科書 43ページ1

❶ 4×7は 4×6より □ 大きい。

❷ 6×8の 答えは、8×□ の 答えと 同じ。

さんすうはかせ
九九の ひょうの 中で よく 出て くる 数字(すうじ)は 6、8、12、18、24で、
ぜんぶ 4回(かい)ずつ 出て くるよ。たしかめて ごらん。

## きほん2 九九の　つづきを　つくる　ことが　できますか。

☆ 九九の　つづきの　3×10から　3×13までを　つくりましょう。

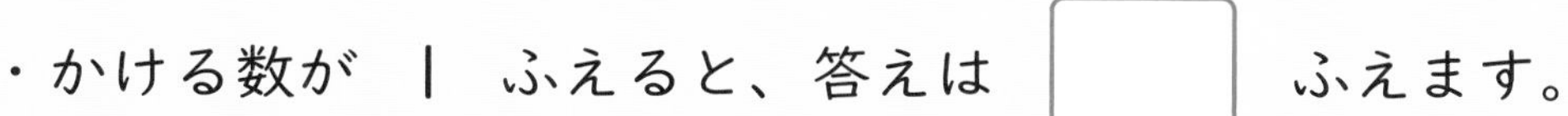

| | 1 | 2 | 3 | 4 | 5 | 6 | 7 | 8 | 9 | 10 | 11 | 12 | 13 |
|---|---|---|---|---|---|---|---|---|---|---|---|---|---|
| 3 | 3 | 6 | 9 | 12 | 15 | 18 | 21 | 24 | 27 | | | | |

・かける数が　1　ふえると、答えは　□　ふえます。

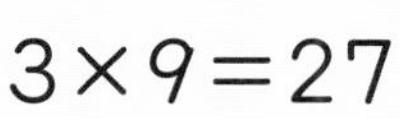

3×9＝27　　3　ふえる

3×10＝30 ……………27＋3　　3　ふえる

3×11＝［33］……………30＋3　　3　ふえる

3×12＝□ ……………33＋3　　3　ふえる

3×13＝□ ……………□＋3

## 2 13×3の　答えを、3とおりの　考え方で　もとめましょう。　教科書 46ページ2

❶ 13の　3つ分だから、

13＋13＋13＝□

❷ 13×1＝13

13×2＝26 ……13＋13　（13　ふえる）

13×3＝□ ……26＋□　（13　ふえる）

❸ 13×3

3×13

3×13の　答えと　同じに　なるから、

13×3＝?　3×13＝?

3×13＝□ ➡ 13×3＝□

## 3 13のだんを　つくりましょう。　教科書 46ページ2

❶ 13×1　❷ 13×2　❸ 13×3

❹ 13×4　❺ 13×5　❻ 13×6

❼ 13×7　❽ 13×8　❾ 13×9

## 4 つぎの　かけ算の　答えを　もとめましょう。　教科書 46ページ2

❶ 2×12　❷ 10×5

おうちのかたへ　九九の表にまとめることで、かけ算のきまりを学習します。また、かけ算のきまりを使って、九九のつづき（□×10、□×11、…や10の段、11の段、…）をつくります。

べんきょうした 日 月 日

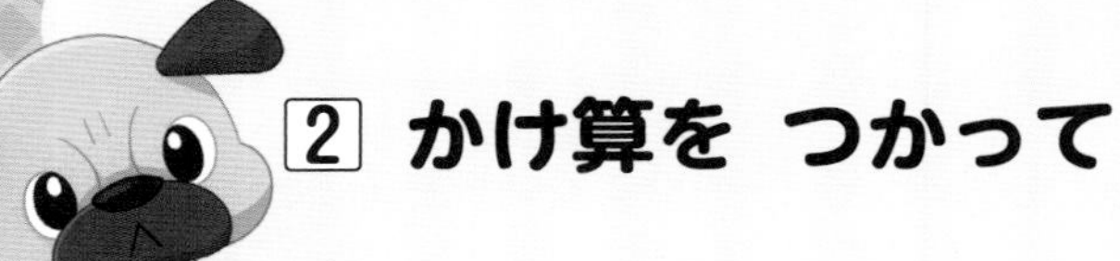

# 2 かけ算を つかって

もくひょう
ものの 数を
いろいろな 考え方で
もとめよう。

おわったら シールを はろう

きほんのワーク

教科書 ㊦ 47～50ページ　答え 11ページ

## きほん 1 もとめ方を くふうする ことが できますか。

☆ はこの 中の おまんじゅうは、ぜんぶで 何こ ありますか。

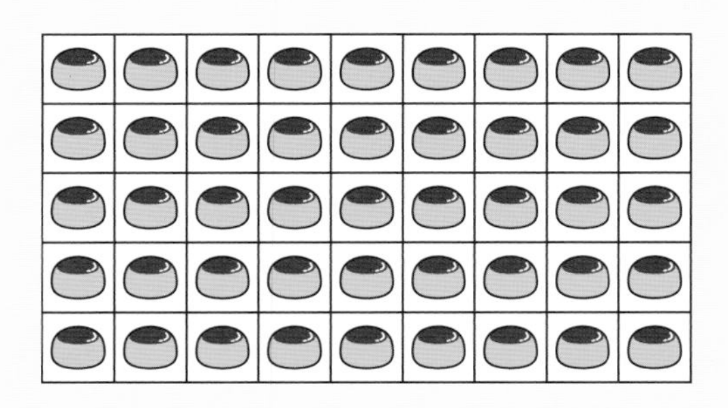

❶ 9この 5つ分と 考えて しきを 書きましょう。

しき

❷ 5この 9つ分と 考えて しきを 書きましょう。

しき

答え 45こ

## 1 ●の 数を、くふうして もとめましょう。

教科書 47ページ1 49ページ1

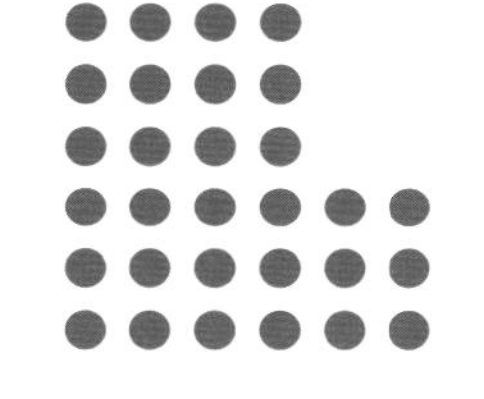

しき

答え (　　　)

## 2 つぎの 長さを もとめましょう。

教科書 50ページ2

❶ 2cmの テープの 3ばいの 長さ

(　　　)

❷ 3cmの テープの 3ばいの 長さ

(　　　)

同じ 3ばいでも
1つ分の 数が
ちがうと、
答えは ちがうね。

おうちのかたへ

ものの数を、同じ数のまとまりに目をつけて、かけ算を使ったいろいろな考え方で求める学習をします。工夫していろいろな考え方で求めることで、多角的な見方を身につけることができます。

# まとめのテスト

時間 20分

とく点 ／100点

おわったら シールを はろう

教科書 ㊦ 42～51ページ　答え 11ページ

## 1 よく出る 右の 九九の ひょうを 見て、答えましょう。 1つ10〔60点〕

❶ 3×9の 答えに ○を つけましょう。

❷ 8のだんの 答えは、いくつずつ ふえて いますか。

（　　　　　　）

❸ 答えが つぎの 数に なる かけ算の しきを、ぜんぶ かきましょう。

▶16（　　　　　　）

▶24（　　　　　　）

❹ □に あてはまる 数を かきましょう。

㋐ 6×□は 6×8より 6 大きい。

㋑ 7×2の 答えは、□×7の 答えと 同じ。

かける数 / かけられる数

| | 1 | 2 | 3 | 4 | 5 | 6 | 7 | 8 | 9 |
|---|---|---|---|---|---|---|---|---|---|
| 1 | 1 | 2 | 3 | 4 | 5 | 6 | 7 | 8 | 9 |
| 2 | 2 | 4 | 6 | 8 | 10 | 12 | 14 | 16 | 18 |
| 3 | 3 | 6 | 9 | 12 | 15 | 18 | 21 | 24 | 27 |
| 4 | 4 | 8 | 12 | 16 | 20 | 24 | 28 | 32 | 36 |
| 5 | 5 | 10 | 15 | 20 | 25 | 30 | 35 | 40 | 45 |
| 6 | 6 | 12 | 18 | 24 | 30 | 36 | 42 | 48 | 54 |
| 7 | 7 | 14 | 21 | 28 | 35 | 42 | 49 | 56 | 63 |
| 8 | 8 | 16 | 24 | 32 | 40 | 48 | 56 | 64 | 72 |
| 9 | 9 | 18 | 27 | 36 | 45 | 54 | 63 | 72 | 81 |

## 2 ○の 数を もとめましょう。 1つ10〔40点〕

❶

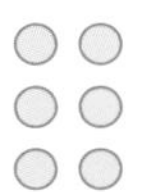

しき

答え（　　　　）

❷

しき

答え（　　　　）

チェック

□かけ算の きまりが わかったかな？

□いろいろな 考え方で ものの 数を もとめられたかな？

べんきょうした 日　月　日

# 長い 長さを はかろう

もくひょう
長い ものの 長さの 単位 mを 知ろう。
m、cmの 計算を しよう。

おわったら シールを はろう

## きほんのワーク

教科書 下 56〜60ページ　答え 11ページ

### きほん1 m(メートル)と いう 単位が わかりますか。

☆ テープの 長さは、どれだけですか。

30cm　30cm　30cm　20cm

10cm

1m

❶ テープの 長さは、30cmの ものさしで □つ分と あと 20cmだから、□cmです。

**たいせつ**
100cmを **1メートル**と いい、**1m**と かきます。メートルも 長さの 単位です。

1m＝□cm

❷ 110cmは、1mの ものさしで 1つ分と あと 10cmだから、□m□cmです。

| | | cm |
|---|---|---|
| 1 | 1 | 0 |

| m | cm | |
|---|---|---|
| 1 | 1 | 0 |

長い ものは メートル(m)で あらわすと いいね。

**1** 花だんの よこの 長さを はかると、1mの ものさしで 3つ分と あと 40cm ありました。花だんの よこの 長さは、何m何cmですか。また、それは 何cmですか。

教科書 57ページ1 58ページ1

●何m何cm (　　　)　●何cm (　　　)

**2** □に あてはまる 数を かきましょう。

教科書 58ページ1

❶ 150cm＝□m□cm　❷ 309cm＝□m□cm

❸ 2m38cm＝□cm　❹ 4m6cm＝□cm

さんすうはかせ　みの まわりで 長さの 単位が つかわれて いる ものを さがして みよう。じっさいに どの 単位で あらわされて いるか、かくにんして みよう。

## きほん2 mと cmの 長さの 計算が できますか。

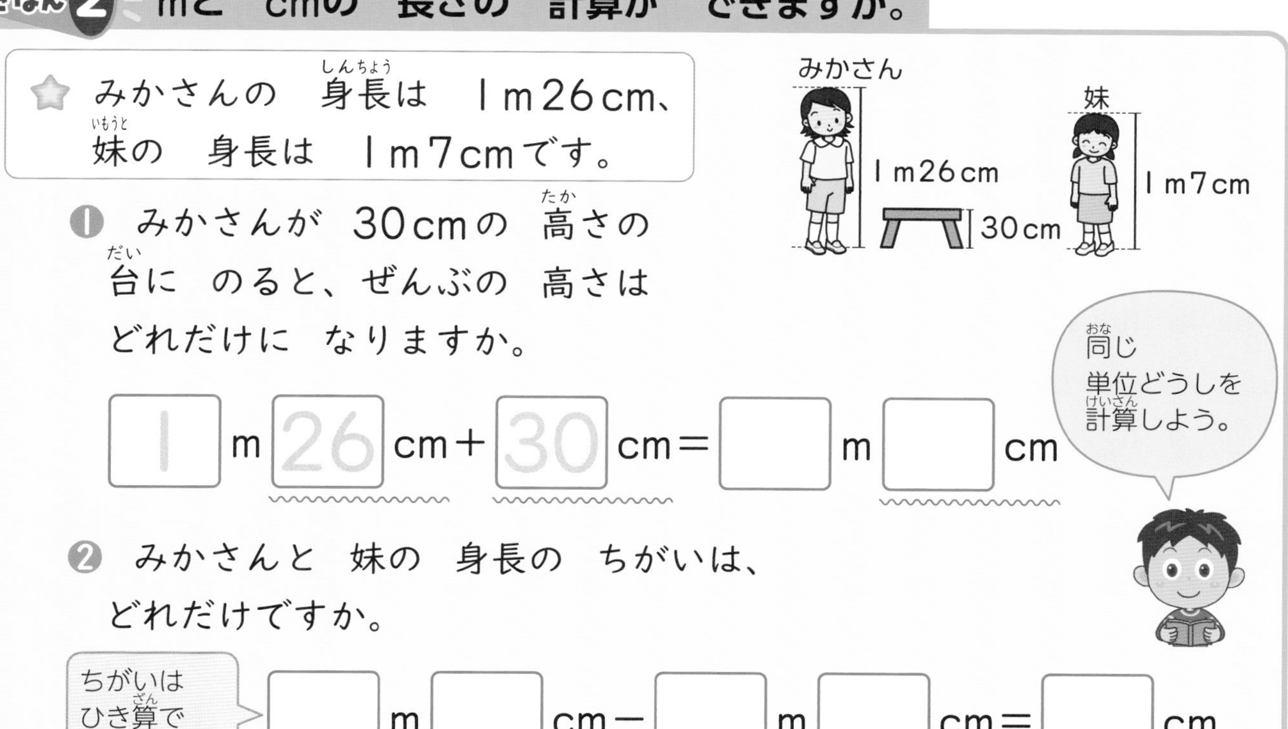


**3** 長さ 1m40cmの ぼうと、50cmの ぼうを つなぎます。ぜんぶの 長さは 何m何cmですか。

教科書 60ページ3

1m40cm　50cm

しき

答え（　　　　）

**4** 6m30cmの リボンから 3m25cm 切りとると、のこりは 何m何cmに なりますか。

教科書 60ページ3

しき

答え（　　　　）

**5** 長さの 計算を しましょう。

教科書 60ページ33

❶ 1m20cm＋2m60cm　　❷ 4m9cm＋70cm

❸ 4m65cm－2m8cm　　❹ 3m47cm－3m

おうちのかたへ　mの単位と長さの計算を学習します。1mという長さがどれ位か身近な物で確かめ、長さに対する量感を養いましょう。長さの計算は、cm・mmと同様に同じ単位どうしですることを確認します。

べんきょうした 日　月　日

# れんしゅうのワーク

教科書 ㊦ 56～62ページ　答え 12ページ

できた 数 ／16もん 中

おわったら シールを はろう

## 1 長い 長さの あらわし方、計算

□に あてはまる 数を かきましょう。

❶ 1mより 80cm 長い 長さは □cmです。

❷ 1mの ものさしで 4つ分の 長さは □mです。

チャレンジ! ❸ 1m90cm＋70cm＝□m□cm

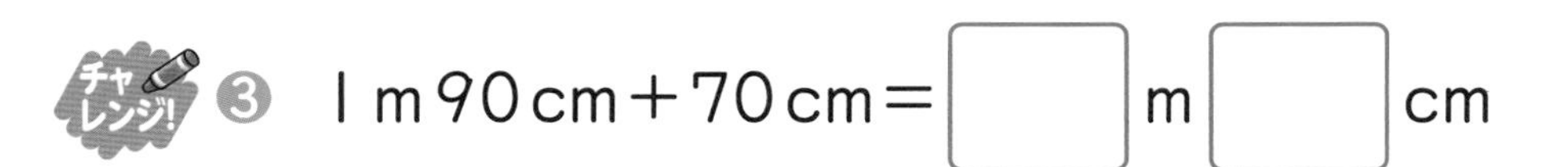

## 2 長さくらべ、mと cmの 単位

長い ほうに ○を つけましょう。

❶ （ 1m　40cm ）

❷ （ 130cm　3m ）

❸ （ 1m10cm　109cm ）

❹ （ 620cm　6m2cm ）

## 3 長さの 単位

□に あてはまる 単位を かきましょう。

❶ 黒板の よこの 長さ

5□

❷ お父さんの 身長

176□

❸ 絵本の あつさ

7□

❹ ビルの 高さ

18□

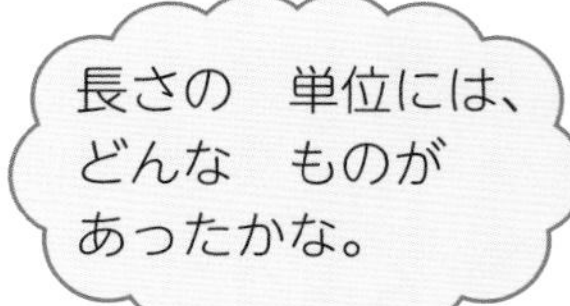

## 4 長さの はかり方

つぎの 長さを はかります。㋐、㋑の どちらで はかると よいですか。

㋐ 30cmの ものさし　㋑ 1mの ものさし

❶ 図かんの たての 長さ （　　）

❷ けいじ板の よこの 長さ （　　）

❸ 教室の ドアの はば （　　）

❹ けいこうペンの 長さ （　　）

できるナビ

❶❶ 1m＝100cmだよ。

❷ 長さを くらべるときは、同じ 単位に 直して くらべると わかりやすいね！

# まとめのテスト

時間 20分　とく点 /100点　おわったら シールを はろう

教科書 ㊦ 56〜62ページ　答え 12ページ

**1** よく出る テープの 長さは、 何m何cmですか。〔8点〕

1m　30cm

（　　　）

**2** よく出る すな場の たての 長さを はかると、1mの ものさしで 2つ分と あと 60cm ありました。すな場の たての 長さは、何m何cmですか。また、それは 何cmですか。1つ8〔16点〕

●何m何cm（　　　）　●何cm（　　　）

**3** □に あてはまる 数を かきましょう。1つ8〔24点〕

❶ 3m＝□cm　❷ 107cm＝□m□cm

**4** □に あてはまる 単位を かきましょう。1つ8〔24点〕

❶ ノートの あつさ ………………… 4□

❷ えんぴつの 長さ ………………… 16□

❸ ろうかの はば ………………… 4□

**5** 長さの 計算を しましょう。1つ7〔14点〕

❶ 3m15cm＋1m40cm　❷ 2m73cm－1m9cm

**6** よこの 長さが 1m30cmの つくえと、60cmの つくえを ぴったりと つけて ならべます。あわせた よこの 長さは 何m何cmですか。1つ7〔14点〕

しき

答え（　　　）

ふろくの「計算れんしゅうノート」27ページを やろう！

□mと cmの かんけいが わかったかな？
□長い 長さの 計算が できたかな？

べんきょうした 日　月　日

## 1 数の あらわし方 [その1]

もくひょう
1000より 大きい 数の あらわし方を 学ぼう。

おわったら シールを はろう

きほんのワーク

教科書 ㊦64～68ページ　答え 12ページ

### きほん1 1000より 大きい 数の あらわし方が わかりますか。

☆ 色紙(いろがみ)は、ぜんぶで 何(なん)まい ありますか。数字(すうじ)で かきましょう。

| 千の位 | 百の位 | 十の位 | 一の位 |
|---|---|---|---|
| 2 | □ | □ | □ |

1000を 2こ あつめた 数(かず)を 二千(にせん)と いいます。
1000を 2こと、100を 4こと、10を 3こと、1を 5こ
あわせた 数を 二千四百三十五 と いい、□ と
かきます。

2435の 千の位(くらい)の 数字は □ で、2000 を
あらわします。

**1** つぎの 数を 数字で かきましょう。　教科書 65ページ1 67ページ2

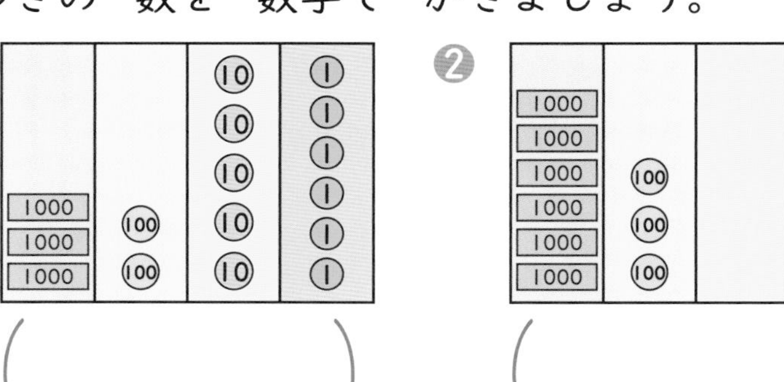

❶ （　　　）　❷ （　　　）

「大きい 数に なると よく わからない。」と いう 人は、お金で 考(かんが)えて みよう。千円さつが 2まいで 2000円、100円玉が 4まいで 400円だよ。

**2** 色紙は、何まい ありますか。　　教科書 68ページ 1

1000　1000　1000　1000

(　　　)

**3** 5037の 千の位、百の位、十の位、一の位の 数字を かきましょう。　　教科書 67ページ 2

(千の位　　、百の位　　、十の位　　、一の位　　)

**4** つぎの 数を よみましょう。　　教科書 68ページ 2

1. 1961 (　　　)
2. 3094 (　　　)
3. 7003 (　　　)

**5** つぎの 数を 数字で かきましょう。　　教科書 68ページ 3

1. 千四百二十九 (　　　)
2. 八千七百 (　　　)
3. 六千五 (　　　)

**6** つぎの 数を かきましょう。　　教科書 68ページ 4

1. 1000を 7こと、100を 6こと、10を 4こと、1を 8こ あわせた 数 (　　　)
2. 1000を 9こと、10を 6こ あわせた 数 (　　　)

**7** □に あてはまる 数を かきましょう。　　教科書 68ページ 5

1. 2703は、1000を □こと、100を □こと、1を □こ あわせた 数です。
2. 2703は、2000と □と 3を あわせた 数です。

**8** つぎの 文を しきで あらわしましょう。　　教科書 68ページ 6

▶3840は、3000と 800と 40を あわせた 数です。

3840＝□＋□＋□

おうちのかたへ　1000より大きい数の表し方を学習します。4けたの数の表し方を理解し、読み・書きをできるようにします。空位(0)にとまどうお子さんが多く見られますので、注意しましょう。

べんきょうした 日　月　日

# 1 数の あらわし方 [その2]

もくひょう
100を あつめた 数や 10000、数の線の 見方を 学ぼう。

おわったら シールを はろう

きほんのワーク

教科書 ㊦ 69～71ページ　答え 12ページ

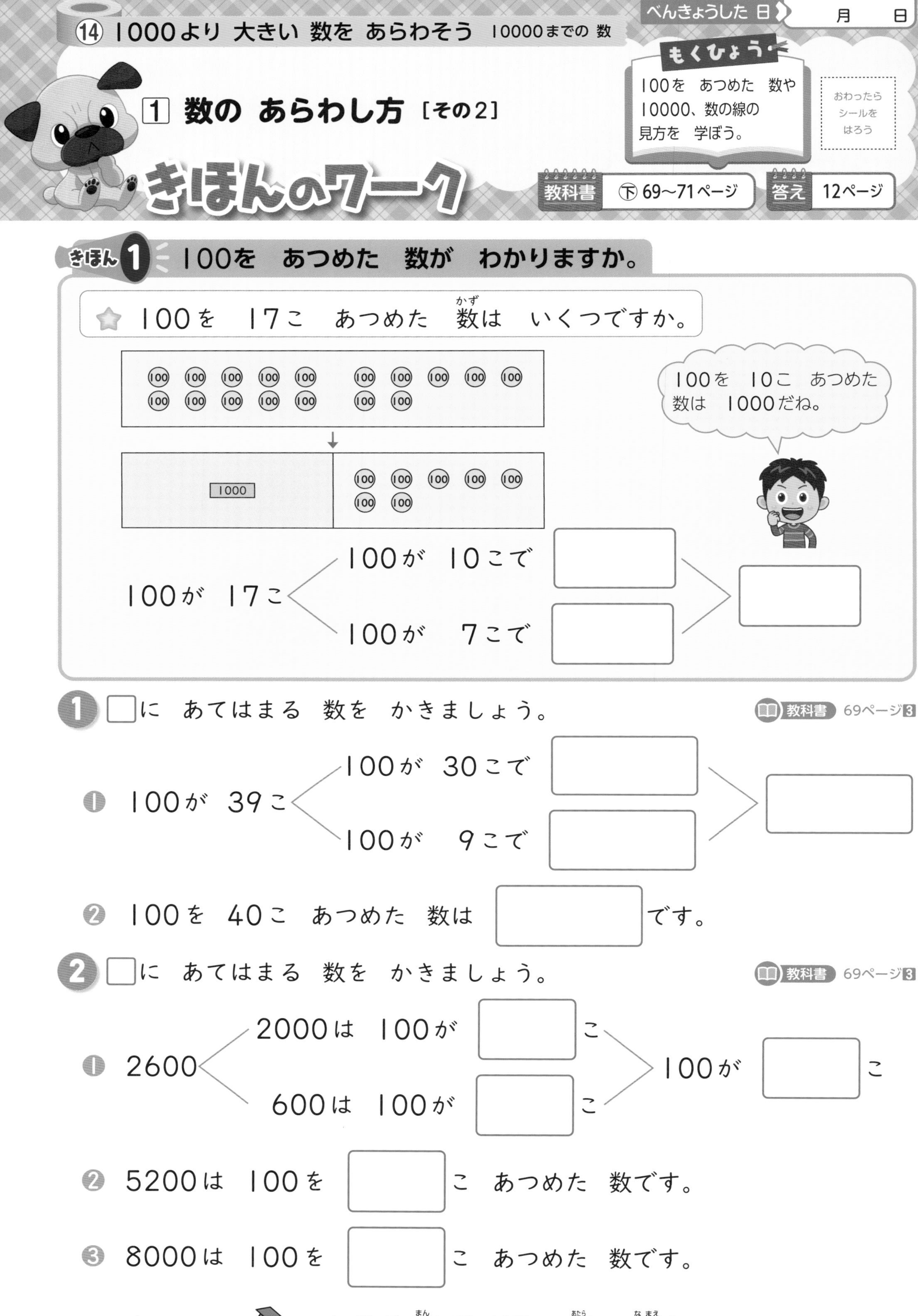


## きほん1 100を あつめた 数が わかりますか。

☆ 100を 17こ あつめた 数は いくつですか。

100が 17こ
- 100が 10こで □
- 100が 7こで □

→ □

**1** □に あてはまる 数を かきましょう。　教科書 69ページ3

❶ 100が 39こ
- 100が 30こで □
- 100が 9こで □

→ □

❷ 100を 40こ あつめた 数は □ です。

**2** □に あてはまる 数を かきましょう。　教科書 69ページ3

❶ 2600
- 2000は 100が □こ
- 600は 100が □こ

→ 100が □こ

❷ 5200は 100を □こ あつめた 数です。

❸ 8000は 100を □こ あつめた 数です。

さんすうはかせ
一、十、百、千、万までは 10ばいで 新しい 名前が つくよ。
でも、万より 大きく なると 1万ばいごとに 新しい 名前が つくよ。

## きほん2 10000と いう 数や 数の線の 見方が わかりますか。

☆ 下の 数の線を 見て 答えましょう。

❶ 1000を 10こ あつめた 数を 一万(いちまん)と いい、[10000]と かきます。

100が 10こ

| 1000 | 1000 | 1000 | 1000 | 1000 |
|---|---|---|---|---|
| 1000 | 1000 | 1000 | 1000 | 1000 |

↓

10000

❷ 9000は、あと [　] で 10000に なります。

❸ 10000は [　] より 100 大きい 数です。

❹ 下の 数の線の 1つの めもりの 大きさは [　] です。

❺ ㋐～㋓の □に あてはまる 数を かきましょう。

❻ 7600を あらわす めもりに ↑を かきましょう。

0　1000　2000　3000　4000　5000　6000　7000　8000　9000　10000

㋐ [　]　㋑ [　]　㋒ [　]　㋓ [　]

## 3 □に あてはまる 数を かきましょう。

教科書 71ページ6

❶ 9000　9100　[　]　9300　9400　[　]　9600　[　]　9800　9900　[　]

❷ 9900　9910　[　]　9930　[　]　9950　[　]　9970　9980　[　]　10000

❸ 9990　[　]　9992　9993　9994　[　]　9996　9997　[　]　9999　[　]

## 4 つぎの 数を かきましょう。

教科書 70～71ページ

❶ 9999より 1 大きい 数
(　　　　)

❷ 10000より 10 小さい 数
(　　　　)

おうちのかたへ

4けたの数を100のまとまりで考える見方を学習します。また、10000という数や数直線上の4けたの数の読み方・表し方、10000までの数の順序などを学習します。

べんきょうした 日 　月　日

# 1 数の あらわし方 ［その3］
# 2 何百の 計算

もくひょう
4けたの 数の 大小や いろいろな あらわし方、何百の 計算を 学ぼう。

おわったら シールを はろう

## きほんのワーク

教科書 下 72～76ページ　答え 12ページ

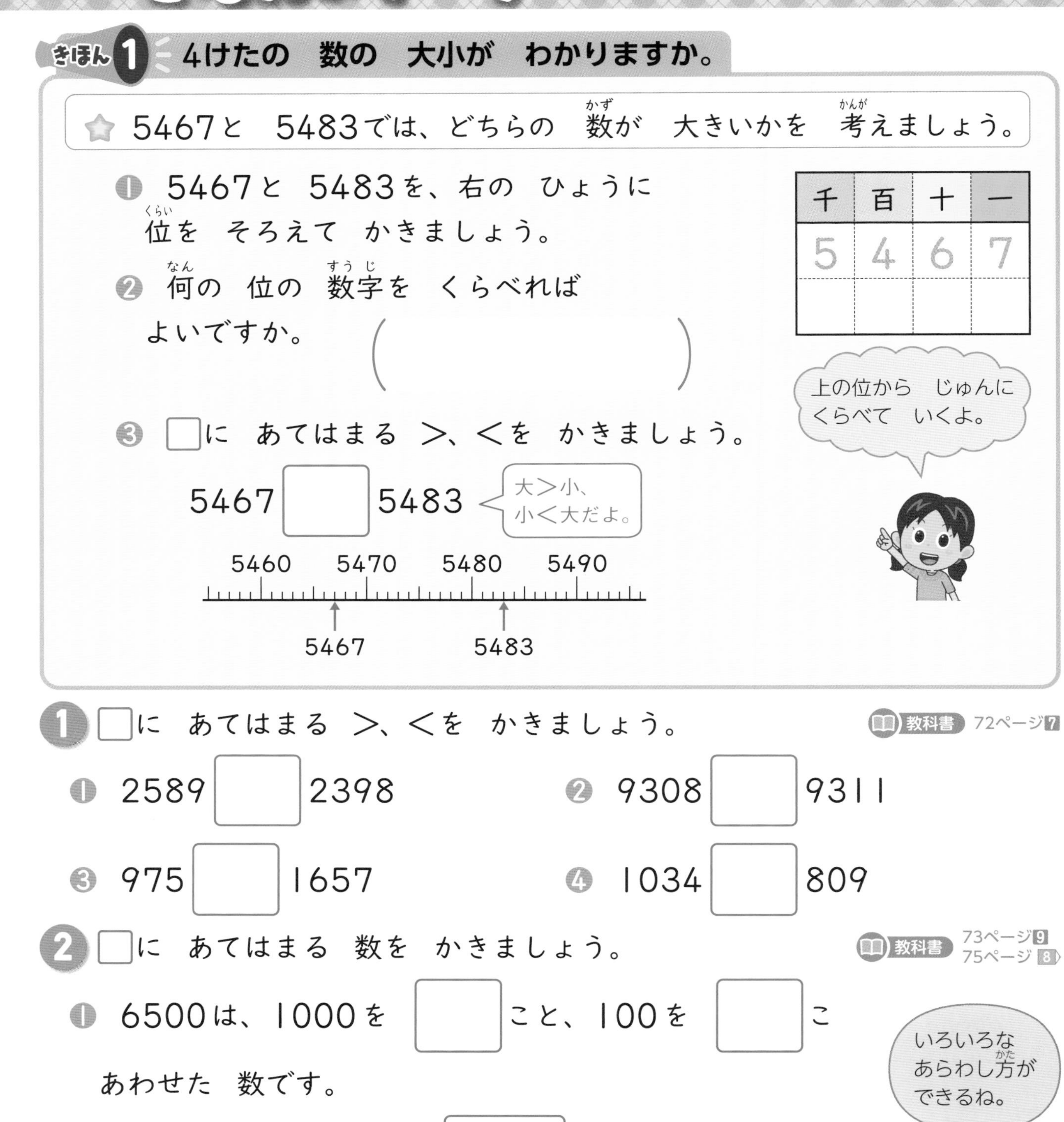

### きほん1 4けたの 数の 大小が わかりますか。

☆ 5467と 5483では、どちらの 数が 大きいかを 考えましょう。

❶ 5467と 5483を、右の ひょうに 位を そろえて かきましょう。

| 千 | 百 | 十 | 一 |
|---|---|---|---|
| 5 | 4 | 6 | 7 |
| | | | |

❷ 何の 位の 数字を くらべれば よいですか。（　　　）

上の位から じゅんに くらべて いくよ。

❸ □に あてはまる ＞、＜を かきましょう。

5467 □ 5483

大＞小、小＜大だよ。



**1** □に あてはまる ＞、＜を かきましょう。　教科書 72ページ7

❶ 2589 □ 2398　❷ 9308 □ 9311

❸ 975 □ 1657　❹ 1034 □ 809

**2** □に あてはまる 数を かきましょう。　教科書 73ページ9 75ページ8

❶ 6500は、1000を □こと、100を □こ あわせた 数です。

❷ 6500は、7000より □ 小さい 数です。

❸ 6500は、100を □こ あつめた 数です。

いろいろな あらわし方が できるね。

1万の 1万ばいが 1億、1億の 1万ばいが 1兆。億や 兆は 聞いた ことが あるかな。兆の 上の位は、京、垓、…、不可思議、無量大数と つづくよ。

## きほん2 何百の　計算が　できますか。

☆ つぎの　もんだいを　考えましょう。

❶ 赤い　色紙(いろがみ)が　700まい、青い　色紙が　600まい　あります。
色紙は、あわせて　何まい　ありますか。

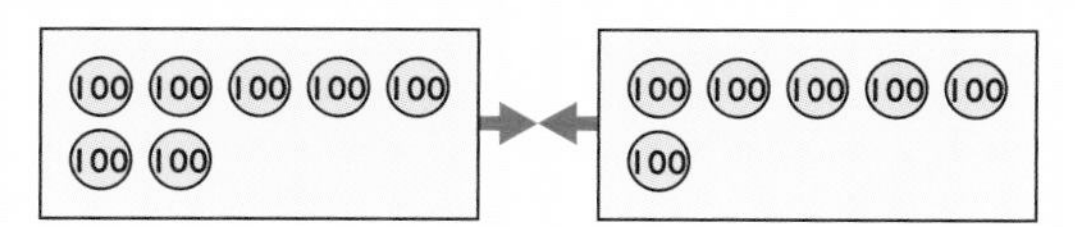

しき 

7＋6＝□ だから、⑩が □ こ。

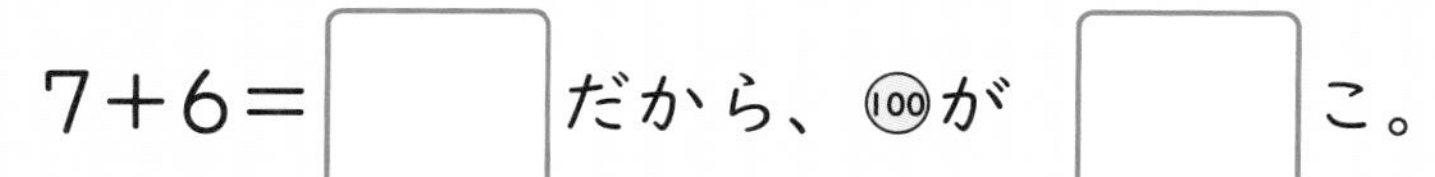

700＋600＝□ 　　答え(こた) □ まい

❷ 色紙が　800まい　ありました。200まい　つかいました。
のこりは　何まい　ありますか。

しき □ ＝ ？

8－2＝□ だから、⑩が □ こ。

800－200＝□ 　　答え □ まい

## 3 つぎの　計算(けいさん)を　しましょう。

教科書 76ページ 1

❶ 400＋900

❷ 500＋800

❸ 900＋200

❹ 600＋600

❺ 500－400

❻ 900－700

❼ 600－200

❽ 800－100

おうちのかたへ
10000までの数の大小比較や、4けたの数のいろいろな表し方、何百のたし算・ひき算を学習します。大小比較の考え方は、3けたの数のときと同じであることを確認しましょう。

べんきょうした 日　月　日

# れんしゅうのワーク

教科書 ㊦64〜78ページ　答え 13ページ

できた 数 /9もん 中

おわったら シールを はろう

**1** 数の 大小　大きい じゅんに ならべましょう。

❶ 3045　4305　3200　4509

(　　　　　　　　　　　　)

❷ 6450　7103　7096　6405

(　　　　　　　　　　　　)

**2** 数の あらわし方　□に あてはまる 数(かず)を かきましょう。

❶ 9400は、□と 400を あわせた 数です。

❷ 9400は、□より 600 小さい 数です。

❸ 9400は、100を □こ あつめた 数です。

チャレンジ! **3** 1000より 大きい 数　0、1、2、3、4の 5まいの カードから、4まい えらんで、いろいろな 数を つくりましょう。（0の カードを 千の位(くらい)に おく ことは できません。）

| 千の位 | 百の位 | 十の位 | 一の位 |
|---|---|---|---|
| □ | □ | □ | □ |

❶ いちばん 小さい 数　□□□□

❷ 2番(ばん)めに 大きい 数　□□□□

❸ 2000に いちばん 近(ちか)い 数　□□□□

❹ 3500に いちばん 近い 数　□□□□

できるナビ　同(おな)じ けた数(すう)の 数では、上の位の 数字が 小さいほど、数は 小さく なります。上の位の 数字が 大きいほど、数は 大きく なります。

# まとめのテスト

時間 20分　とく点 ／100点　おわったら シールを はろう

教科書 ㊦ 64〜78ページ　答え 13ページ

**1** よく出る つぎの 数を 数字(すうじ)で かきましょう。　1つ5〔10点〕

❶
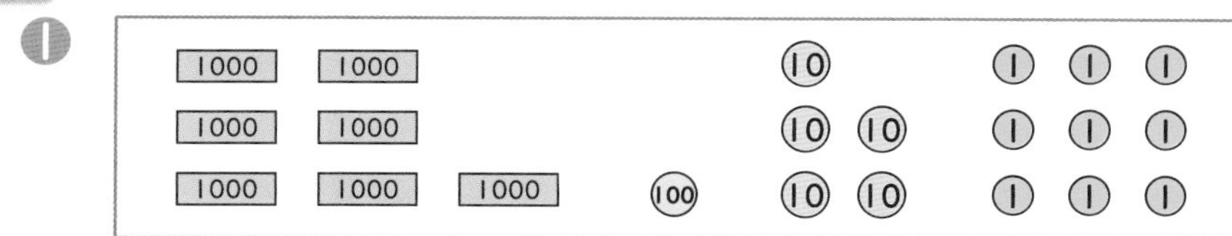

(　　　　)

❷

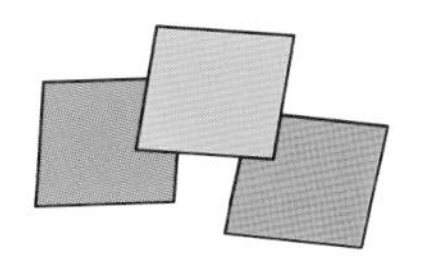

(　　　　)

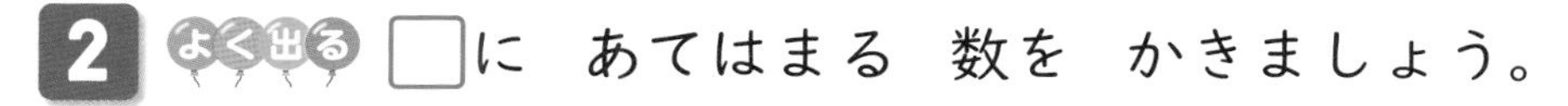

**2** よく出る □に あてはまる 数を かきましょう。　1つ6〔66点〕

❶ 3486は、1000を □ こと、100を □ こと、10を □ こと、1を □ こ あわせた 数です。

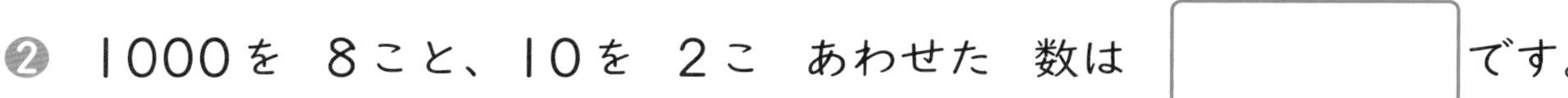

❷ 1000を 8こと、10を 2こ あわせた 数は □ です。

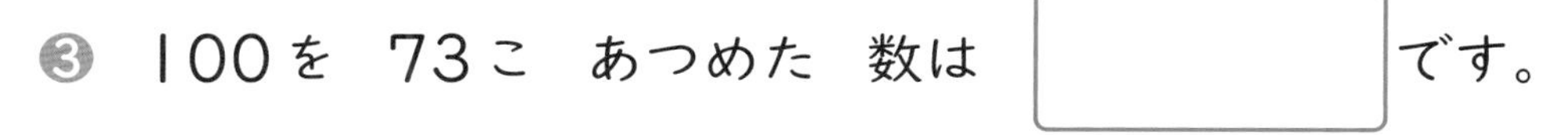

❸ 100を 73こ あつめた 数は □ です。

❹ 10000は、1000を □ こ あつめた 数です。

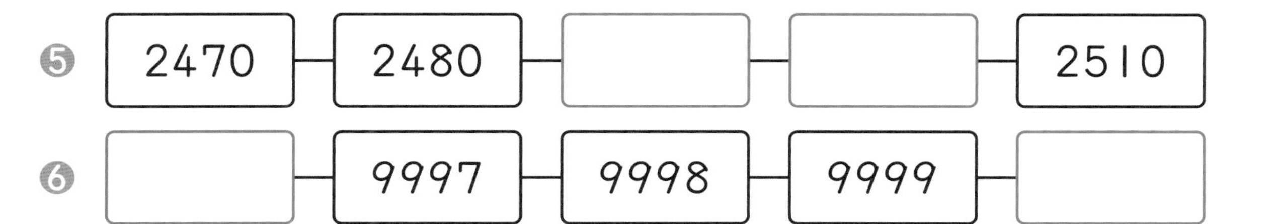

❺ 2470 ― 2480 ― □ ― □ ― 2510

❻ □ ― 9997 ― 9998 ― 9999 ― □

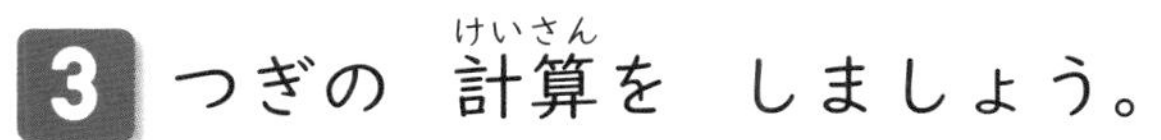

**3** つぎの 計算(けいさん)を しましょう。　1つ6〔12点〕

❶ 300＋900　　❷ 800－500

**4** □に あてはまる ＞、＜を かきましょう。　1つ6〔12点〕

❶ 5326 □ 5462　　❷ 9910 □ 9909

ふろくの「計算れんしゅうノート」9・25〜26ページを やろう！

□ 1000より 大きい 数の あらわし方(かた)が わかったかな？
□ 何百(なんびゃく)の 計算が できたかな？

べんきょうした 日　　月　　日

# 図に あらわして 考えよう

## きほんのワーク

もくひょう
図に あらわして、へった 数や ふえた 数、はじめの 数を もとめよう。

おわったら シールを はろう

教科書 ㊦ 80〜84ページ　答え 13ページ

### きほん 1 図に あらわして、へった 数や はじめの 数を もとめられますか。

☆ まさひろさんは、えんぴつを 13本 もって いました。弟に 何本か あげたので、9本に なりました。あげたのは 何本ですか。

❶ あげた 本数を □本と して、図を かいて 考えます。□に あてはまる 数を かきましょう。

わからない 数は □で あらわすよ。

㋐ えんぴつを 13本 もって いました。弟に □本 あげたので、

はじめ 13 本

あげた □本

□を つかって しきに あらわすと…。

13−□

㋑ 9本に なりました。

はじめ 13本

のこり □本　あげた □本

□−□=□

図に あらわすと わかりやすいね。

❷ あげた 本数を もとめる しきと 答えを かきましょう。

㋑の 図を よく 見て 考えよう。

しき □−□=□　答え □本

**1** リボンが 何mか ありました。そのうち 15m つかったので、のこりが 7mに なりました。はじめに リボンは 何m ありましたか。

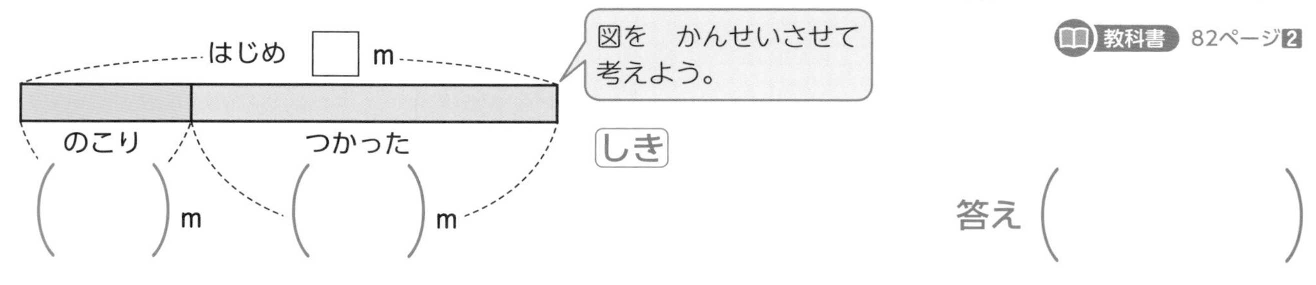


教科書 82ページ2

しき

答え (　　　)

日本では 8は 吉の 数。八の 字が すえひろがりで えんぎの いい 数だと されて いるよ。でも えんぎの わるい 数と 思われて いる 国も あるんだ。

## きほん2 図に あらわして、ふえた 数や はじめの 数を もとめられますか。

☆ たまごが 10こ ありました。何こか 買(か)って きたので、ぜんぶで 24こに なりました。買って きた たまごは、何こですか。

❶ □を つかって、図を かいて 考えます。□に あてはまる 数を かきましょう。

何(なに)を □で あらわすと いいかな。

㋐ たまごが 10こ ありました。□こ 買って きたので、

はじめ □こ　買って きた □こ

□を つかって しきに あらわすと…。

10＋□

㋑ ぜんぶで 24こに なりました。

ぜんぶ □こ

はじめ 10こ　買って きた □こ

□＋□＝□

図の どこを もとめるのかな。

❷ 買って きた たまごの 数を もとめる しきと 答えを かきましょう。

㋑の 図を よく 見て 考えよう。

しき □＝□　答え □こ

**2** 色紙(いろがみ)が 何まいか ありました。16まい もらったので、ぜんぶで 30まいに なりました。はじめに 色紙は 何まい ありましたか。

教科書 84ページ4

❶ 図の (　)に あてはまる 数や □を かきましょう。

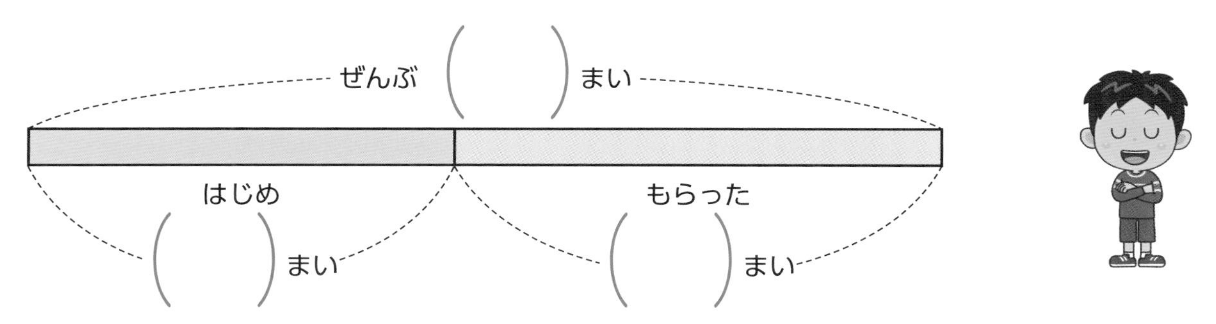


❷ はじめの 色紙の まい数を もとめる しきを かいて、答えを もとめましょう。

しき

答え (　)

おうちのかたへ　図を使って、たし算・ひき算の問題を解く学習をします。わからない数(求めたい数)を□として、図に表して考えます。図をよく見て数量の関係を理解することが大切です。

べんきょうした 日　月　日

# れんしゅうのワーク

教科書 ㊦ 80～86ページ　答え 13ページ

できた 数　/8もん 中

おわったら シールを はろう

**1** 文しょうだい　ちゅう車場に　車が　7台　とまって　いました。あとから　何台か　入って　きたので、ぜんぶで　19台に　なりました。あとから　入って　きたのは　何台ですか。

ぜんぶ　19台

はじめ　7台　　入って　きた □ 台

しき　　　　答え（　　　）

**2** 文しょうだい　ちゅう車場に　車が　何台か　ありました。8台　出て　いったので、のこりが　12台に　なりました。車は　はじめ　何台　ありましたか。

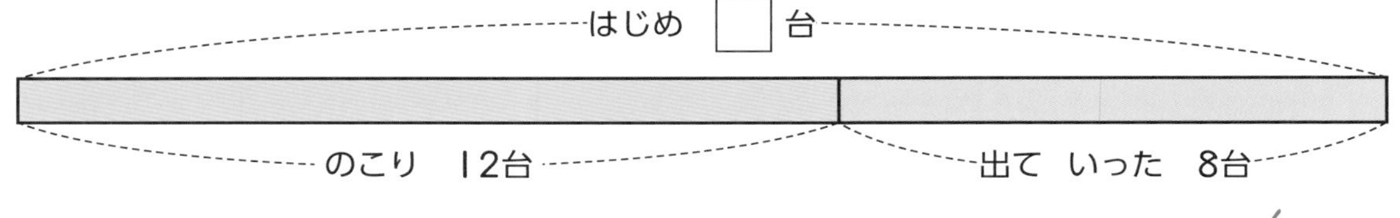


しき　　　　答え（　　　）

**3** 文しょうだい　かきが　30こ　ありました。何こか　あげたので、のこりが　9こに　なりました。あげた　かきは　何こですか。

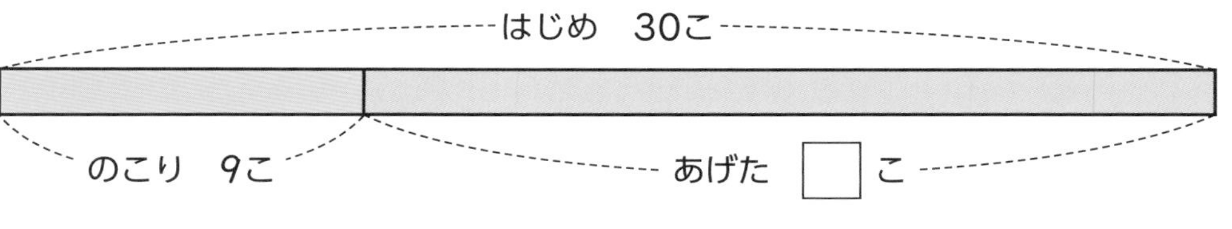


しき　　　　答え（　　　）

**4** 文しょうだい　かきが　何こか　ありました。あとから　14こ　もらったので、ぜんぶで　27こに　なりました。かきは　はじめ　何こ　ありましたか。

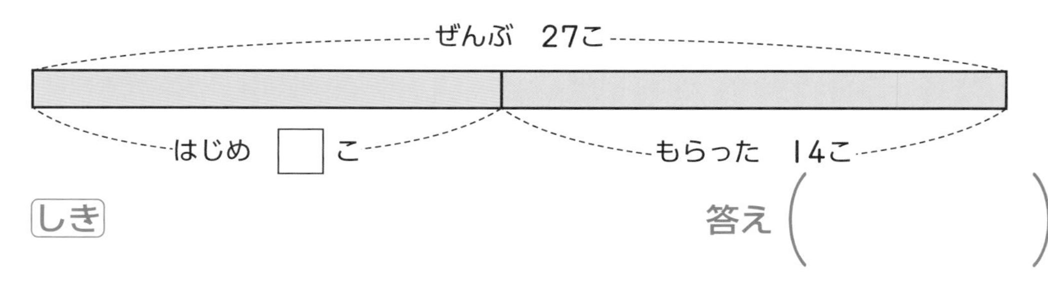


しき　　　　答え（　　　）

図を　見ながら　しきを　考えよう。

できるナビ　図に　あらわした　とき、ぜんたいを　もとめるには　たし算、ぶぶんを　もとめるには　ひき算に　なるよ！

# まとめのテスト

時間20分　とく点 /100点　おわったら シールを はろう

教科書 下 80〜86ページ　答え 13ページ

**1** よく出る たつやさんは、カードを 35まい もって いました。妹に 何まいか あげたので、16まいに なりました。あげた カードは 何まいですか。

❶ 下の 図の □に あてはまる 数を かきましょう。　❶10、❷1つ15〔40点〕

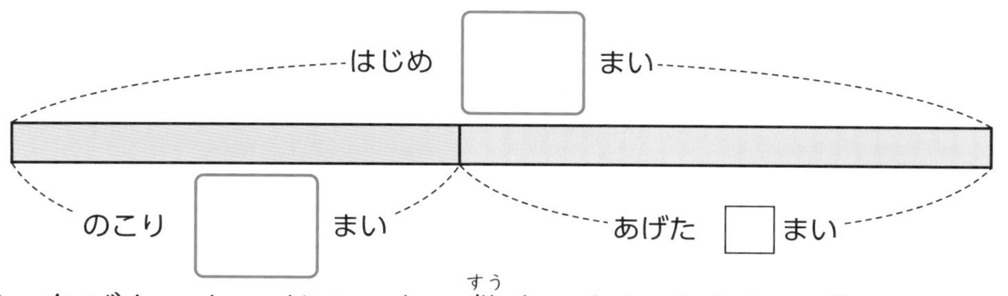

❷ あげた カードの まい数を もとめましょう。

しき

答え（　　　）

**2** よく出る くみさんは、きのう わかざりを 12こ つくりました。今日、わかざりを 何こか つくったので、ぜんぶで 28こに なりました。

今日 つくった わかざりは、何こですか。図の（　）に あてはまる 数や □を かいて、答えを もとめましょう。　図10、しき15、答え15〔40点〕

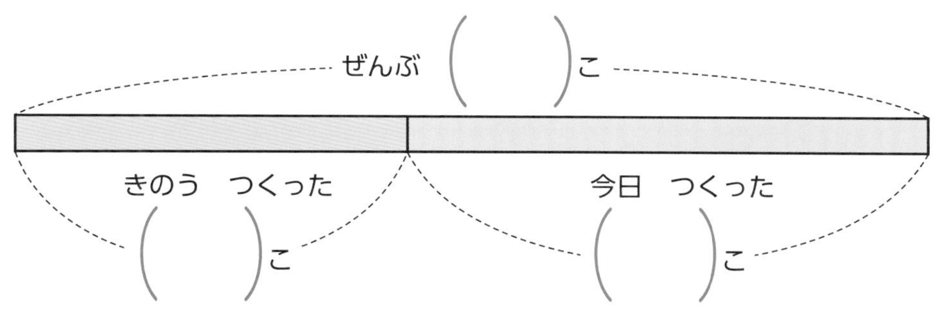

しき

答え（　　　）

**3** 右の 図を 見て、□に あてはまる 数を かき、もんだいを つくりましょう。　1つ10〔20点〕

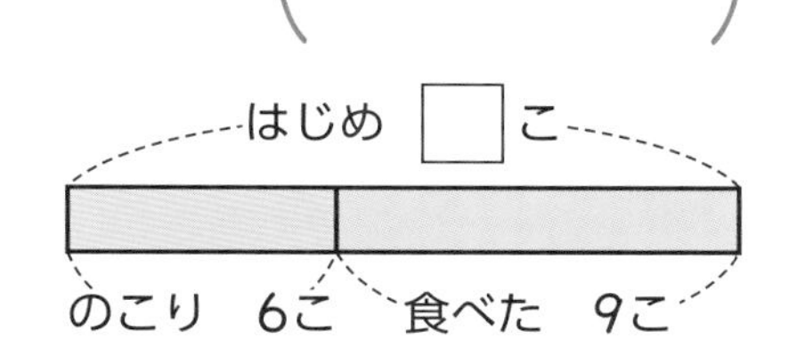


いちごが 何こか ありました。❶□こ 食べたので、のこりが ❷□こに なりました。はじめに 何こ ありましたか。

チェック
- □ もんだいに あった 図が かけたかな？
- □ 図を もとに、しきと 答えを もとめられたかな？

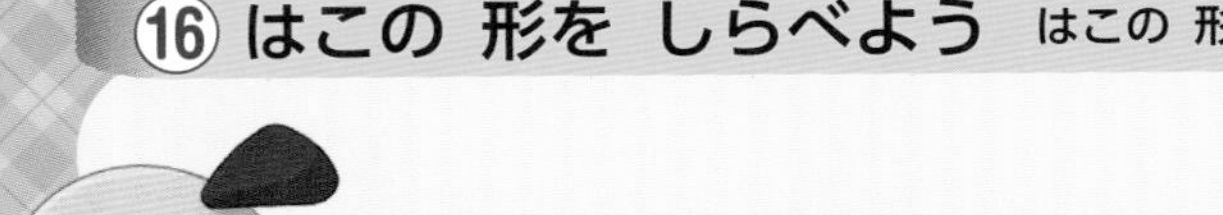

# はこの 形を しらべよう

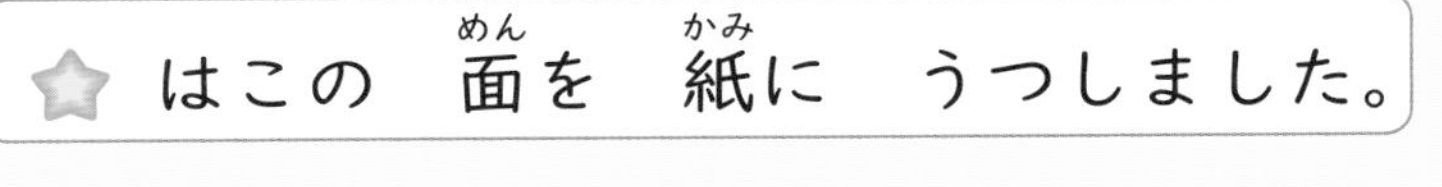

きほんのワーク

もくひょう
はこの 形の 面、辺、頂点に ついて しらべよう。

おわったら シールを はろう

教科書 下 88〜93ページ　答え 13ページ

## きほん1 はこの 形の 面の 形や 数が わかりますか。

☆ はこの 面を 紙に うつしました。

❶ うつした 面の 形は、何と いう 四角形ですか。

（　　　　　　）

❷ 面は いくつ ありますか。

（　　　つ）

❸ 同じ 大きさの 面は、いくつずつ ありますか。

（　　　つずつ）

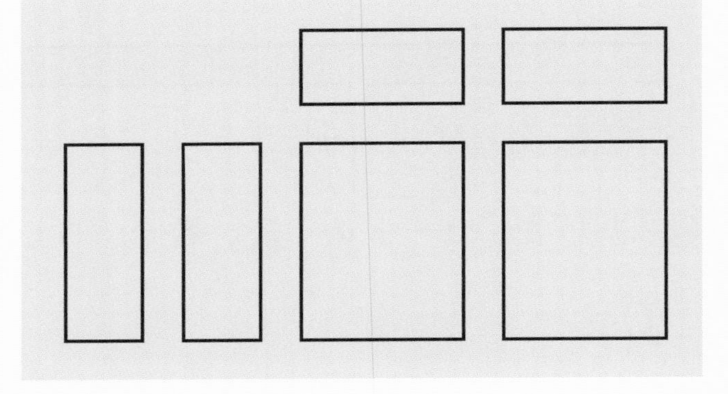

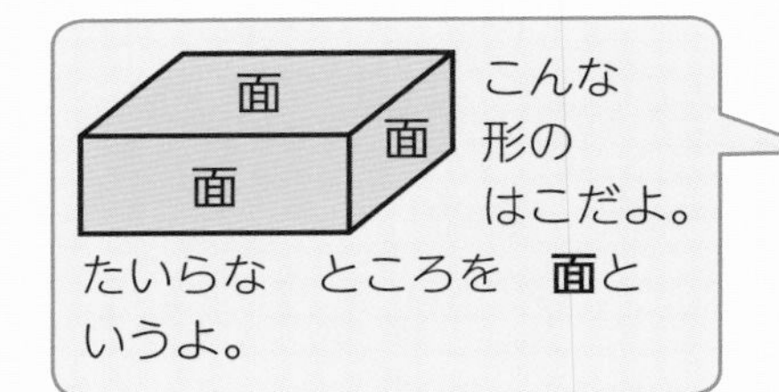


こんな 形の はこだよ。
たいらな ところを **面**と いうよ。

## 1 さいころの 形の はこの 面を、紙に うつしました。

教科書 89ページ1

❶ うつした 面の 形は、何と いう 四角形ですか。

（　　　　　　）

❷ 同じ 大きさの 面は いくつ ありますか。

（　　　　　　）

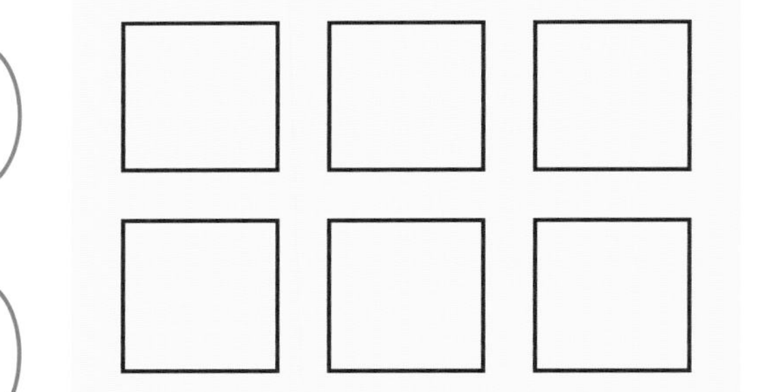

## 2 組み立てると、㋐、㋑、㋒の どの はこが できますか。

教科書 91ページ2

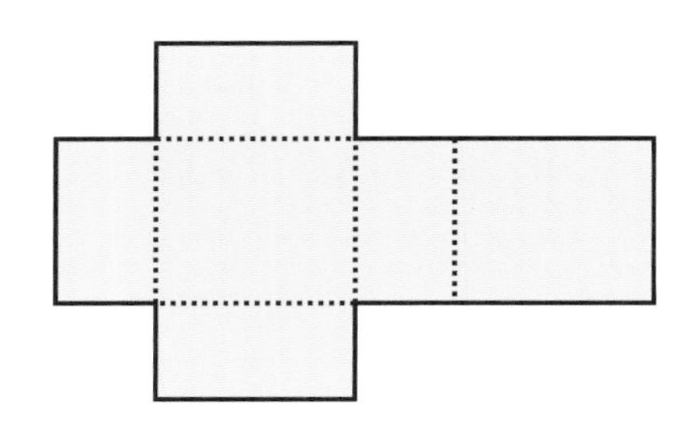

㋐

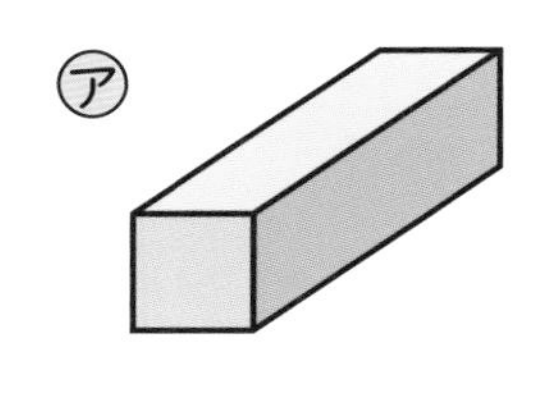

㋑

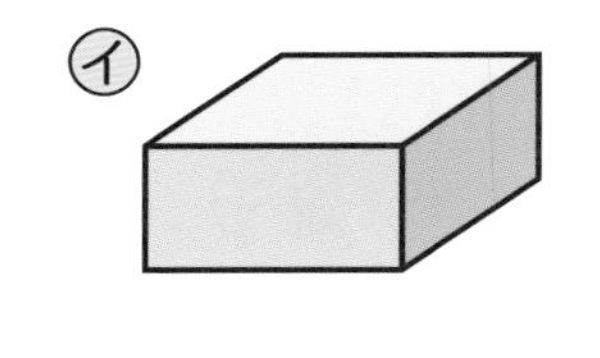

㋒

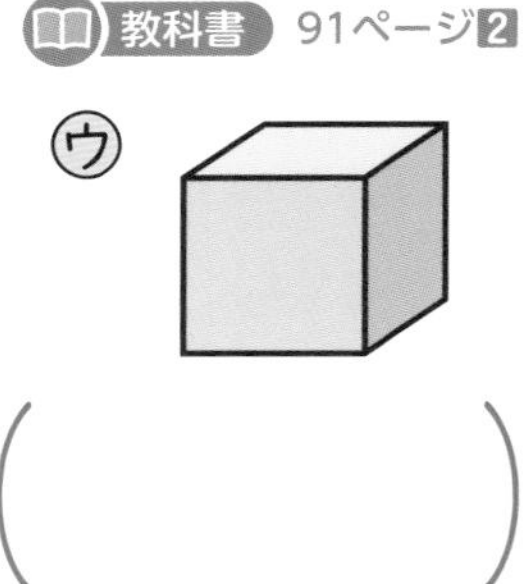

（　　　　　　）

さんすうはかせ
はこの 形を 切って ひらくと、6つの 長方形や 正方形が くっついた 形に なるよ。
さいころの 形を 切って ひらくと、6つの 正方形が くっついた 形に なるんだ。

## きほん2 はこの　形の　辺や　頂点が　わかりますか。

☆ ひごと　ねんど玉を　つかって、
右のような　形を　つくります。
□に　あてはまる　数(かず)を　かきましょう。

10cm　7cm　12cm

❶ 何cmの　ひごが、何本ずつ　いりますか。

● 7cm…□本　● 10cm…□本　● 12cm…□本

❷ ねんど玉は　□こ　いります。

**たいせつ**

はこの　形で、上の　図(ず)の　ひごの　ところを　**辺(へん)**と　いいます。
また、ねんど玉の　ところを　**頂点(ちょうてん)**と　いいます。

はこの　形には、辺が　12、
頂点が　8つ　あります。

頂点　辺

**3** ひごと　ねんど玉を　つかって、右のような
形を　つくります。　教科書 93ページ4

8cm　15cm　6cm

❶ 何cmの　ひごが、何本ずつ　いりますか。

● □cm…□本　● □cm…□本　● □cm…□本

❷ ねんど玉は、何こ　いりますか。　(　　　)

**4** 右のような　さいころの　形に　ついて、
答(こた)えましょう。　教科書 93ページ2

8cm　8cm　8cm

❶ 何cmの　辺が　いくつ　ありますか。

● □cmの　辺が　□　あります。

❷ 頂点は　いくつ　ありますか。　(　　　)

**おうちのかたへ**
立体図形の基礎として、箱の形を学習します。高学年での図形の学習にスムーズに入れるように、面の形や数、辺や頂点の数などをしっかりおさえておきましょう。

べんきょうした 日 月 日

# れんしゅうのワーク

教科書 ㊦ 88～94ページ 答え 14ページ

できた 数 /5もん 中

おわったら シールを はろう

**1** 面の 形・はこづくり 組み立てると、㋐、㋑、㋒の どの はこが できますか。

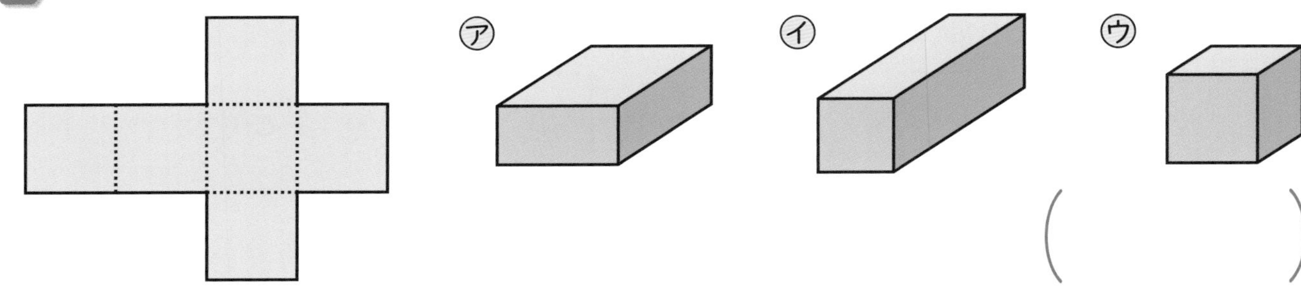


(　　　)

**2** 辺と 頂点 ひごと ねんど玉を つかって、右のような 形を つくります。

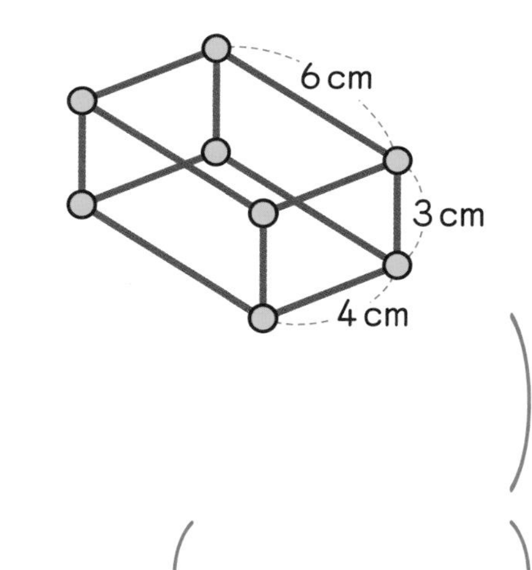


❶ 何cmの ひごが、何本ずつ いりますか。ぜんぶ かきましょう。

(　　　)

❷ ねんど玉は、何こ いりますか。

(　　　)

**3** 面の 形や 数 あつ紙で ❶、❷の はこを つくります。それぞれ ㋐～㋔の あつ紙を 何まい つかえば よいですか。

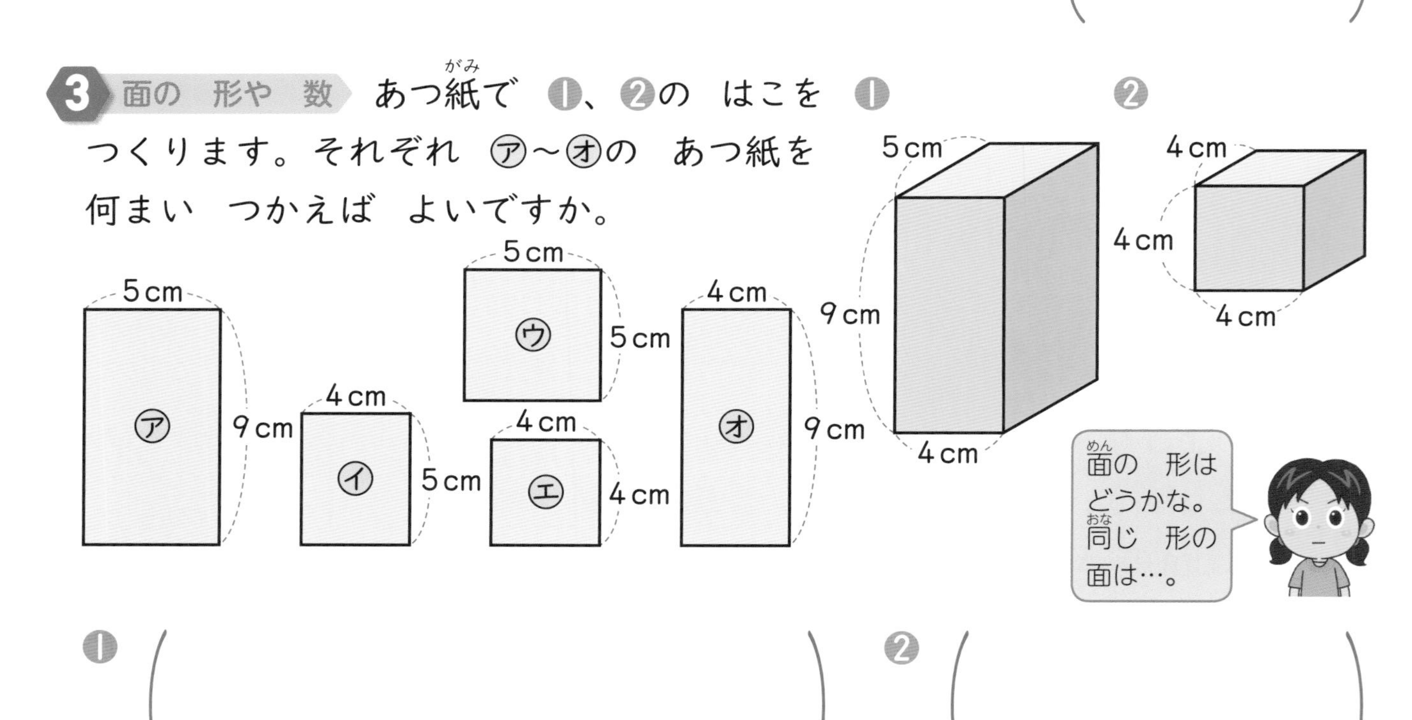


❶ (　　　)　❷ (　　　)



できるナビ ❸ はこには 6つの 面が あるね。❶の はこの 面は みんな 長方形で、同じ 大きさの ものが 2つずつ あるよ！

# まとめのテスト

教科書 下 88～94ページ　答え 14ページ

時間 20分　とく点 /100点　おわったら シールを はろう

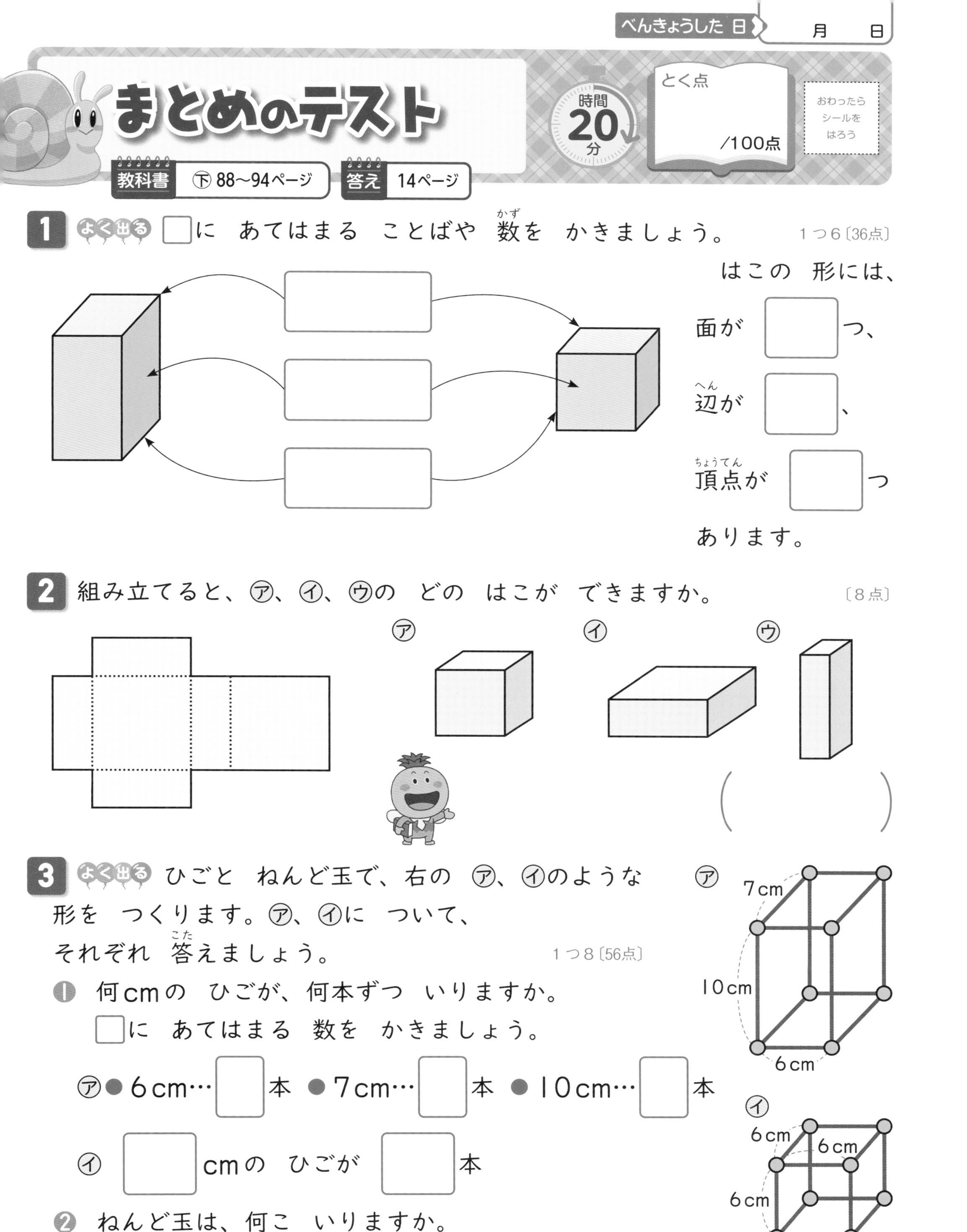

**1** よく出る □に あてはまる ことばや 数を かきましょう。 1つ6〔36点〕

はこの 形には、面が □つ、辺が □、頂点が □つ あります。

**2** 組み立てると、㋐、㋑、㋒の どの はこが できますか。 〔8点〕

（　　）

**3** よく出る ひごと ねんど玉で、右の ㋐、㋑のような 形を つくります。㋐、㋑に ついて、それぞれ 答えましょう。 1つ8〔56点〕



❶ 何cmの ひごが、何本ずつ いりますか。□に あてはまる 数を かきましょう。

㋐ ● 6cm…□本 ● 7cm…□本 ● 10cm…□本

㋑ □cmの ひごが □本

❷ ねんど玉は、何こ いりますか。

㋐（　　）　㋑（　　）

□はこの 形の 面や 辺、頂点の 数が わかったかな？
□ひらいた 図を 組み立てた ときの はこの 形が わかったかな？

べんきょうした 日 月 日

# 分けた 大きさの あらわし方を 考えよう

## きほんのワーク

もくひょう
同じ 大きさに 分けた 1つ分の 大きさの あらわし方を 知ろう。

おわったら シールを はろう

教科書 下 96～101ページ　答え 14ページ

### きほん1 分数の あらわし方が わかりますか。

☆ 正方形の おり紙を おって、半分の 大きさに 分けました。

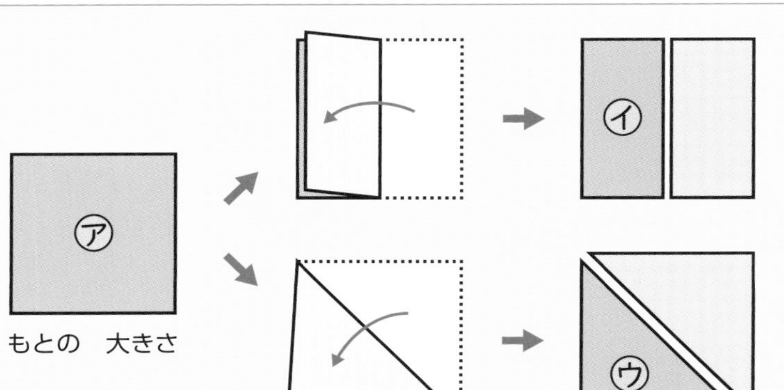


どちらも 同じ 大きさが 2つ できたね。

たいせつ
アの 大きさは、イ、ウの 大きさの 2つ分、2ばいに なります。

同じ 大きさに 2つに 分けた 1つ分の 大きさを、もとの 大きさの 「二分の一」と いい、$\frac{1}{2}$ と かきます。

$\frac{1}{2}$ のような 数を 分数と いいます。

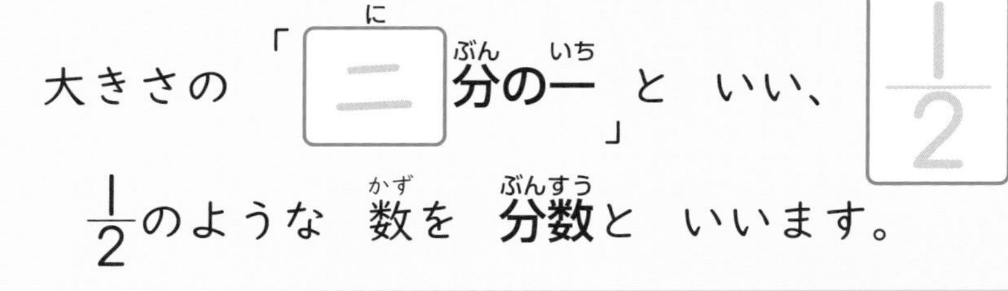

1 長方形の 紙を おって、同じ 大きさに 分けました。できた 1つ分の 大きさは、もとの 大きさの 何分の一ですか。

教科書 98ページ2 99ページ3 3

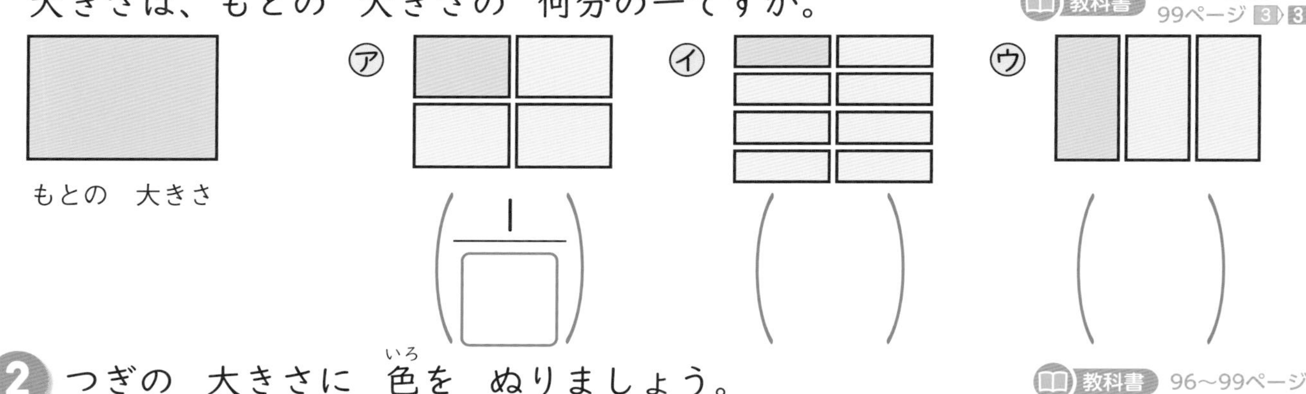


ア（$\frac{1}{\square}$）　イ（　　）　ウ（　　）

2 つぎの 大きさに 色を ぬりましょう。

教科書 96～99ページ

❶ $\frac{1}{2}$の 大きさ　❷ $\frac{1}{4}$の 大きさ　❸ $\frac{1}{8}$の 大きさ

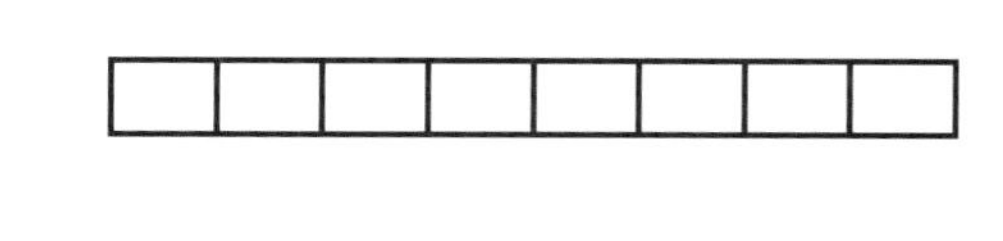

おやつを きょうだいや 友だちと 同じ 数ずつ 分けた ことが あるかな。
$\frac{1}{2}$に すると、同じ 数ずつ 2人に 分けられるね。

**3** 何こかの　ブロックを　同じ　数ずつ　分けて、ブロックの　まとまりを　つくります。

教科書 100ページ4

❶ 8この　ブロックを、下のように　分けました。分け方を　分数を　つかって　せつめいします。□に　あてはまる　数を　かきましょう。

・8こを　2こずつ　4つの　まとまりに　分けました。
1つの　まとまりは、
8この $\frac{1}{\square}$ で、□こです。

❷ 9この　ブロックを、下のように　分けました。1つの　まとまりは　9この　何分の一ですか。また、1つの　まとまりは　何こですか。

同じ　数ずつ
いくつの　まとまりに
分けて　いるかな。

・何分の一（　　　）
・何こ（　　　）

**4** □に　あてはまる　数を、（　）に　あてはまる　ことばを　かきましょう。

教科書 101ページ5

❶ 6cmの　テープを $\frac{1}{2}$ の　大きさに　した　長さは、□cmです。

6cm
□cm

❷ 10cmの　テープを $\frac{1}{2}$ の　大きさに　した　長さは、□cmです。

10cm
□cm

❸ ❶の　テープの $\frac{1}{2}$ と　❷の　テープの $\frac{1}{2}$ では、長さが　ちがいます。

なぜなら、（　　　　　　）が　ちがうからです。

おうちのかたへ　分数の導入として、1つのものを同じ大きさに2つに分けた1つ分である $\frac{1}{2}$ や、$\frac{1}{4}$、$\frac{1}{8}$、$\frac{1}{3}$ を学習します。具体的な物を使って、分数の意味と表し方をしっかり理解しましょう。

べんきょうした 日　月　日

# れんしゅうのワーク

できた 数 /11もん 中

おわったら シールを はろう

教科書 ㊦ 96～101ページ　答え 14ページ

**1** 分数の あらわし方　色の ついた ところは もとの 大きさの 何分の一ですか。

❶ （$\frac{1}{\square}$）　❷ （　　）　❸ （　　）

**2** 分数の いみ　㋐の $\frac{1}{2}$の 大きさに なって いるのは どれですか。

（　　）

㋐　㋑　㋒　㋓

**3** 分数の いみ　6こ入りと 18こ入りの チョコレートの はこが あります。

㋐ 6こ入り　㋑ 18こ入り

❶ 上の 図に、$\frac{1}{3}$の 大きさに なるように それぞれ 線を ひきましょう。

❷ $\frac{1}{3}$の 大きさの ときの チョコレートの 数は、それぞれ 何こですか。

㋐（　　）　㋑（　　）

❸ もとの チョコレートの 数は、$\frac{1}{3}$の 大きさの ときの 数の 何ばいですか。

㋐（　　）　㋑（　　）

❹ □に あてはまる ことばを かきましょう。

・㋐と ㋑では、もとの チョコレートの 数が □ので、$\frac{1}{3}$の 大きさの ときの 数も ちがいます。

できるナビ

**3** ❶ 6こと 18こを それぞれ 同じ 数ずつ 3つの まとまりに 分けよう。
❹ もとの 大きさが ちがうと、それを $\frac{1}{3}$に した 大きさも ちがうよ。

# まとめのテスト

時間 20分

おわったら シールを はろう

教科書 ㊦96～101ページ　答え 14ページ

**1** 色の ついた ところが もとの 大きさの $\frac{1}{2}$に なって いる ものを、㋐、㋑、㋒から えらびましょう。〔10点〕

㋐ 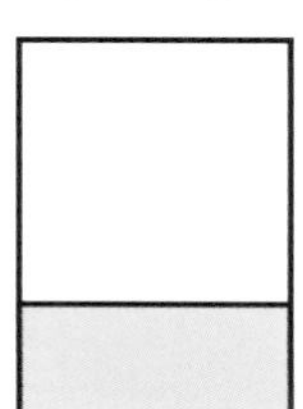
㋑ 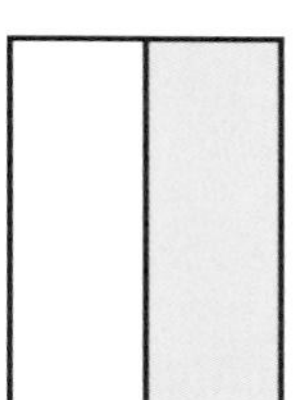
㋒ 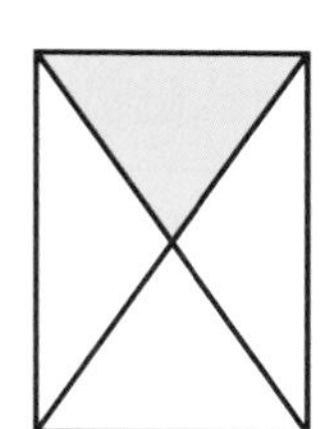

(　　　　)

**2** よく出る 正方形(せいほうけい)の 紙(かみ)を おって、同じ 大きさに 分けました。できた 1つ分の 大きさは、もとの 大きさの 何分の一ですか。1つ10〔30点〕

もとの 大きさ

㋐ 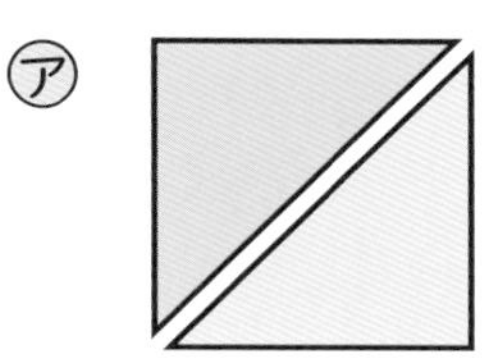
(　――　)

㋑ 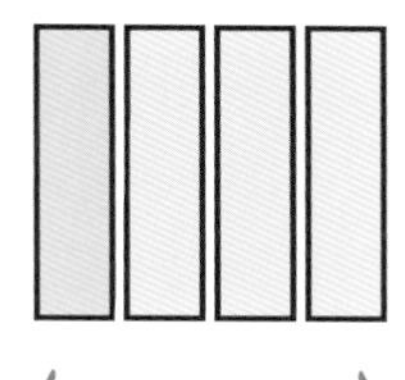
(　――　)

㋒ 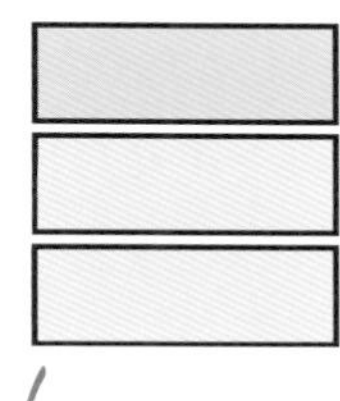
(　――　)

**3** よく出る 色の ついた ところは、もとの 大きさの 何分の一ですか。1つ10〔30点〕

❶ 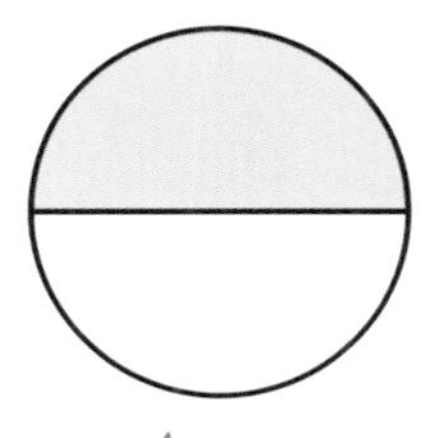
(　　　　)

❷ 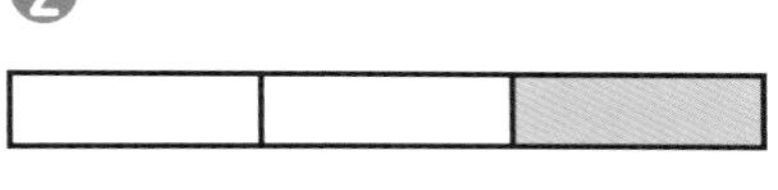
(　　　　)

❸ 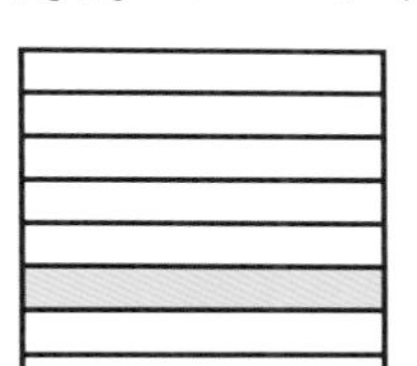
(　　　　)

**4** つぎの 大きさに 色を ぬりましょう。1つ10〔30点〕

❶ $\frac{1}{2}$の 大きさ

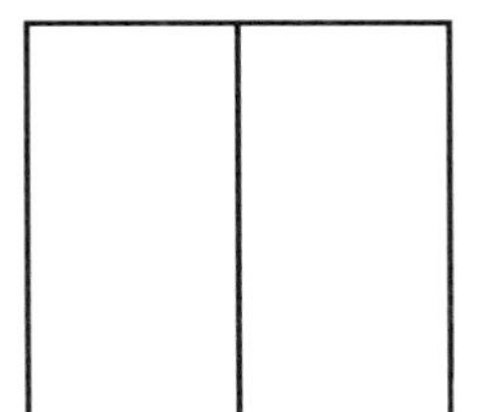

❷ $\frac{1}{4}$の 大きさ

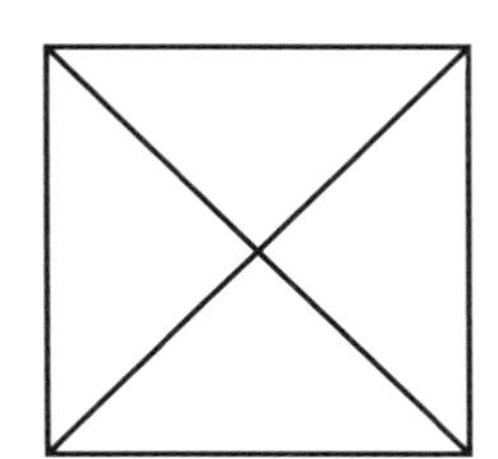

❸ $\frac{1}{8}$の 大きさ

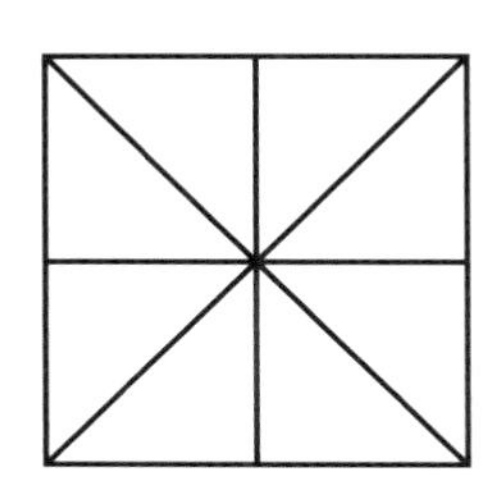

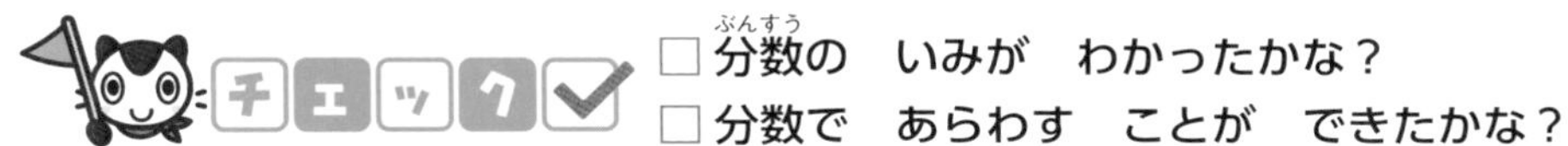

● 2年の ふくしゅう

# まとめのテスト①

時間 20分

とく点　　/100点

おわったら シールを はろう

教科書 ㊦ 106～108ページ　答え 14ページ

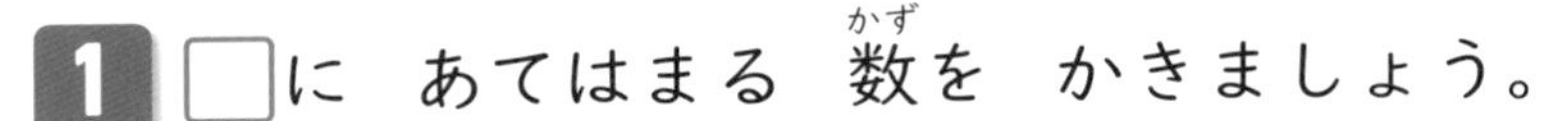

**1** □に あてはまる 数（かず）を かきましょう。　1つ4〔32点〕

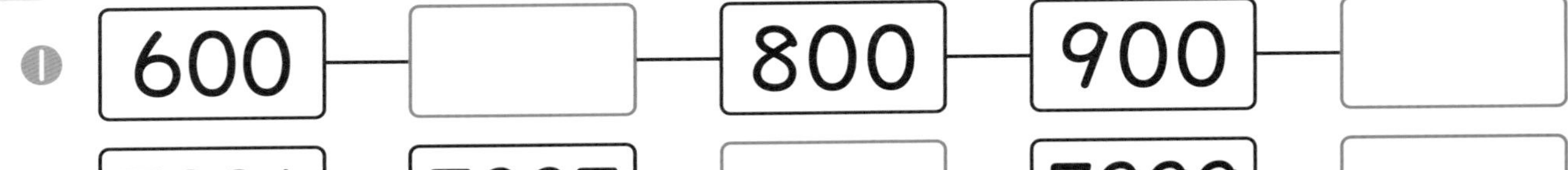

❶ 600 ― □ ― 800 ― 900 ― □

❷ 7996 ― 7997 ― □ ― 7999 ― □

❸ □ ― 9970 ― 9980 ― □ ― 10000

❹ 430は 10を □ こ あつめた 数です。

❺ 1000を 5こと、10を 9こ あわせた 数は □ です。

**2** 計算（けいさん）を しましょう。　1つ4〔28点〕

❶ $36 + 49$

❷ $84 + 7$

❸ $98 + 75$

❹ $60 - 23$

❺ $72 - 68$

❻ $124 - 56$

❼ $347 - 29$

**3** バスに 何人（なんにん）か のって いました。バスていで 6人 のって きたので、ぜんぶで 24人に なりました。はじめに のって いたのは 何人ですか。　1つ2〔4点〕

しき

答え（　　　　）

**4** かけ算（ざん）を しましょう。　1つ4〔36点〕

❶ 3×9　❷ 4×6　❸ 8×7

❹ 5×7　❺ 2×9　❻ 1×3

❼ 6×8　❽ 9×6　❾ 7×9

□たし算と ひき算の 筆算（ひっさん）が できたかな？
□かけ算が できたかな？

べんきょうした 日 　月　日

# まとめのテスト②

教科書 下 109〜110ページ　答え 14ページ

**1** 花びんが 7つ あります。花が 1つの 花びんに 3本ずつ はいって います。花は、ぜんぶで 何本 ありますか。　1つ8〔16点〕

しき

答え（　　　）

**2** 右の ような はこの 形に ついて 答えましょう。　1つ8〔24点〕

❶ 頂点は いくつ ありますか。（　　　）

❷ 9cmの 辺は いくつ ありますか。（　　　）

❸ たて 4cm、よこ 6cmの 長方形の 面は、いくつ ありますか。（　　　）

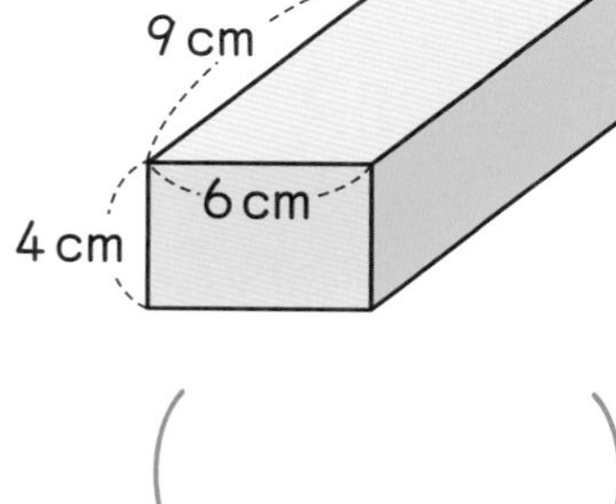


**3** 長さの 計算を しましょう。　1つ8〔16点〕

❶ 1m40cm＋30cm　　❷ 3m80cm−2m50cm

**4** 下の 時計を 見て、時こくを 答えましょう。　1つ8〔16点〕

午後

10分あとの 時こく（　　　）

1時間あとの 時こく（　　　）

**5** おかしの 数を しらべて、ひょうや グラフに あらわしましょう。　1つ14〔28点〕

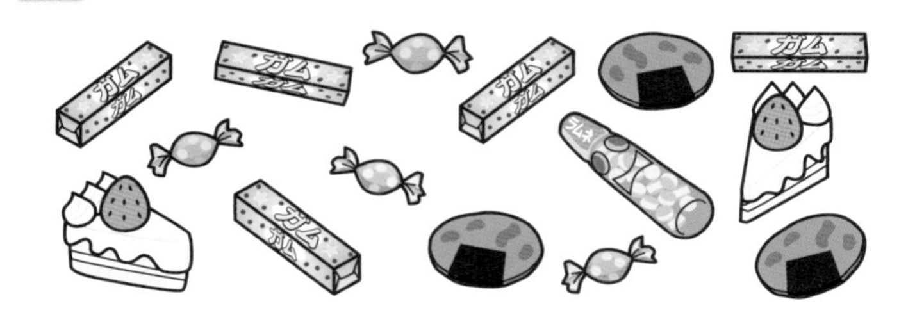

おかしの 数しらべ

| おかし | ガム | あめ | せんべい | ケーキ | ラムネ |
|---|---|---|---|---|---|
| 数 | | | | | |

ふろくの「計算れんしゅうノート」28〜29ページを やろう！

□時こくと 時間の もんだいが とけたかな？
□ひょうや グラフに あらわせたかな？

# 学びのワーク

おわったら シールを はろう

教科書 ㊦104～105ページ　答え 14ページ

## きほん 1 めいれい書を　つくれますか。

☆ ロボットに　バケツから　水そうに　水を　３Ｌ　うつして もらいます。
下の　ことばカードで、右下のように　めいれい書を　かきました。
□に　あてはまる　カードを　答えましょう。

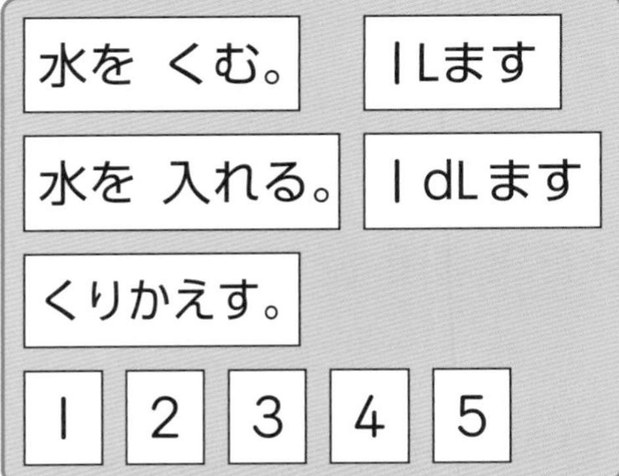


□ 回 くりかえす。
バケツから
（　　　ます）で
（水を　　　）
水そうに
水を 入れる。

うつし方は　1つだけでは　ないよ。
答えを　1つ　書いたら、
ほかにも　ないか　考えてみよう！

**1** つぎの　めいれい書では、バケツから　水そうに　どれだけ うつりますか。

教科書 105ページ

❶

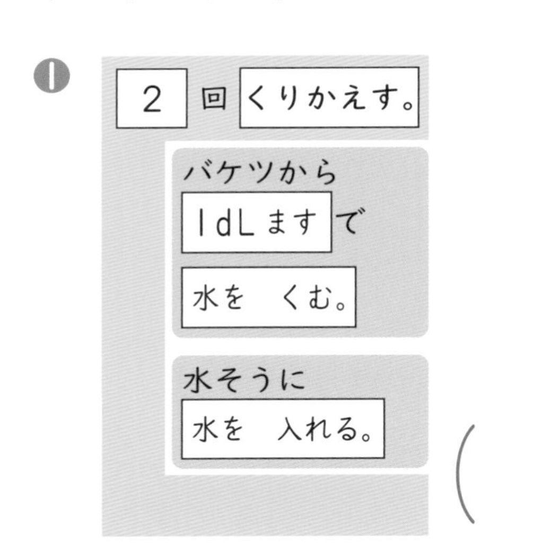


（　　　　）

❷

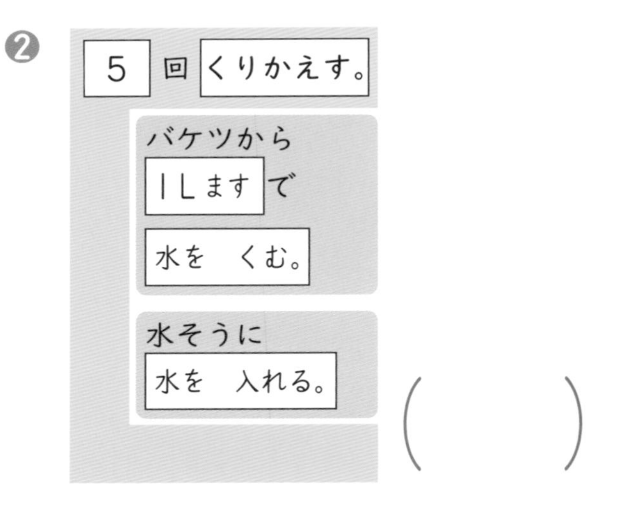


（　　　　）

おうちのかたへ
「何を使い、どこに何をするか」という命令をつくります。
３Ｌの他にも、いろいろなかさで命令書を考えてみましょう。

●べんきょうした日　月　日

# 夏休みのテスト①

時間30分

名前　　とく点　　/100点

おわったらシールをはろう

教科書 上11～100ページ　答え 15ページ

**1** くだものの 数を ひょうや グラフに あらわしましょう。 1つ5〔10点〕

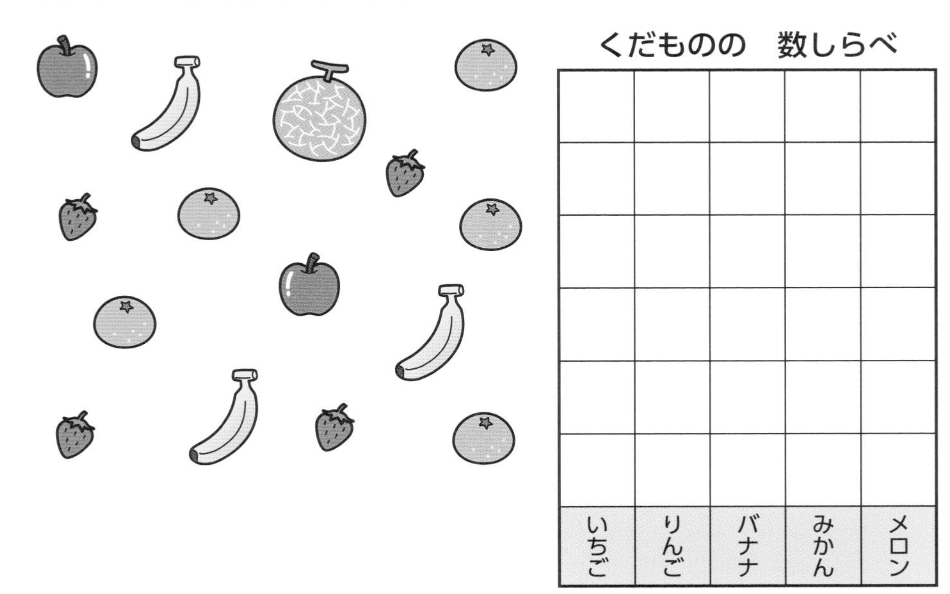

くだものの　数しらべ

| いちご | りんご | バナナ | みかん | メロン |
|---|---|---|---|---|

くだものの　数しらべ

| くだもの | いちご | りんご | バナナ | みかん | メロン |
|---|---|---|---|---|---|
| 数 | | | | | |

**2** 左の 時こくから、右の 時こくまでの 時間を もとめましょう。 1つ5〔10点〕

❶ 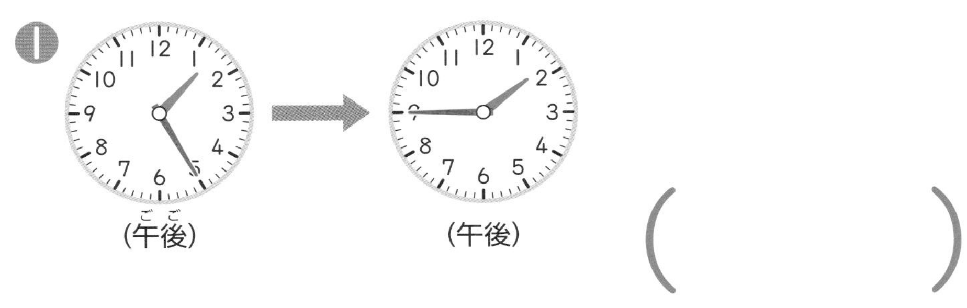

(午後) → (午後)　(　　　)

❷ 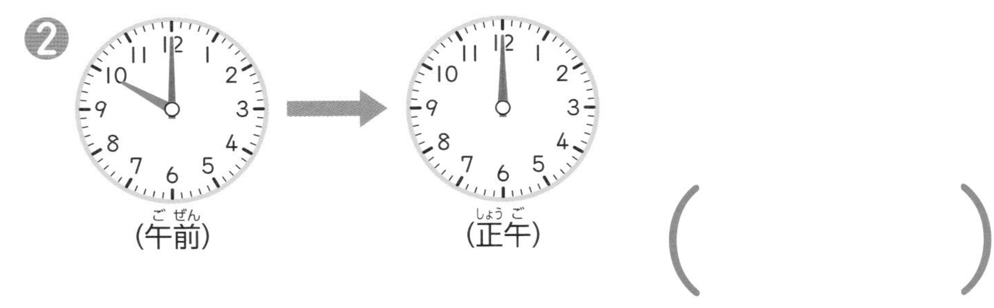

(午前) → (正午)　(　　　)

**3** ものさしの 左の はしから ア、イまでは それぞれ 何cm何mmですか。 1つ5〔10点〕

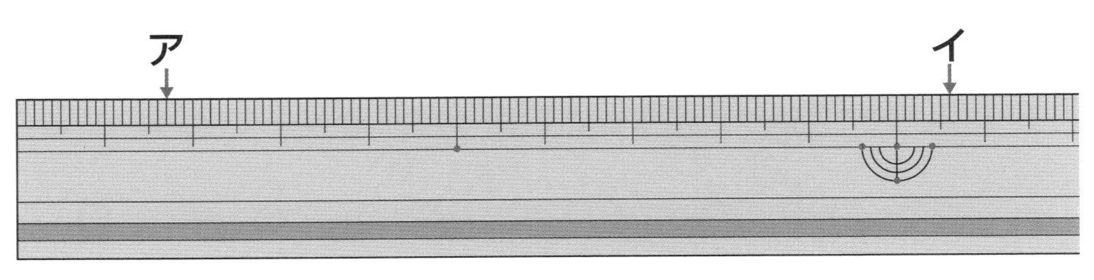


ア(　　　)　イ(　　　)

**4** □に あてはまる 数を かきましょう。 □1つ5〔20点〕

❶

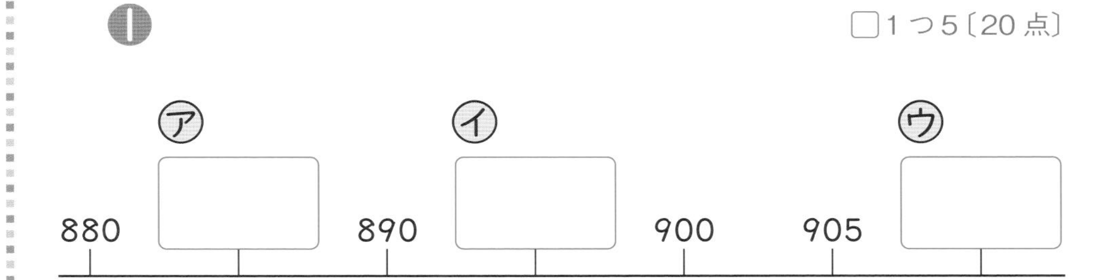


❷ 540は 10を □こ あつめた 数。

**5** くふうして 計算します。□に あてはまる 数を かきましょう。 〔10点〕

9＋27＋3

➡ 9＋(27＋□)

➡ 9＋□＝□

**6** 筆算で しましょう。 1つ5〔40点〕

❶ $51+36$

❷ $42+9$

❸ $67+75$

❹ $54+48$

❺ $76-43$

❻ $52-24$

❼ $134-58$

❽ $105-36$

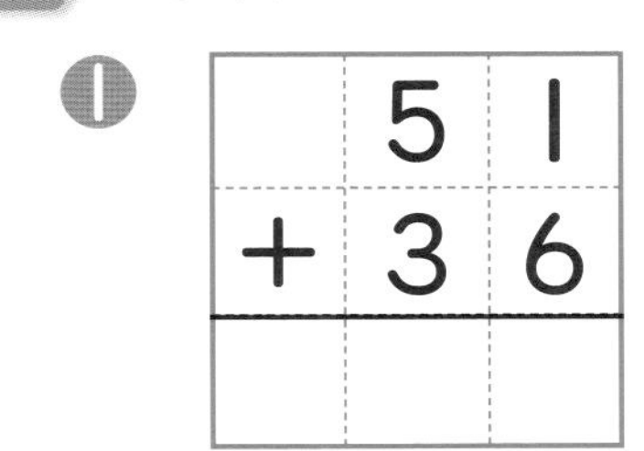

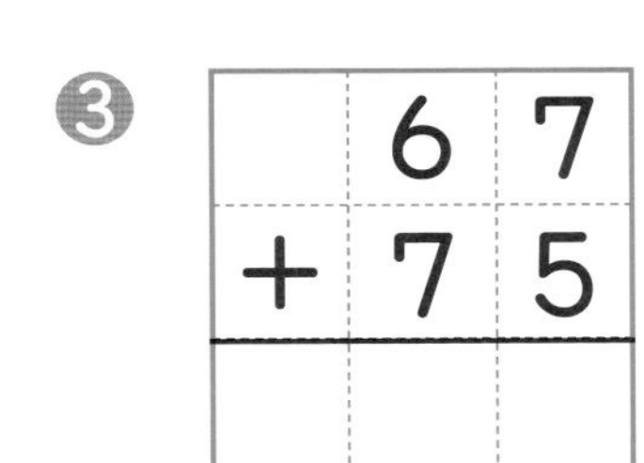

●べんきょうした 日　　月　　日

# 夏休みのテスト②

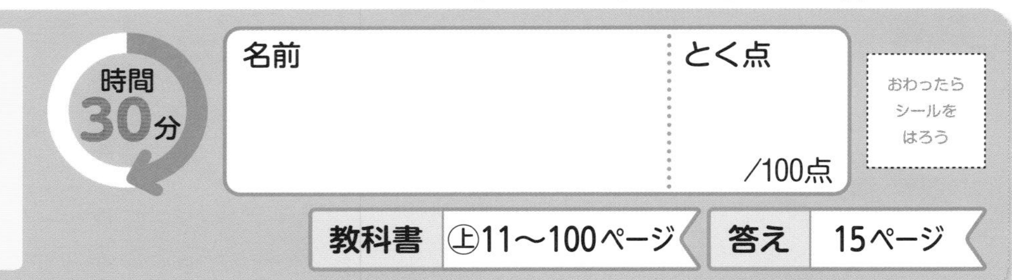


教科書 上11～100ページ　答え 15ページ

**1** すきな　花の　人数を　右の　グラフに　あらわしました。　1つ5〔10点〕

すきな　花しらべ

| | | | | | |
|---|---|---|---|---|---|
| | | | | | |
| | | ○ | | | |
| ○ | | ○ | ○ | | |
| ○ | | ○ | ○ | ○ | |
| ○ | ○ | ○ | ○ | ○ | |
| ○ | ○ | ○ | ○ | ○ | ○ |
| チューリップ | ばら | ひまわり | カーネーション | アサガオ | すずらん |

❶ 人数が　いちばん　多い　花は　どれですか。

(　　　　)

❷ カーネーションと　すずらんの　人数の　ちがいは　何人ですか。

(　　　　)

**2** つぎの　時こくを、午前、午後を　つかって　かきましょう。　1つ5〔10点〕

❶ 朝

(　　　　)

❷ 昼

(　　　　)

**3** 長さの　計算を　しましょう。　1つ5〔15点〕

❶ 2cm5mm+9cm4mm　(　　　　)

❷ 7cm8mm+3cm　(　　　　)

❸ 18cm7mm−6cm2mm　(　　　　)

**4** □に　あてはまる　数を　かきましょう。　1つ5〔10点〕

❶ 7cm=□mm

❷ 49mm=□cm□mm

**5** □に　あてはまる　数を　かきましょう。　1つ5〔15点〕

❶ 581は、100を□こと、10を□こと、1を□こ　あわせた　数です。

❷ 10を　26こ　あつめた　数は□。

❸ 80+40=□

**6** 筆算で　しましょう。　1つ5〔40点〕

❶ $18 + 62$

❷ $7 + 48$

❸ $35 + 69$

❹ $246 + 37$

❺ $80 - 31$

❻ $63 - 54$

❼ $142 - 68$

❽ $816 - 9$

●べんきょうした日　月　日

# 冬休みのテスト②

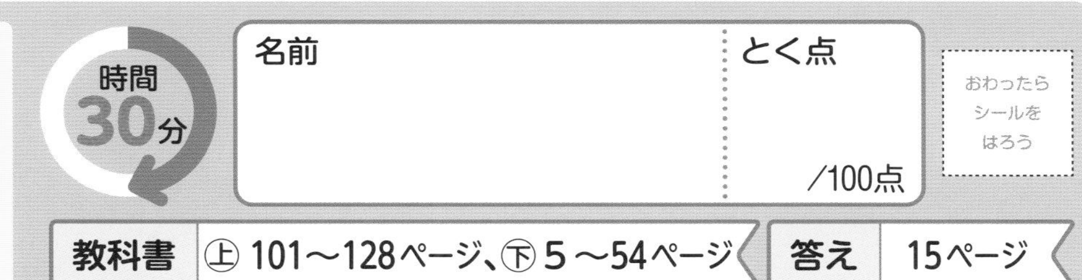


教科書 上 101～128ページ、下 5～54ページ　答え 15ページ

## 1 □に あてはまる 数を かきましょう。

1つ6〔18点〕

❶ 1L3dL は、1dL の □ こ分の かさです。

❷ 1dL＝□mL

❸ 2L5dL＋4L＝□L□dL

## 2 9cmの 3つ分の 長さに ついて 答えましょう。

1つ6〔12点〕

❶ この 長さは 9cmの 何ばいの 長さですか。

9cm　9cm　9cm

(　　　)

❷ 9cmの 3つ分の 長さは、何cmですか。

(　　　)

## 3 ●の 数を もとめましょう。

1つ5〔20点〕

❶ しき

答え(　　　)

❷ しき

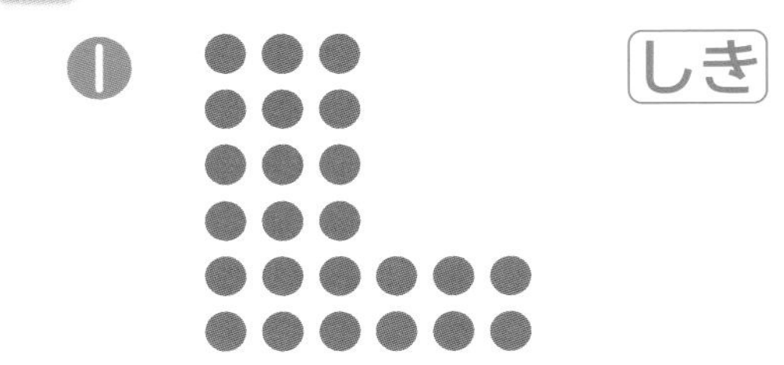

答え(　　　)

## 4 つぎの 三角形や 四角形の 名前を かきましょう。

1つ5〔20点〕

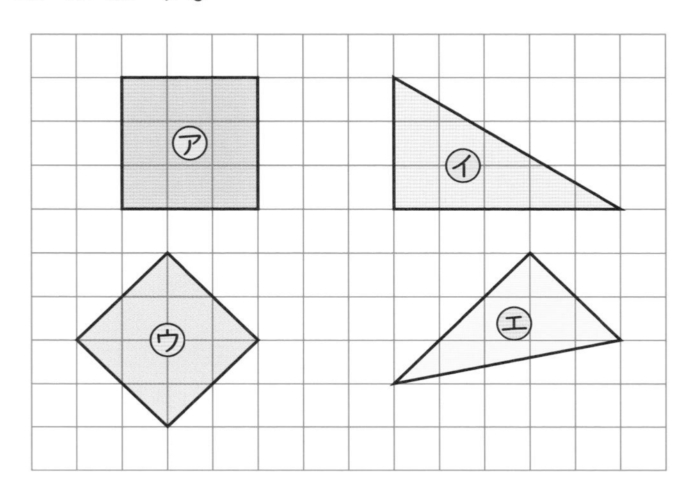


ア(　　　)　イ(　　　)

ウ(　　　)　エ(　　　)

## 5 かけ算を しましょう。

1つ5〔20点〕

❶ 4×9　(　　　)

❷ 8×8　(　　　)

❸ 7×5　(　　　)

❹ 1×6　(　　　)

## 6 かけ算を しましょう。

1つ5〔10点〕

❶ 5×10　(　　　)

❷ 11×7　(　　　)

実力はんていテスト

# 冬休みのテスト①

時間30分

名前　　とく点　　／100点

おわったらシールをはろう

教科書 上101〜128ページ、下5〜54ページ　答え 15ページ

**1** かけ算の　しきに　かきましょう。　1つ6〔18点〕

❶ 2こ の　3さら分

しき（　　　）

❷ 4こ の　5ふくろ分

しき（　　　）

❸ 5こ の　7はこ分

しき（　　　）

**2** □に　あてはまる　数を　かきましょう。　1つ5〔10点〕

❶ 三角形には、辺が □つ　あります。

❷ 四角形には、頂点が □つ　あります。

**3** ほうがん紙に　つぎの　形を　かきましょう。　〔10点〕

● 直角の　りょうがわの　辺の　長さが　2cmと　6cmの　直角三角形

1cm　1cm

**4** 水の　かさは　どれだけですか。　1つ6〔12点〕

❶ 1dL ×11

（　　　）

❷ 1L　1L　1L

（　　　）

**5** □に　あてはまる　数を　かきましょう。　1つ5〔10点〕

❶ 7のだんの　九九は、かける数が　1　ふえると　答えは　□　ふえます。

❷ 3×6の　答えは、6×□の　答えと　同じです。

**6** かけ算を　しましょう。　1つ5〔40点〕

❶ 2×7（　　　）　❷ 9×5（　　　）

❸ 8×4（　　　）　❹ 6×9（　　　）

❺ 4×8（　　　）　❻ 5×6（　　　）

❼ 7×3（　　　）　❽ 3×9（　　　）

# 学年末のテスト②

時間 30分　名前　とく点　／100点　おわったら シールを はろう

教科書 ㊤11〜128ページ、㊦5〜110ページ　答え 16ページ

**1** □に　あてはまる　＞、＜、＝を　かきましょう。　1つ5〔30点〕

❶ 456 □ 465

❷ 5342 □ 5287

❸ 6cm2mm □ 62mm

❹ 791cm □ 8m

❺ 230dL □ 2L3dL

❻ 1L □ 980mL

**2** □に　あてはまる　数を　かきましょう。　1つ5〔15点〕

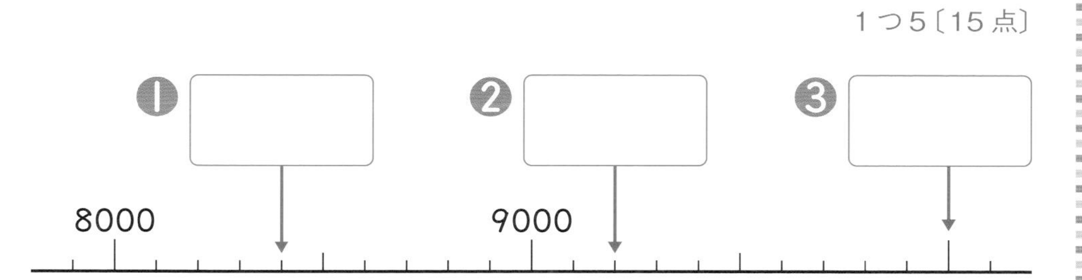


**3** つぎの　図のような　はこの　形に　ついて　答えましょう。　1つ5〔15点〕

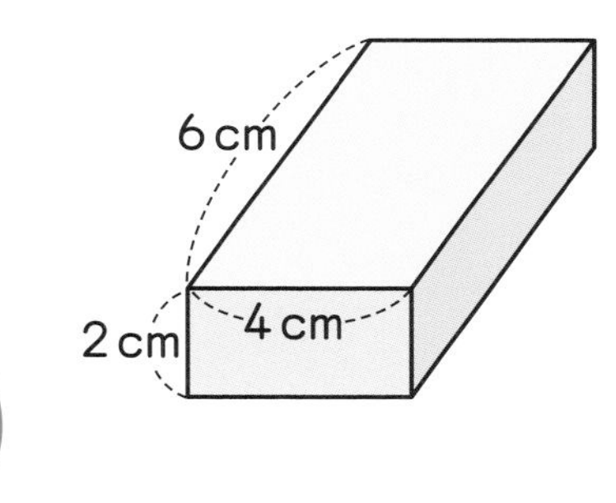


❶ 頂点は　いくつ　ありますか。

（　　　）

❷ 6cmの　辺は　いくつ　ありますか。

（　　　）

❸ たて　2cm、よこ　4cmの　長方形の　面は、いくつ　ありますか。

（　　　）

**4** （　）に　あてはまる　単位を　かきましょう。　1つ4〔16点〕

❶ ペットボトルに　入る　水の　かさ

500（　　　）

❷ 校しゃの　高さ

12（　　　）

❸ やかんに　入る　水の　かさ

15（　　　）

❹ つくえの　高さ

60（　　　）

**5** 筆算で　しましょう。　1つ4〔24点〕

❶ 24＋63

❷ 58＋75

❸ 6＋239

❹ 70−28

❺ 106−48

❻ 862−56

●べんきょうした日　　月　　日

実力はんていテスト

# 学年末のテスト①

時間30分

名前　　とく点　　／100点

おわったらシールをはろう

教科書　㊤11～128ページ、㊦5～110ページ　答え　16ページ

**1** つぎの　数を　数字で　かきましょう。　1つ4〔12点〕

❶

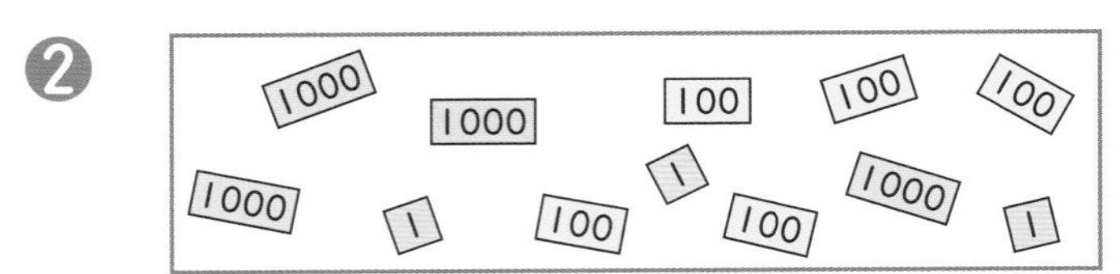

（　　　　）

❷

（　　　　）

❸ 100を　60こ　あつめた　数

（　　　　）

**2** 右の　時計を　見て、つぎの　時こくを　答えましょう。　1つ6〔12点〕

(午前)

❶ 30分あと

（　　　　）

❷ 2時間前

（　　　　）

**3** 色の　ついた　ところは、もとの　大きさの　何分の一ですか。　1つ5〔10点〕

❶

（　　　　）

❷

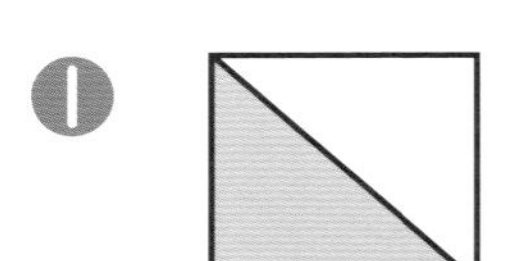

（　　　　）

**4** □に　あてはまる　数を　かきましょう。　1つ5〔30点〕

❶ 1m=□cm

❷ 56mm=□cm□mm

❸ 3cm7mm=□mm

❹ 480cm=□m□cm

❺ 1L=□mL

❻ 1L=□dL

**5** かけ算を　しましょう。　1つ3〔36点〕

❶ 5×5　（　　　　）

❷ 6×8　（　　　　）

❸ 4×7　（　　　　）

❹ 8×1　（　　　　）

❺ 9×3　（　　　　）

❻ 7×6　（　　　　）

❼ 6×2　（　　　　）

❽ 3×4　（　　　　）

❾ 2×9　（　　　　）

❿ 9×7　（　　　　）

⓫ 1×5　（　　　　）

⓬ 8×6　（　　　　）

実力はんていテスト

まるごと

# 文章題テスト②

時間 30分

名前　とく点　/100点

おわったら シールを はろう

いろいろな 文章題に チャレンジしよう！

答え 16ページ

**1** みかんが 24 こ ありました。何こか 食べると のこりが 15 こに なりました。食べた みかんは 何こですか。 1つ6〔24点〕

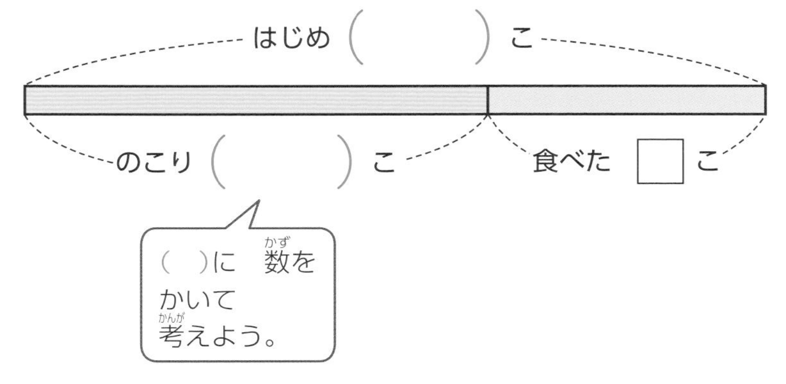


しき

答え（　　）

**2** 公園に おとなが 26 人、子どもが 67 人 います。あわせて 何人 いますか。

しき　1つ6〔12点〕

答え（　　）

**3** 長いすが 5 つ あります。1 つに 7 人ずつ すわります。みんなで 何人 すわれますか。 1つ6〔12点〕

しき

答え（　　）

**4** 色紙を 47 まい もって います。お母さんから 75 まい もらうと、色紙は ぜんぶで 何まいに なりますか。 1つ6〔12点〕

しき

答え（　　）

**5** ゆうとさんは、96 ページの 本を 読んで います。今日までに 47 ページ 読みました。のこりは 何ページですか。 1つ6〔12点〕

しき

答え（　　）

**6** 135 円の ノートと 48 円の えんぴつを 買います。あわせて 何円に なりますか。

1つ7〔14点〕

しき

答え（　　）

**7** マンガが 12 さつ、図かんが 6 さつ、絵本が 14 さつ あります。ぜんぶで 何さつ ありますか。 1つ7〔14点〕

しき

答え（　　）

実力はんていテスト

まるごと

# 文章題テスト①

時間 30分

名前　　とく点　　/100点

おわったら シールを はろう

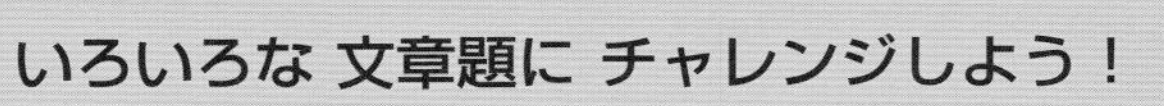

いろいろな 文章題に チャレンジしよう！

答え 16ページ

**1** ひもを　何mか　買いました。そのうち　13m　つかいました。まだ、7m　のこって　います。買った　ひもは、何mですか。

1つ6〔24点〕

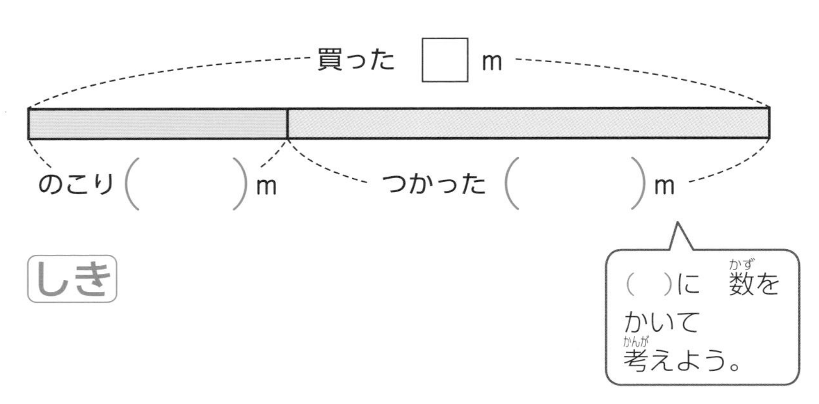


しき

答え（　　　）

**2** 赤い　色紙が　54まい、青い　色紙が　47まい　あります。どちらが　何まい　多いですか。

1つ6〔12点〕

しき

答え（　　　）

**3** ゆうきさんは、カードを　50まい　もって　います。お兄さんから　18まい　もらうと、ぜんぶで　何まいに　なりますか。

1つ6〔12点〕

しき

答え（　　　）

**4** アルミかんと　スチールかんを　あわせて　120こ　あつめました。そのうち　アルミかんは　26こでした。スチールかんは　何こでしたか。

1つ6〔12点〕

しき

答え（　　　）

**5** えんぴつが　68本、ボールペンが　42本　あります。ぜんぶで　何本　ありますか。

1つ6〔12点〕

しき

答え（　　　）

**6** 校ていで、1年生が　18人、2年生が　7人　あそんで　いました。あとから　2年生が　3人　きました。校ていに　いるのは、みんなで　何人に　なりましたか。

1つ7〔14点〕

しき

答え（　　　）

**7** 子どもが　6人　います。1人に　ノートを　5さつずつ　くばります。ノートは　何さつ　いりますか。

1つ7〔14点〕

しき

答え（　　　）

## 教科書ワーク

# 答えとてびき

「答えとてびき」は、とりはずすことができます。

日本文教版 算数2年

**使い方**

まちがえた問題は、もういちどよくよんで、なぜまちがえたのかを考えましょう。正しい答えを知るだけでなく、なぜそうなるかを考えることが大切です。

## ① わかりやすく あらわそう

### 2・3ページ きほんのワーク

きほん1 ❶ 花の しゅるいしらべ

| 花の しゅるい | チューリップ | バラ | なの花 | ひまわり | あさがお |
|---|---|---|---|---|---|
| 花の 数 | 6 | 4 | 2 | 8 | 3 |

❷ 花の しゅるいしらべ

| | | | | |
|---|---|---|---|---|
| | | | | |
| | | | ○ | |
| | | | ○ | |
| ○ | | | ○ | |
| ○ | | | ○ | |
| ○ | ○ | | ○ | |
| ○ | ○ | | ○ | ○ |
| ○ | ○ | ○ | ○ | ○ |
| ○ | ○ | ○ | ○ | ○ |
| チューリップ | バラ | なの花 | ひまわり | あさがお |

❸ 8つ　❹ 2つ

1 ❶ 花の 色しらべ

| 花の 色 | 赤 | ピンク | 黄色 | むらさき |
|---|---|---|---|---|
| 花の 数 | 6 | 5 | 10 | 2 |

❷ 花の 色しらべ

| | | | |
|---|---|---|---|
| | | | |
| | | ○ | |
| | | ○ | |
| | | ○ | |
| | | ○ | |
| ○ | | ○ | |
| ○ | ○ | ○ | |
| ○ | ○ | ○ | |
| ○ | ○ | ○ | |
| ○ | ○ | ○ | ○ |
| ○ | ○ | ○ | ○ |
| 赤 | ピンク | 黄色 | むらさき |

❸ 色…黄色、数…10　❹ 3つ

2 ❶ おかしの 数しらべ

| しゅるい | ケーキ | あめ | クッキー | チョコレート | プリン |
|---|---|---|---|---|---|
| 数 | 3 | 7 | 4 | 5 | 1 |

❷ おかしの 数しらべ

| | | | | |
|---|---|---|---|---|
| | | | | |
| | ○ | | | |
| | ○ | | | |
| | ○ | | ○ | |
| | ○ | ○ | ○ | |
| ○ | ○ | ○ | ○ | |
| ○ | ○ | ○ | ○ | |
| ○ | ○ | ○ | ○ | ○ |
| ケーキ | あめ | クッキー | チョコレート | プリン |

❸ あめ(が)　2(つ　多い。)

### 4ページ れんしゅうのワーク

1 ❶ すきな メニューしらべ

| | | | | |
|---|---|---|---|---|
| | | | | |
| | | | | |
| | | | | ○ |
| ○ | | | | ○ |
| ○ | ○ | | | ○ |
| ○ | ○ | | | ○ |
| ○ | ○ | | | ○ |
| ○ | ○ | | ○ | ○ |
| ○ | ○ | ○ | ○ | ○ |
| ○ | ○ | ○ | ○ | ○ |
| カレー | スパゲッティ | シチュー | ハンバーグ | あげパン |

❷ あげパン
❸ シチュー
❹ スパゲッティ
❺ 3人

❻ カレーが　すきな　人が　5人　多い。

**てびき** 表とグラフのどちらを見て答えたのか聞いてみましょう。❷や❸は、グラフの○の高さを見ると答えやすく、❹や❺は表を見れば人数がすぐにわかります。

## 5ページ まとめのテスト

**1** ❶ すきな あそびしらべ

| すきな あそび | ボールけり | ボールなげ | ブランコ | かくれんぼ | なわとび | てつぼう |
|---|---|---|---|---|---|---|
| 人数 | 5 | 6 | 2 | 7 | 3 | 4 |

❷ すきな あそびしらべ

| | | | | | |
|---|---|---|---|---|---|
| | | | | | |
| | | | ○ | | |
| | ○ | | ○ | | |
| ○ | ○ | | ○ | | |
| ○ | ○ | | ○ | | ○ |
| ○ | ○ | | ○ | ○ | ○ |
| ○ | ○ | ○ | ○ | ○ | ○ |
| ○ | ○ | ○ | ○ | ○ | ○ |
| ボールけり | ボールなげ | ブランコ | かくれんぼ | なわとび | てつぼう |

**2** ❶ かくれんぼ
❷ なわとび
❸ ボールなげ(が　すきな　人が)
3(人　多い。)
❹ (上から)グラフ、ひょう

## ② たし算の しかたを くふうしよう

## 6・7ページ きほんのワーク

きほん1

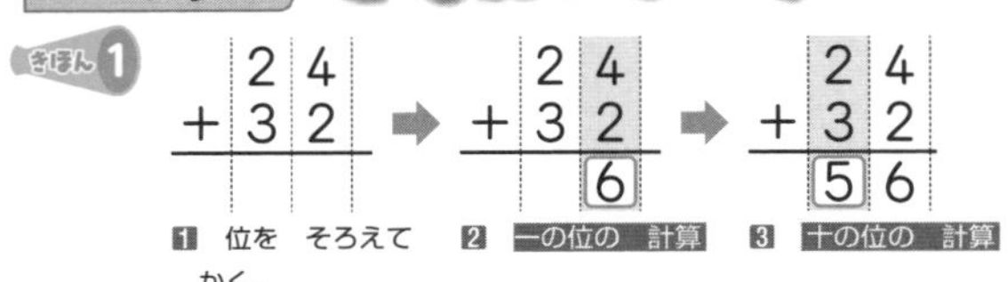

1 位を そろえて かく。 2 一の位の 計算 3 十の位の 計算

4+2=6　2+3=5

24+32=56

① ❶ 36+23=59 ❷ 22+56=78 ❸ 17+62=79 ❹ 43+14=57

② ❶ 38+40=78 ❷ 30+56=86 ❸ 60+20=80 ❹ 40+50=90

きほん2

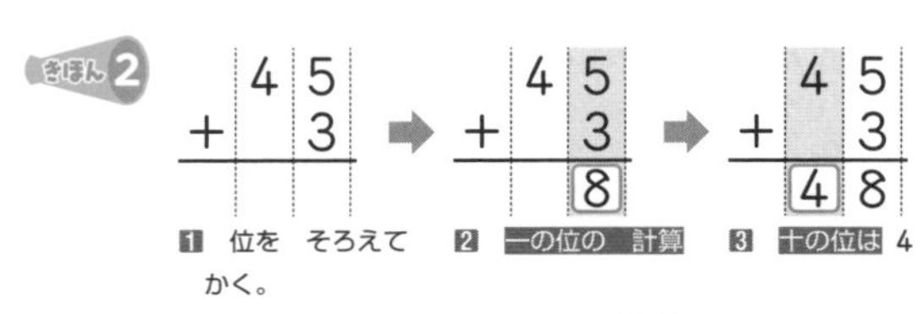

1 位を そろえて かく。 2 一の位の 計算 3 十の位は 4

5+3=8

45+3=48

③ ❶ 34+5=39 ❷ 6+53=59 ❸ 70+4=74 ❹ 8+90=98

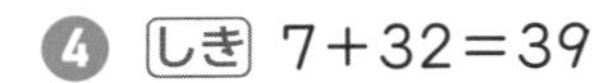

④ しき 7+32=39

筆算 7+32=39

答え 39 本

⑤ しき 21+6=27

筆算 21+6=27

答え 27 まい

**てびき** ③の問題では、右のような誤りが見られます。筆算では、位をきちんとそろえて書くことをしっかり身につけましょう。

❶ 34 + 5 = 84　❷ 6 + 53 = 113

## 8・9ページ きほんのワーク

きほん1

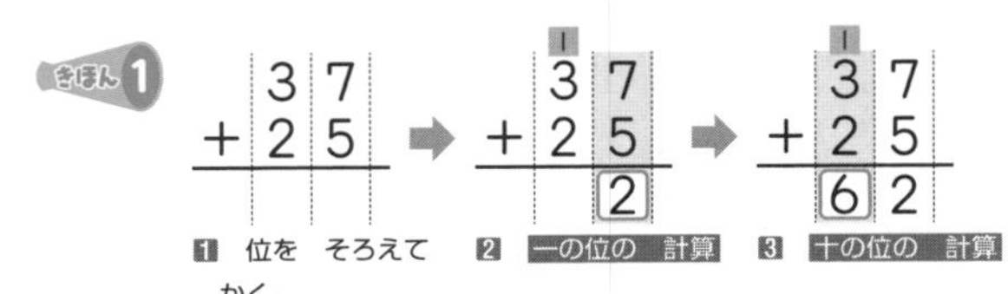

1 位を そろえて かく。 2 一の位の 計算 3 十の位の 計算

7+5=12　1+3+2=6

37+25=62

① ❶ 47+38=85 ❷ 24+59=83 ❸ 48+15=63 ❹ 29+66=95

② ❶ 26+34=60 ❷ 51+19=70 ❸ 17+73=90 ❹ 22+48=70

きほん2

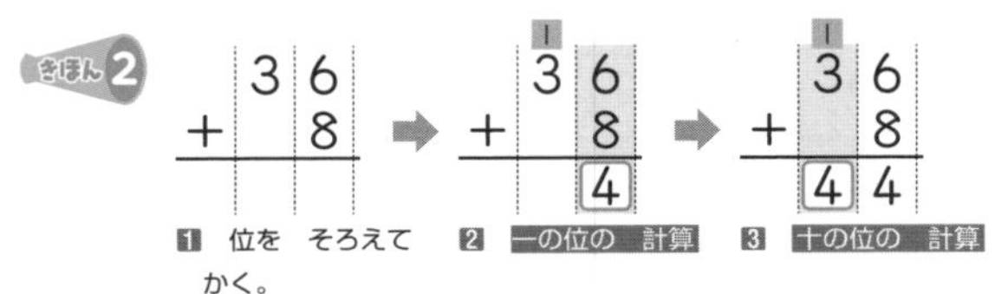

1 位を そろえて かく。 2 一の位の 計算 3 十の位の 計算

6+8=14　1+3=4

36+8=44

③ ❶ 58+4=62 ❷ 7+29=36 ❸ 43+7=50 ❹ 5+65=70

④ しき 19+8=27

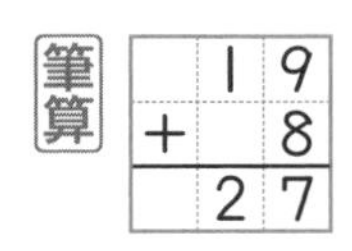

筆算 19+8=27

答え 27 台

⑤

❶ 42+37=89 (79)　❷ 28+43=61 (71)

## 10ページ きほんのワーク

きほん1 16＋7＝23
7＋16＝23

1 ❶ 38＋14＝52　入れかえて 計算しよう。 14＋38＝52
❷ 57＋8＝65　入れかえて 計算しよう。 8＋57＝65

2
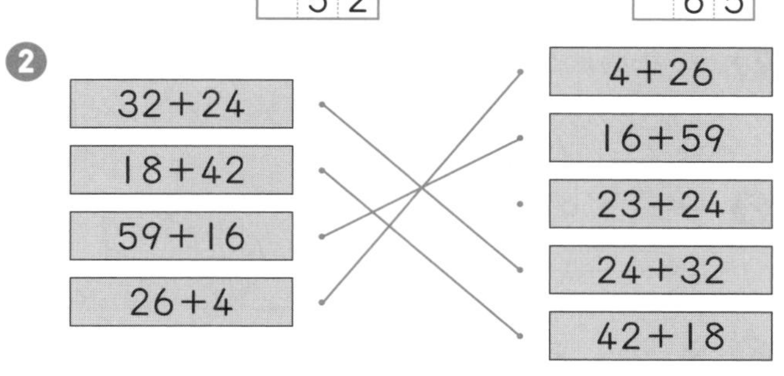


## 11ページ れんしゅうのワーク①

1 2 7＋6＝13
十の位に 1 くり上げる。
3 1＋5＋2＝8
57＋26＝83

2 ❶ 32＋64＝96 ❷ 74＋3＝77 ❸ 18＋52＝70 ❹ 6＋48＝54

3 ❶ 70 ❷ 93 ❸ ○ ❹ 49

4 しき 24＋49＝73
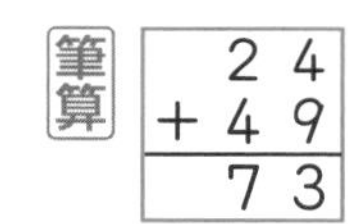

答え 73 円

## 12ページ れんしゅうのワーク②

1 ❶ 49＋36＝85　入れかえて 計算しよう。 36＋49＝85
❷ 63＋8＝71　入れかえて 計算しよう。 8＋63＝71

2 ❶ 16＋74 ❷ 59＋22

3 ❶ 35＋52＝87 ❷ 31＋67＝98 ❸ 46＋28＝74

4 しき 27＋23＝50
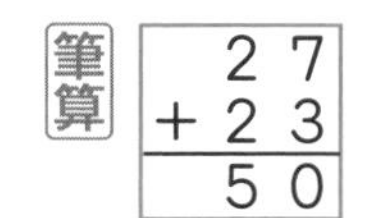

答え 50 こ

5 [れい 1]赤い 色紙が 45 まい、青い 色紙が 6 まい あります。色紙は あわせて 何まい ありますか。
[れい 2]カードを 45 まい もって いました。お兄さんから 6 まい もらいました。カードは ぜんぶで 何まいに なりましたか。

## 13ページ まとめのテスト

1 ❶ 36＋21＝57 ❷ 54＋20＝74 ❸ 30＋5＝35 ❹ 13＋49＝62
❺ 68＋14＝82 ❻ 45＋25＝70 ❼ 9＋37＝46 ❽ 74＋6＝80

2
45＋18　63＋7　32＋56　3＋65
56＋32　65＋3　18＋45　7＋63

3
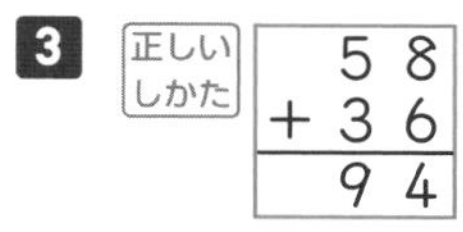

4 しき 32＋29＝61
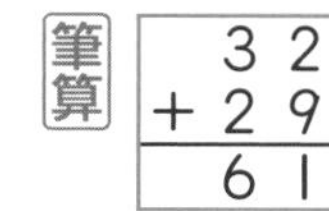

答え 61 人

## 3 ひき算の しかたを くふうしよう

## 14・15ページ きほんのワーク

きほん1
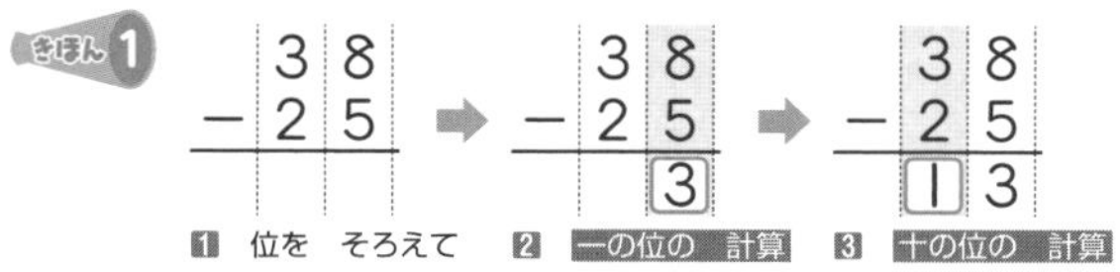

8－5＝3　3－2＝1
38－25＝13

1 一の位の 計算 7－4＝3
十の位の 計算 6－2＝4
67－24＝43

2 ❶ 45－12＝33 ❷ 59－47＝12 ❸ 86－65＝21 ❹ 74－34＝40

きほん2 ❶ 36－33＝3 ※0は かかない。 ❷ 49－9＝40
1 一の位の 計算 2 十の位の 計算 1 一の位の 計算 2 十の位は 4
6－3＝3　3－3＝0　9－9＝0
36－33＝3　49－9＝40

3
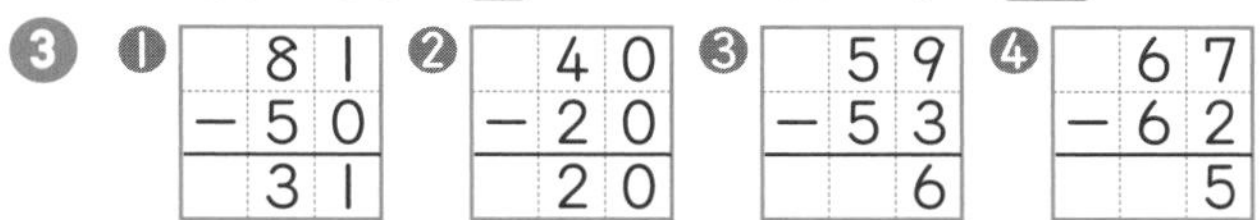


4
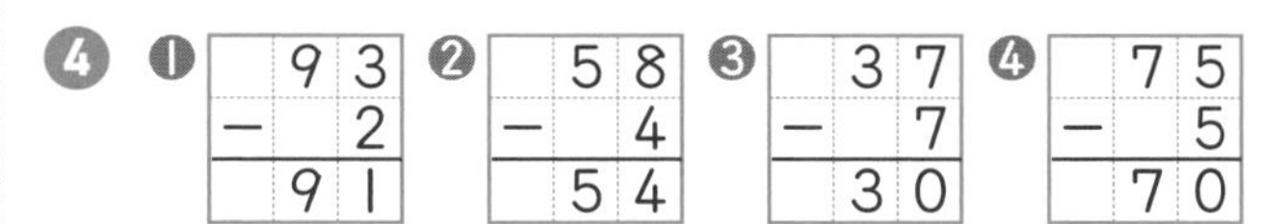

❺ しき 29−26=3

筆算
| | 2 | 9 |
|---|---|---|
| − | 2 | 6 |
| | | 3 |

答え 3 まい

## 16・17 ページ きほんのワーク

きほん1

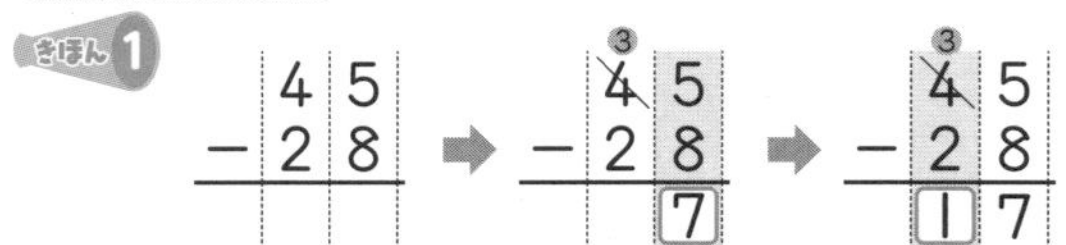

1 位を そろえて かく。 2 一の位の 計算 3 十の位の 計算

1 くり下げたので、

15−8=7 4−1−2=1

45−28=17

❶
- ➊ 63−35=28
- ➋ 74−19=55
- ➌ 95−57=38
- ➍ 62−28=34
- ➎ 81−54=27
- ➏ 73−46=27
- ➐ 32−13=19
- ➑ 86−47=39

きほん2 ➊ ➋

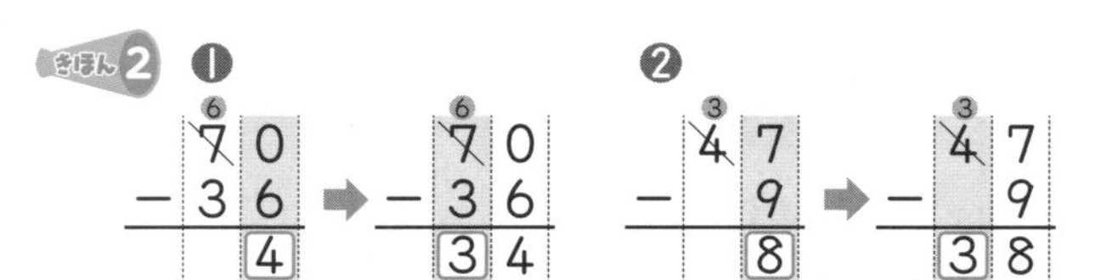

1 一の位の 計算 2 十の位の 計算 1 一の位の 計算 2 十の位の 計算

十の位から 1 くり下げて 1 くり下げたので、 十の位から 1 くり下げて 1 くり下げたので、

10−6=4 7−1−3=3 17−9=8 4−1−0=3

70−36=34 47−9=38

❷
- ➊ 60−32=28
- ➋ 90−53=37
- ➌ 43−38=5
- ➍ 70−65=5

❸
- ➊ 42−6=36
- ➋ 34−8=26
- ➌ 80−7=73
- ➍ 50−4=46

❹
- ➊ 78−39=49 (39)
- ➋ 64−3=34 (61)

## 18 ページ きほんのワーク

きほん1 しき 22−8=14

▶14+8=22 ひかれる数

❶
- ➊ 48+26=74
- ➋ 7+59=66

❷
- ➊ 筆算 83−65=18 たしかめ 18+65=83
- ➋ 筆算 40−34=6 たしかめ 6+34=40

たしかめよう!

ひき算の 答えに ひく数を たすと、ひかれる数に なります。このことを つかうと、ひき算の 答えの たしかめが できます。

## 19 ページ れんしゅうのワーク

❶ 2 十の位から 1 くり下げる。

13−7=6

3 6−1−2=3

63−27=36

❷
- ➊ 79−56=23
- ➋ 91−28=63
- ➌ 53−44=9
- ➍ 35−7=28

❸
- ➊ 48−12=36
- ➋ 97−43=54
- ➌ 85−58=27

❹ しき 60−43=17

筆算 60−43=17

答え かずきさんが 17まい 多く もって いる。

## 20 ページ まとめのテスト

1
- ➊ 47−23=24
- ➋ 59−50=9
- ➌ 62−32=30
- ➍ 75−72=3
- ➎ 36−17=19
- ➏ 71−45=26
- ➐ 24−6=18
- ➑ 80−8=72

2 ➊ 43+5=48 ➋ 16+54=70

3 正しい しかた 61−59=2

4 しき 82−36=46

筆算 82−36=46

答え 46 円

# たすのかな ひくのかな

## 21 ページ 学びのワーク

きほん1 ➊ しき 24 ＋ 37=61

筆算 24+37=61

答え 61 人

➋ しき 23−14 =9

筆算 23−14=9

答え ボールあそび を して いる 人が 9 人 多い。

❶ しき 50−12=38

筆算
```
  5 0
− 1 2
  3 8
```

答え 38 こ

❷ しき 49+25=74

筆算
```
  4 9
+ 2 5
  7 4
```

答え 74 まい

## ④ 長さを はかろう

### 22・23 ページ きほんのワーク

きほん1 1 [cm]
[8]つ分、[8]cm

❶ ㋒

❷ ㋐ 9cm ㋑ 2cm

きほん2 1cm=[10]mm
ア[7]mm イ[8]cm[3]mm ウ[11]cm[5]mm

❸ ❶ 3cm6mm(36mm) ❷7cm2mm(72mm)

❹ ❶ 2cm=[20]mm ❷60mm=[6]cm
❸ 4cm5mm=[45]mm
❹ 39mm=[3]cm[9]mm

❺ しょうりゃく

### 24 ページ きほんのワーク

きほん1 ❶ (図…左から [4]cm[3]mm、[6]cm[5]mm)
[4]cm[3]mm+[6]cm[5]mm
=[10]cm[8]mm
❷ [10]cm[8]mm−[8]cm[5]mm
=[2]cm[3]mm

❶ ❶ しき 9cm7mm+5cm=14cm7mm
答え 14cm7mm
❷ しき 9cm7mm−5cm=4cm7mm
答え 4cm7mm

❷ ❶ 9cm7mm ❷7mm

### 25 ページ まとめのテスト

1 ア 1cm5mm イ 4cm9mm
ウ 9cm1mm エ 10cm8mm

2 しょうりゃく

3 ❶ 5cm=[50]mm ❷ 69mm=[6]cm[9]mm

4 ❶ mm ❷ cm

5 ❶ しき 8cm6mm+3cm2mm=11cm8mm
答え 11cm8mm
❷ しき 8cm6mm−3cm2mm=5cm4mm
答え 5cm4mm

## ⑤ 時計を 生活に つかおう

### 26・27 ページ きほんのワーク

きほん1 ❶ ㋐ [3]時 ㋑ [3]時[10]分 ㋒ [4]時
❷ [10]分間
❸ [1]時間

❶ 25 分間

❷ ❶ 70 分=[1]時間[10]分
❷ 1 時間 25 分=[85]分

きほん2 ❶ [午前 6 時 30 分]
❷ [午後 4 時 15 分]
❸ [12]時間 [12]時間 1 日は、[24]時間

❸ 5 時間

❹ ❶ 40 分間 ❷ 午後 1 時 20 分

### 28 ページ れんしゅうのワーク

❶ ❶午前 10 時 ❷午前 10 時 50 分
❸午後 1 時 40 分 ❹30 分間 ❺15 分間
❻8 時間

### 29 ページ まとめのテスト

1 ❶ 1 時間 40 分=[100]分 ❷ 1 日=[24]時間

2 ❶ 午前 7 時 55 分 ❷ 午後 9 時 20 分

3 ❶ 午前 8 時 40 分 ❷ 20 分間

4 午後 3 時 30 分

5 6 時間

## ⑥ 100 より 大きい 数を あらわそう

### 30・31 ページ きほんのワーク

きほん1 ❶ 百の位…[3]、十の位…[2]、一の位…[4]
[三百二十四]、[324]
❷ 百の位…[2]、十の位…[0]、一の位…[5]
[二百五]、[205]

❶ ❶ 百の位…4、十の位…6、一の位…7
❷ 百の位…5、十の位…9、一の位…0
❸ 百の位…8、十の位…0、一の位…2

❷ ❶ 417 まい ❷ 203 本

❸ ❶ 百五十七 ❷ 三百八十 ❸ 六百

❹ ❶ 281 ❷ 904 ❸ 800

❺ ❶ 268 ❷ 690 ❸ 305 ❹ 706

❻ ❶ 100…[4]こ、10…[7]こ、1…[9]こ
❷ [20]

## 32・33 ページ きほんのワーク

きほん1 ❶
10が 14こ＜10が 10こで 100／10が 4こで 40＞140

❷
270＜200は 10が 20こ／70は 10が 7こ＞10が 27こ

1 ❶ 460 ❷ 39 ❸ 80

きほん2 ❶ 1000 ❷ 1

❸ 80　350　❹　730　890

❹ 上の 図の ↑

2 ❶ 30 ❷ 200

3 ❶ 770 780 810 820

❷ 792 795 799

4 ❶ 1 ❷ 30

5 ❶ 799 ❷ 800

## 34・35 ページ きほんのワーク

きほん1 ❶ 百の位、357>268
❷ 十の位、357<361

1 ❶ 690<706 ❷ 754>745
❸ 308<314 ❹ 123>99

2 ㋒→㋓→㋑→㋐

きほん2 ❶ しき 60+90=? 6+9=15、
60+90=150　答え 150円
❷ しき 130−70=? 13−7=6、
130−70=60　答え 60円

3 ❶ 160 ❷ 140 ❸ 120 ❹ 120
❺ 60 ❻ 90 ❼ 30 ❽ 90

## 36 ページ れんしゅうのワーク

1 ❶ 705 ❷ 630

2 (左から)❶ 800、1000
❷ 870、900 ❸ 1000、997

3 ❶ ▶24こ ▶40
❷ [れい1](240は、)200と 40を あわせた (数です。)
[れい2](240は、)300より 60 小さい (数です。)

4 しき 80+30=110　答え 110円

5 しき 180−90=90　答え 90まい

## 37 ページ まとめのテスト

1 ❶ 236(本) ❷ 502(まい)

2 ❶ 629 ❷ 58 ❸ 1000

3 ❶ ア 10　イ 160　ウ 490
❷ エ 975　オ 982　カ 998

4 ❶ 803>795 ❷ 322>321

5 ❶ 110 ❷ 80

てびき 3 ❶と❷では、1つの目盛りの大きさが異なることに注意します。❶は1目盛りが10、❷は1目盛りが1です。

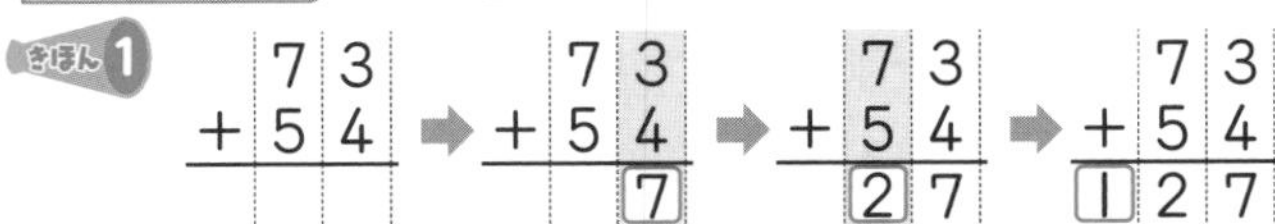


## 38・39 ページ きほんのワーク

きほん1 73+54 の筆算
1 位を そろえて かく。
2 一の位の 計算 3+4=7
3 十の位の 計算 7+5=12 十の位に 2を かいて、百の位に 1 くり上げる。
4 百の位に 1を かく。
73+54=127

1 ❶ 41+86=127 ❷ 26+93=119 ❸ 64+70=134 ❹ 53+52=105

2 ❶ 36+92=128 ❷ 89+30=119 ❸ 43+65=108 ❹ 82+26=108

きほん2 63+89 の筆算
1 位を そろえて かく。
2 一の位の 計算 3+9=12 十の位に 1 くり上げる。
3 十の位の 計算 1+6+8=15 百の位に 1 くり上げる。
4 百の位に 1を かく。
63+89=152

3 ❶ 68+75=143 ❷ 84+49=133 ❸ 97+58=155 ❹ 53+77=130

4 ❶ 83+18=101 ❷ 36+64=100 ❸ 97+4=101 ❹ 2+98=100

5 しき 46+59=105
筆算 46+59=105
答え 105回

## 40・41ページ きほんのワーク

きほん1

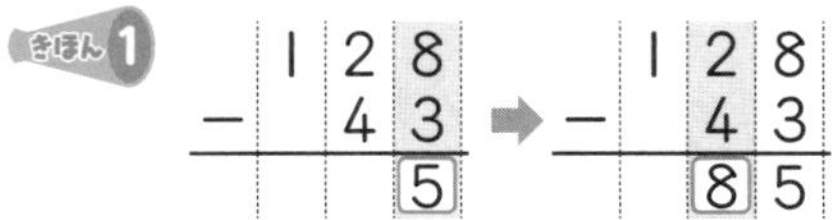
128 − 43 → 5、 → 85

1 一の位の 計算

8−3=5

2 十の位の 計算

2から 4は ひけないので、百の位から 1 くり下げる。

12−4=8

128−43=85

**1** ❶ 137−65=72　❷ 126−73=53　❸ 112−82=30

**2** ❶ 148−56=92　❷ 173−90=83　❸ 109−64=45

きほん2

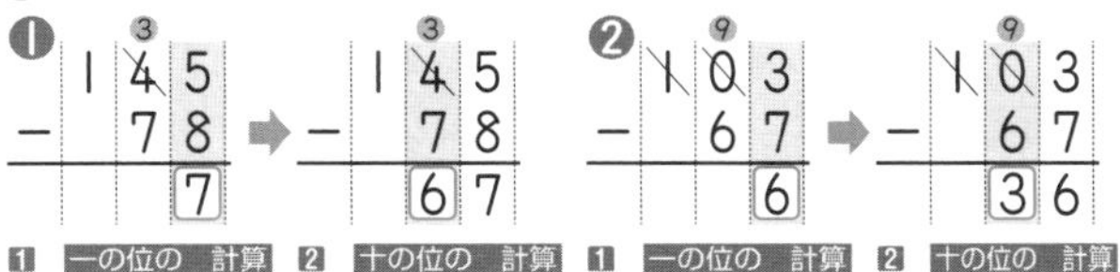
❶ 145−78 → 7 → 67

1 一の位の 計算　十の位から 1 くり下げて　15−8=7

2 十の位の 計算　百の位から 1 くり下げて　14−1−7=6

❷ 103−67 → 6 → 36

1 一の位の 計算　百の位から じゅんに くり下げて　13−7=6

2 十の位の 計算　10−1−6=3

一の位の 計算の ときに くり下げた 1

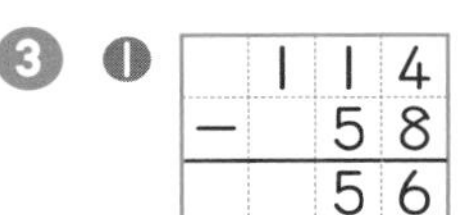

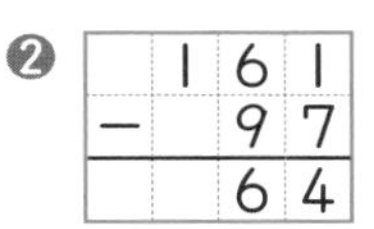
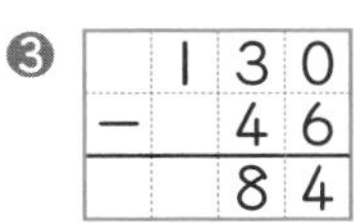
**3** ❶ 114−58=56　❷ 161−97=64　❸ 130−46=84

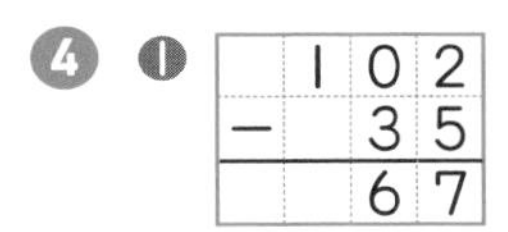
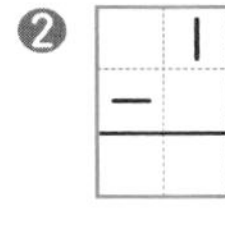
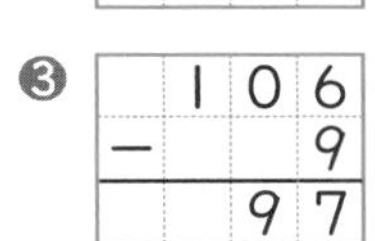
**4** ❶ 102−35=67　❷ 104−96=8　❸ 106−9=97

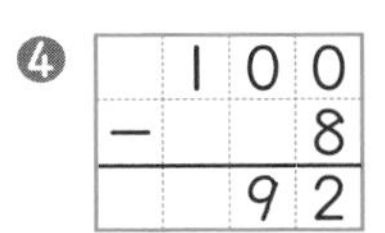
❹ 100−8=92

**5** しき 100−53=47

筆算 100−53=47

答え 47 まい

## 42・43ページ きほんのワーク

きほん1

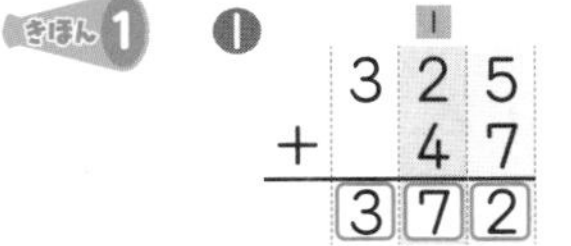
❶ 325+47=372

1 一の位の 計算　5+7=12　十の位に 1 くり上げる。

2 十の位の 計算　1+2+4=7

3 百の位は 3

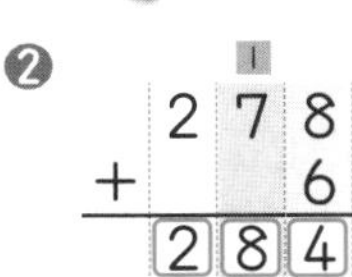
❷ 278+6=284

1 一の位の 計算　8+6=14　十の位に 1 くり上げる。

2 十の位の 計算　1+7=8

3 百の位は 2

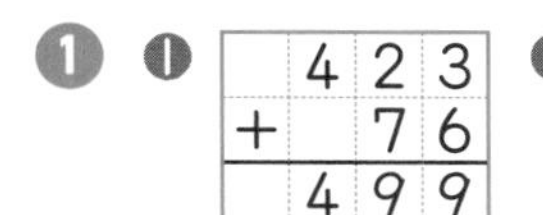
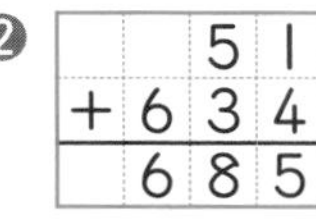
**1** ❶ 423+76=499　❷ 51+634=685　❸ 547+36=583

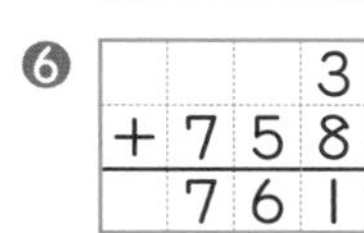
❹ 24+329=353　❺ 218+7=225　❻ 3+758=761

きほん2

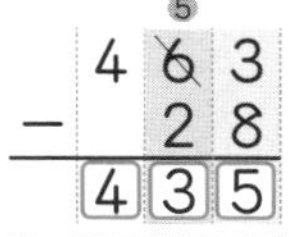
❶ 463−28=435

1 一の位の 計算　十の位から 1 くり下げる。　13−8=5

2 十の位の 計算　6−1−2=3

3 百の位は 4

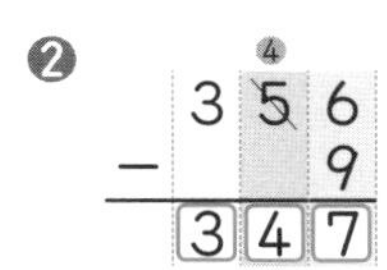
❷ 356−9=347

1 一の位の 計算　十の位から 1 くり下げる。　16−9=7

2 十の位の 計算　5−1=4

3 百の位は 3

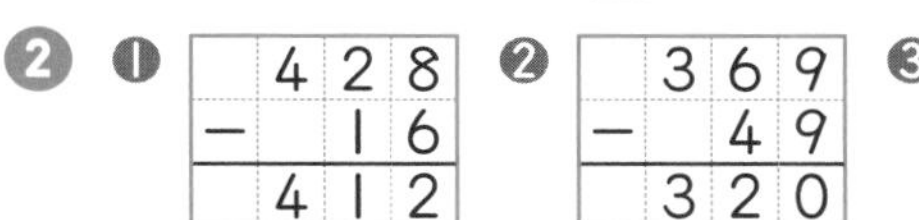
**2** ❶ 428−16=412　❷ 369−49=320　❸ 285−37=248

❹ 840−26=814　❺ 574−8=566　❻ 410−9=401

**3** しき 394−55=339

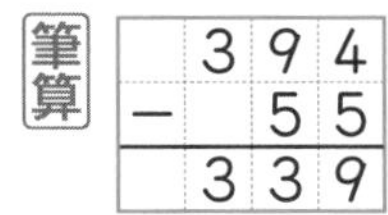
筆算 394−55=339

答え 339 円

## 44ページ きほんのワーク

きほん1 ❶ 32+7=39　答え 39 こ

❷ 19+20=39　答え 39 こ

同じ

**1** ❶ 17+(8+2)=27

❷ 28+(24+6)=58

**2** [れい]25 と 14 を 入れかえて、

14+25+5 かっこを つかって

14+(25+5)に して、14+30=44

## 45ページ れんしゅうのワーク❶

**1** ❶ 36+94=130　❷ 8+679=687　❸ 100−3=97

❹ 592−76=516

**2** ❶ 84+17=91（101）　❷ 97+7=114（104）

❸ 102 − 58 = 54 （44）　❹ 267 − 43 = 124 （224）

❸ しき 125−79=46　筆算 125 − 79 = 46

答え 46 こ

❹ しき 456+38=494　筆算 456 + 38 = 494

答え 494 円

## 46ページ れんしゅうのワーク②

❶ ❶ 26 + 86 = 102 （112）　❷ 739 + 17 = 856 （756）

❸ 105 − 8 = 197 （97）　❹ 547 − 9 = 532 （538）

❷ ❶ ㋐ 39+12+8=51+8=59

㋑ 39+(12+8)=39+20=59

❷ ㋐ 13+56+4=69+4=73

㋑ 13+(56+4)=13+60=73

❸ ❶ しき 63+80=143　筆算 63 + 80 = 143

答え 143 円

❷ しき 143−97=46　筆算 143 − 97 = 46

答え 46 円

❹ しき 261−43=218　筆算 261 − 43 = 218

答え 218 ページ

## 47ページ まとめのテスト

1 ❶ 58 + 61 = 119　❷ 5 + 97 = 102　❸ 74 + 318 = 392

❹ 129 − 56 = 73　❺ 140 − 42 = 98　❻ 473 − 25 = 448

2 ❶ 28+(17+3)=28+20=48

❷ 11+(6+34)=11+40=51

3 しき 46+57=103　筆算 46 + 57 = 103

答え 103 こ

4 しき 104−39=65　筆算 104 − 39 = 65

答え 65 まい

# ⑧ 水の かさを はかろう

## 48・49ページ きほんのワーク

きほん1 ・1 デシリットル　・1 dL　・7 つ分、7 dL

❶ ❶ 3 dL　❷ 8 dL　❸ 15 dL

きほん2 ・1 リットル　・1 L

・1L= 10 dL　・1 L 5 dL

❷ ❶ 1L7dL、17dL　❷ 2L4dL、24dL

❸ 1L6dL、16dL

## 50・51ページ きほんのワーク

きほん1 ・ミリリットル　・1 mL　・1L= 1000 mL

❶ 1 ぱい分

❷ ❶ 250 mL　❷ 8 L　❸ 2 dL

きほん2 ❶ 4 L 5 dL + 1 L 3 dL = 5 L 8 dL

❷ 4 L 5 dL − 1 L 3 dL = 3 L 2 dL

❸ ❶ しき 3L8dL+2L1dL=5L9dL

答え 5L9dL

❷ しき 3L8dL−2L1dL=1L7dL

答え 1L7dL

❹ ❶ 8L6dL　❷ 2L9dL

❸ 1L2dL　❹ 4L

## 52ページ れんしゅうのワーク

❶ ❶ 2L6dL= 26 dL

❷ 54dL= 5 L 4 dL

❷ ❶ 42dL > 3L7dL　❷ 950mL < 1L

❸ ❶ 1L ます

❷ 1dL ます

❹ ❶ ●何L何dL…1L5dL　●何dL…15dL

❷ 2L

❸ 5dL

## 53ページ まとめのテスト

1 ❶ 3L1dL(31dL)　❷ 2L8dL(28dL)

2 ❶ 1L3dL= 13 dL　❷ 1L= 1000 mL

3 1L(の ほうが 多い。)

4 ❶ 6 L　❷ 180 mL　❸ 7 dL

5 ❶ しき 5L6dL+4L3dL=9L9dL

答え 9L9dL

❷ しき 5L6dL−4L3dL=1L3dL

答え 1L3dL

## ⑨ 形を しらべよう

### 54・55ページ きほんのワーク

きほん1 ・[3]本、[三角形]　・[4]本、[四角形]

㋐…[三角形]　㋑…[四角形]

❶ 三角形…㋐、㋖、㋘　四角形…㋑、㋔、㋙

きほん2 ・[辺]、[頂点]

・[3]つ、[3]つ

・[4]つ、[4]つ

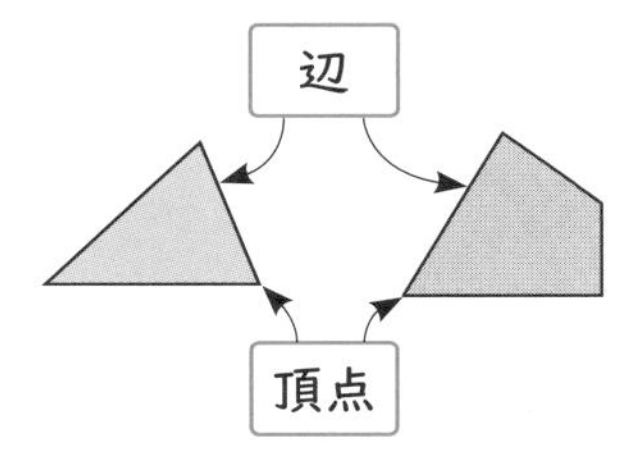


❷
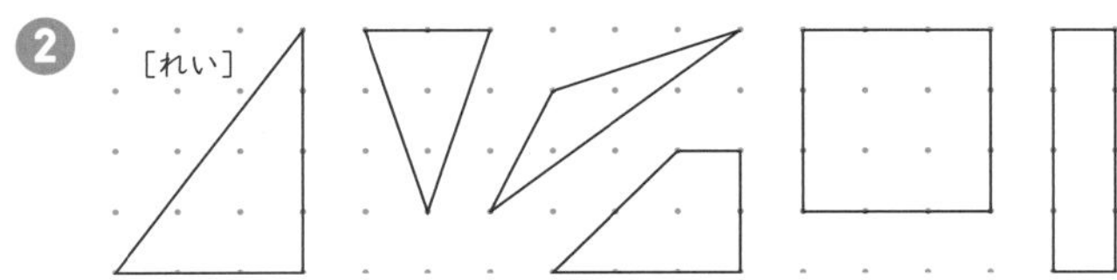


❸ [れい]

### 56・57ページ きほんのワーク

きほん1 ・[長方形]　・[正方形]

㋐…[長方形]　㋑…[正方形]

❶ ㋑、㋓

❷ ㋑

❸ ㋐

きほん2 ・[直角三角形]　直角三角形…㋑、㋓

❹
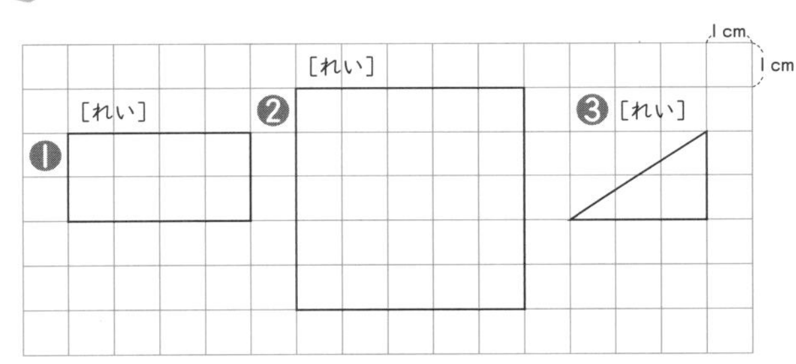


※かく　場しょは　ちがって　いても　よい。

❺ [れい] ❶ 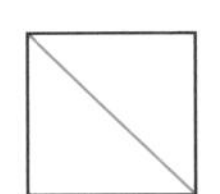 ❷ 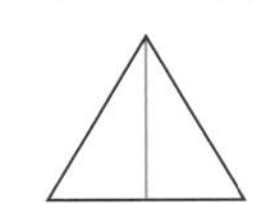

### 58ページ れんしゅうのワーク

❶ ❶
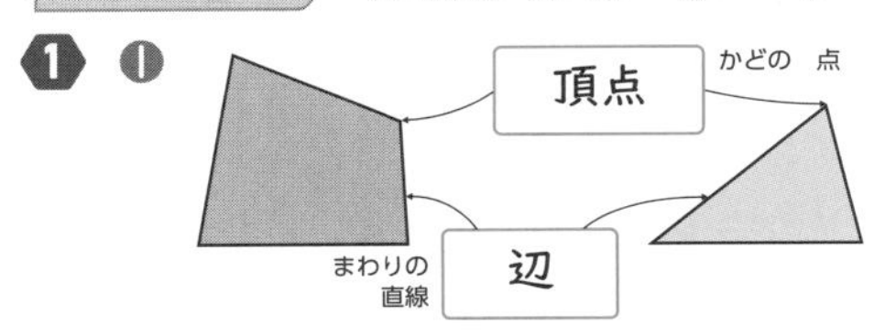


❷ [3]つ、[3]つ　❸ [4]つ、[4]つ

❷ ❶ [れい]　❷ [れい]　❸ [れい]

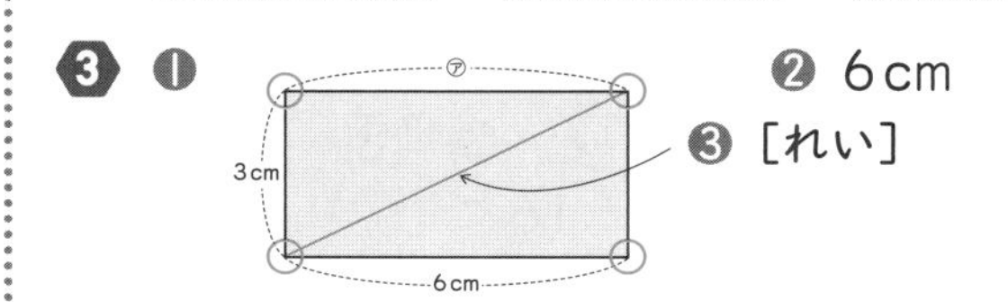

❸ ❶

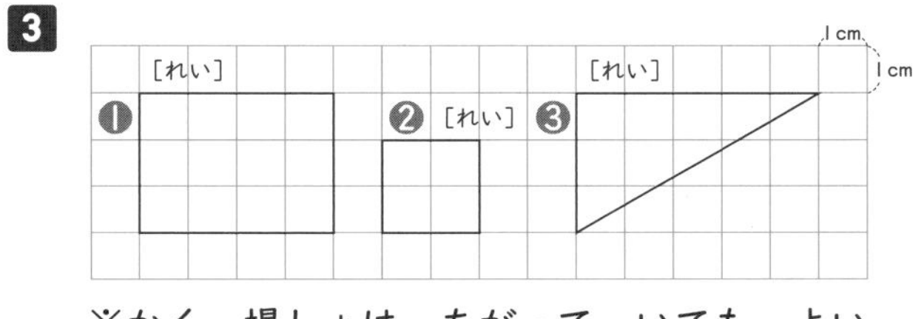


❷ 6cm

❸ [れい]

❹ ●正方形…6(つ)　●直角三角形…12

### 59ページ まとめのテスト

1 ❶ 長方形　❷ 直角三角形　❸ 正方形

2 正方形…㋒、㋗

直角三角形…㋔、㋕

3

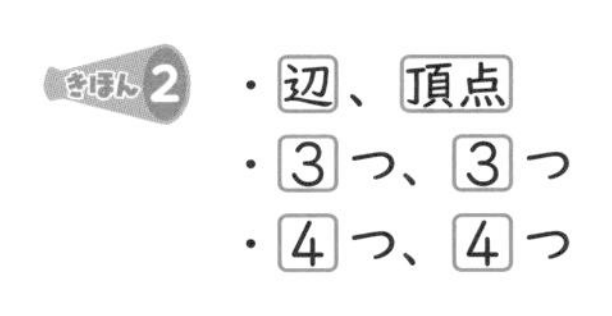


※かく　場しょは　ちがって　いても　よい。

## ⑩ 新しい 計算の しかたを 考えよう

### 60・61ページ きほんのワーク

きほん1 ❶ [2]こずつ、⑤さら分

❷ [2]×⑤=[10]

❸ 2+2+2+[2]+[2]

❶ ❶ [3]×[5]=[15]　❷ [4]×[3]=[12]

❷

❸ [しき] [2×6=12]　答え 12こ

きほん2 ❶ [しき] 3×[2]=[6]　答え 6cm

❷ [4]つ分

[しき] [3]×[4]=[12] 答え 12cm

❹ ❶ ㋐

[れい]

❷ ㋐

[れい]

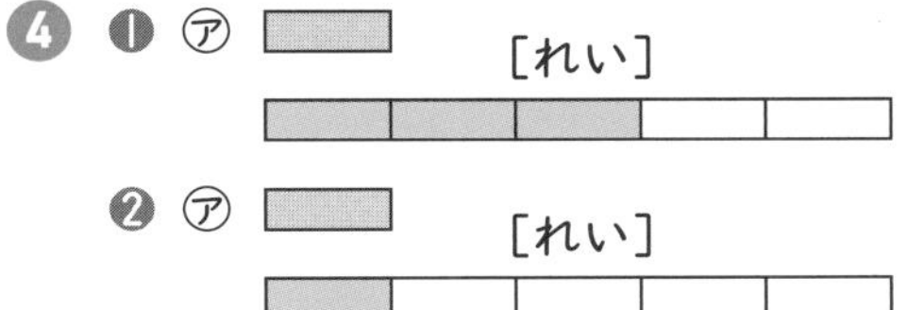

❺ [しき] 5×2=10　答え 10cm

❻ ❶ ・[4]この [3]ばい

[しき] 4×3=12　答え 12こ

❷ ・[2]この [5]ばい

[しき] 2×5=10　答え 10こ

## 62・63 ページ きほんのワーク

きほん1 (上から)2×1=[2]、
2×②=[4]、2×③=[6]、
2×④=[8]、2×⑤=[10]

1 ❶ [12] ❷ [14] ❸ [16] ❹ [18]

2 [しき] 2×8=16　答え 16 こ

きほん2 (上から)5×1=[5]、
5×②=[10]、5×③=[15]、
5×④=[20]、5×⑤=[25]、[5]こずつ

3 ❶ [30] ❷ [35] ❸ [40] ❹ [45]

4 [しき] 5×4=20　答え 20 こ

5 [しき] 5×7=35　答え 35 こ

## 64・65 ページ きほんのワーク

きほん1 [3]×[5]=[15]、[3]

1 ❶ 24 ❷ 3 ❸ 18 ❹ 6 ❺ 12
❻ 27 ❼ 21 ❽ 9 ❾ 15

2 [3]本、[4]セット
[しき] 3×4=12　答え 12 本

きほん2 [4]×[3]=[12]、[4]

3 ❶ 12 ❷ 20 ❸ 32 ❹ 24 ❺ 8
❻ 36 ❼ 16 ❽ 28 ❾ 4

4 ❶ [しき] 4×8=32　答え 32 こ ❷ 4 こ

5 ・[4]こずつで、[6]本分
[しき] 4×6=24　答え 24 こ

## 66 ページ れんしゅうのワーク

1 ・[3]こずつ、[8]さら分
・[しき] [3]×[8]=[24]

2 ❶

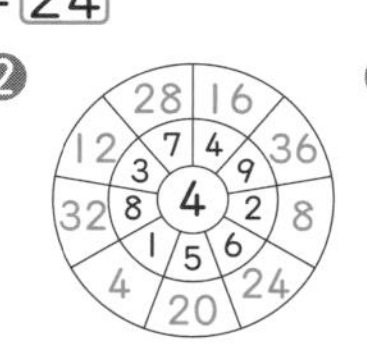


❷

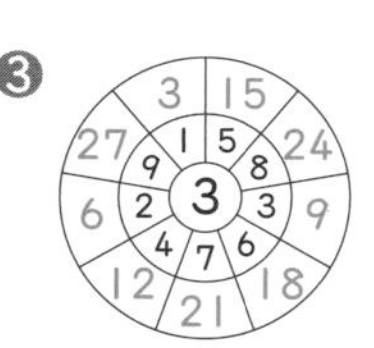


❸

3 [しき] 4×9=36　答え 36mm

4 ❶ [しき] 2×7=14　答え 14L ❷ 2L

5 [しき] 5×6=30　答え 30 人

## 67 ページ まとめのテスト

1 [しき] 2×4=8　答え 8 こ

2 ❶ 24 ❷ 21 ❸ 18 ❹ 10 ❺ 6
❻ 4 ❼ 16 ❽ 45 ❾ 15

3 [れい][しき1] 3×4=12 [しき2] 4×3=12
(ほかにも、2×6=12 など)
答え 12(こ)

4 [しき] 5×8=40　答え 40cm

5 [しき] 4×7=28　答え 28 まい

# ⑪ 新しい 九九の つくり方を 考えよう

## 68・69 ページ きほんのワーク

きほん1 [6] ふえる、6×4=[24]
6×1=[6]、6×2=[12]、6×3=[18]
6×4=[24]、6×5=[30]、6×6=[36]
6×7=[42]、6×8=[48]、6×9=[54]

1 ❶ [しき] 6×5=30　答え 30 本 ❷ 6 本

2 [しき] 6×7=42　答え 42 まい

きほん2 [7] ふえる、7×4=[28]
7×1=[7]、7×2=[14]、7×3=[21]
7×4=[28]、7×5=[35]、7×6=[42]
7×7=[49]、7×8=[56]、7×9=[63]
・[4]×7

3 7×8=[56]、[5]×8=40、[2]×8=16、
40+16=[56]

4 [しき] 7×3=21　答え 21 日

5 [しき] 7×4=28　答え 28 本

## 70・71 ページ きほんのワーク

きほん1 8×1=[8]、8×2=[16]、8×3=[24]
8×4=[32]、8×5=[40]、8×6=[48]
8×7=[56]、8×8=[64]、8×9=[72]
9×1=[9]、9×2=[18]、9×3=[27]
9×4=[36]、9×5=[45]、9×6=[54]
9×7=[63]、9×8=[72]、9×9=[81]

1 9×3=[27]、3×9=[27]　・[同じ]

2 [しき] 8×9=72　答え 72cm

3 [しき] 9×6=54　答え 54 人

きほん2 ❶ [しき] 2×[3]=[6]
❷ [しき] [1]×[3]=[3]
1×1=[1]、1×2=[2]、1×3=[3]
1×4=[4]、1×5=[5]、1×6=[6]
1×7=[7]、1×8=[8]、1×9=[9]

4 ❶ [しき] 3×5=15　答え 15 こ
❷ [しき] 2×5=10　答え 10 こ
❸ [しき] 1×5=5　答え 5 こ

5 [しき] 1×4=4　答え 4 さつ

## 72 ページ れんしゅうのワーク

❶ ❶ 9×4 ❷ 7×5 ❸ 2×9 ❹ 6×4

㋐ 3×8 ㋑ 5×7 ㋒ 6×6 ㋓ 6×3

❷ ❶ 8 ❷ 4×8
❸ 6×4 図…8×4＝32
2×4＝8、6×4＝24
❹ 3×4

❸ しき 7×6＝42 答え 42 cm

❹ [れい 1]ケーキが 1はこに 6こずつ はいって います。3はこでは、ケーキは ぜんぶで 何こ ありますか。
[れい 2]色紙を、1人に 6まいずつ 9人に くばります。色紙は ぜんぶで 何まい いりますか。

## 73 ページ まとめのテスト

1 ❶ 30 ❷ 64 ❸ 49 ❹ 6 ❺ 54
❻ 81 ❼ 21 ❽ 63 ❾ 40

2 ❶ 7 ❷ 9ずつ ❸ 2×6

3 しき 9×5＝45 答え 45人

4 しき 8×7＝56 答え 56こ

5 しき おかし…6×8＝48
ジュース…1×8＝8
答え (おかし)48(こ)、(ジュース)8(本)

# ⑫ かけ算の きまりを 見つけよう

## 74・75 ページ きほんのワーク

きほん1

| | かける数 | | | | | | | | |
|---|---|---|---|---|---|---|---|---|---|
| かけられる数 | 1 | 2 | 3 | 4 | 5 | 6 | 7 | 8 | 9 |
| 1 | 1 | 2 | 3 | 4 | 5 | 6 | 7 | 8 | 9 |
| 2 | 2 | 4 | 6 | 8 | 10 | 12 | 14 | 16 | 18 |
| 3 | 3 | 6 | 9 | 12 | 15 | 18 | 21 | 24 | 27 |
| 4 | 4 | 8 | 12 | 16 | 20 | 24 | 28 | 32 | 36 |
| 5 | 5 | 10 | 15 | 20 | 25 | 30 | 35 | 40 | 45 |
| 6 | 6 | 12 | 18 | 24 | 30 | 36 | 42 | 48 | 54 |
| 7 | 7 | 14 | 21 | 28 | 35 | 42 | 49 | 56 | 63 |
| 8 | 8 | 16 | 24 | 32 | 40 | 48 | 56 | 64 | 72 |
| 9 | 9 | 18 | 27 | 36 | 45 | 54 | 63 | 72 | 81 |

・かけられる数
・かける数

❶ ❶ 4 大きい。 ❷ 8×6

きほん2 ・3 ふえます。
3×11＝33、3×12＝36、
3×13＝39…36＋3

❷ ❶ 13＋13＋13＝39
❷ 13×3＝39…26＋13
❸ 3×13＝39 ➡ 13×3＝39

❸ ❶ 13 ❷ 26 ❸ 39 ❹ 52 ❺ 65
❻ 78 ❼ 91 ❽ 104 ❾ 117

❹ ❶ 24 ❷ 50

## 76 ページ きほんのワーク

きほん1 ❶ しき 9×5＝45 ❷ しき 5×9＝45

❶ しき [れい]6×6＝36
3×2＝6
36－6＝30 答え 30こ

❷ ❶ 6 cm
❷ 9 cm

## 77 ページ まとめのテスト

1 ❶

| | かける数 | | | | | | | | |
|---|---|---|---|---|---|---|---|---|---|
| かけられる数 | 1 | 2 | 3 | 4 | 5 | 6 | 7 | 8 | 9 |
| 1 | 1 | 2 | 3 | 4 | 5 | 6 | 7 | 8 | 9 |
| 2 | 2 | 4 | 6 | 8 | 10 | 12 | 14 | 16 | 18 |
| 3 | 3 | 6 | 9 | 12 | 15 | 18 | 21 | 24 | 27 |
| 4 | 4 | 8 | 12 | 16 | 20 | 24 | 28 | 32 | 36 |
| 5 | 5 | 10 | 15 | 20 | 25 | 30 | 35 | 40 | 45 |
| 6 | 6 | 12 | 18 | 24 | 30 | 36 | 42 | 48 | 54 |
| 7 | 7 | 14 | 21 | 28 | 35 | 42 | 49 | 56 | 63 |
| 8 | 8 | 16 | 24 | 32 | 40 | 48 | 56 | 64 | 72 |
| 9 | 9 | 18 | 27 | 36 | 45 | 54 | 63 | 72 | 81 |

❷ 8ずつ (ふえて いる。)

❸ ▶16…2×8、4×4、8×2
▶24…3×8、4×6、6×4、8×3

❹ あ 6×9 い 2×7

2 ❶ しき [れい] 4×6＝24
答え 24こ

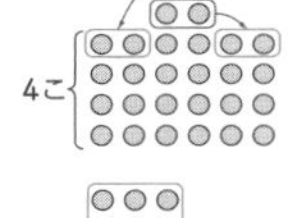


❷ しき [れい] 2×3＝6
6×3＝18
答え 18こ

てびき 2❶右のように考えると、6×4になります。お子さんの自由な発想を大切にしてください。

6こ

# ⑬ 長い 長さを はかろう

## 78・79 ページ きほんのワーク

きほん1 ❶ 3つ分、110 cm、1 m＝100 cm
❷ 1 m 10 cm

❶ ●何m何cm…3m40cm ●何cm…340cm

❷ ❶150cm＝1m50cm
❷309cm＝3m9cm
❸2m38cm＝238cm
❹4m6cm＝406cm

きほん2 ❶ 1m26cm+30cm=1m56cm
❷ 1m26cm−1m7cm=19cm
3 しき 1m40cm+50cm=1m90cm
答え 1m90cm
4 しき 6m30cm−3m25cm=3m5cm
答え 3m5cm
5 ❶ 3m80cm ❷ 4m79cm
❸ 2m57cm ❹ 47cm

## 80ページ れんしゅうのワーク

1 ❶ 180cm ❷ 4m ❸ 2m60cm
2 ❶ (1m 40cm) ❷ (130cm 3m)
❸ (1m10cm 109cm) ❹ (620cm 6m2cm)
3 ❶ 5m ❷ 176cm ❸ 7mm ❹ 18m
4 ❶ ㋐ ❷ ㋑ ❸ ㋑ ❹ ㋐

## 81ページ まとめのテスト

1 1m30cm
2 ●何m何cm…2m60cm ●何cm…260cm
3 ❶ 3m=300cm ❷ 107cm=1m7cm
4 ❶ 4mm ❷ 16cm ❸ 4m
5 ❶ 4m55cm ❷ 1m64cm
6 しき 1m30cm+60cm=1m90cm
答え 1m90cm

# ⑭ 1000より 大きい 数を あらわそう

## 82・83ページ きほんのワーク

きほん1 (ひょうの 左から)2、4、3、5
二千四百三十五、2435、2、2000
1 ❶ 3256 ❷ 6304
2 4002まい
3 千の位…5、百の位…0、十の位…3、一の位…7
4 ❶ 千九百六十一 ❷ 三千九十四 ❸ 七千三
5 ❶ 1429 ❷ 8700 ❸ 6005
6 ❶ 7648 ❷ 9060
7 ❶ 1000…2こ、100…7こ、1…3こ
❷ 700
8 3840=3000+800+40

## 84・85ページ きほんのワーク

きほん1 100が 17こ＜100が 10こで 1000 / 100が 7こで 700＞1700
1 ❶ 100が 39こ＜100が 30こで 3000 / 100が 9こで 900＞3900
❷ 4000
2 ❶ 2600＜2000は 100が 20こ / 600は 100が 6こ＞100が 26こ
❷ 52こ ❸ 80こ

きほん2 ❶ 10000 ❷ 1000 ❸ 9900
❹ 100 ❺❻ 下の 図
0 1000 2000 3000 4000 5000 6000 7000 8000 9000 10000
㋐ 1500 ㋑ 3800 ㋒ 6400 ❻ ㋓ 9100

3 ❶ 9000 9100 9200 9300 9400 9500 9600 9700 9800 9900 10000
❷ 9900 9910 9920 9930 9940 9950 9960 9970 9980 9990 10000
❸ 9990 9991 9992 9993 9994 9995 9996 9997 9998 9999 10000
4 ❶ 10000 ❷ 9990

## 86・87ページ きほんのワーク

きほん1 ❶ 右の ひょう
❷ 十の位(の 数字)
❸ 5467＜5483

| 千 | 百 | 十 | 一 |
|---|---|---|---|
| 5 | 4 | 6 | 7 |
| 5 | 4 | 8 | 3 |

1 ❶ 2589＞2398 ❷ 9308＜9311
❸ 975＜1657 ❹ 1034＞809
2 ❶ 1000…6こ、100…5こ
❷ 500
❸ 65

きほん2 ❶ しき 700+600=?
7+6=13、13こ
700+600=1300 答え 1300まい
❷ しき 800−200=?
8−2=6、6こ
800−200=600 答え 600まい
3 ❶ 1300 ❷ 1300 ❸ 1100 ❹ 1200
❺ 100 ❻ 200 ❼ 400 ❽ 700

てびき きほん1・1 数の大小は、まずけた数で比べます。けた数が同じときは、上の位から順に同じ位どうしを比べます。

## 88ページ れんしゅうのワーク

❶ ❶ 4509、4305、3200、3045
❷ 7103、7096、6450、6405

❷ ❶ 9000 ❷ 10000 ❸ 94

❸ ❶ 1 0 2 3 ❷ 4 3 2 0
❸ 2 0 1 3 ❹ 3 4 2 1

てびき ❸この問題では0のカードの扱いがポイントとなります。❶のいちばん小さい数は、問題の注意書きにもあるように、千の位に0をおくことはできないので、次に小さい1をおきます。そして百の位に0をおきます。❸でも0を使わずに4けたの数をつくってしまう間違いが多く見られます。また、❷では、いちばん大きい数(4321)を考えた後に、2番目に大きい数を千の位を3として考えてしまう間違いが多く見られます。数直線などを使って数の大小関係を確認しましょう。

## 89ページ まとめのテスト

1 ❶ 7159 ❷ 4203(まい)

2 ❶ 1000…3こ、100…4こ、10…8こ、1…6こ ❷ 8020 ❸ 7300 ❹ 10
❺ 2470—2480—2490—2500—2510
❻ 9996—9997—9998—9999—10000

3 ❶ 1200 ❷ 300

4 ❶ 5326 < 5462 ❷ 9910 > 9909

# ⑮ 図に あらわして 考えよう

## 90・91ページ きほんのワーク

きほん1 ❶ ㋐

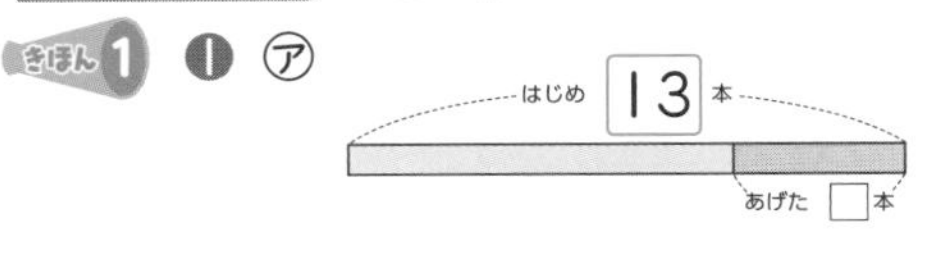


㋑

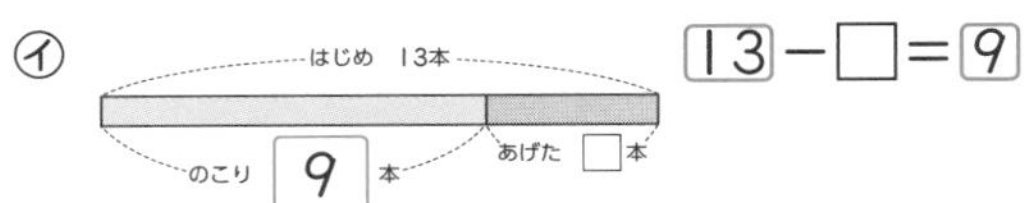


13−□=9

❷ しき 13−9=4 答え 4本

❶

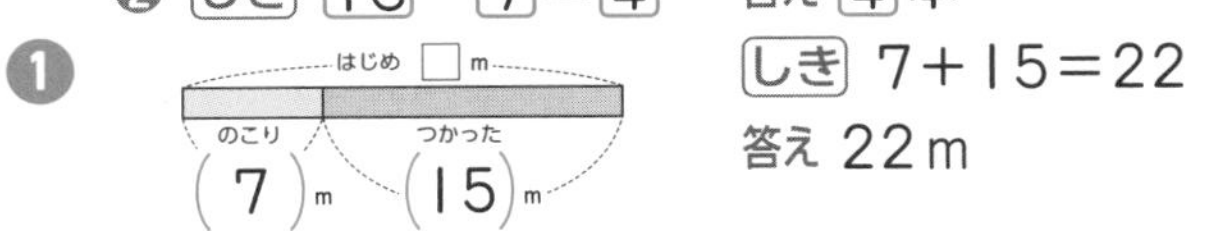


しき 7+15=22
答え 22m

きほん2 ❶ ㋐

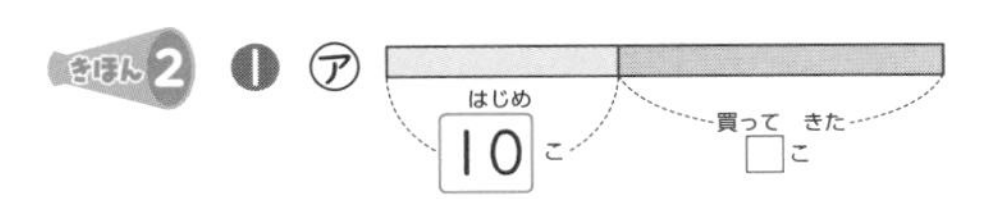


㋑

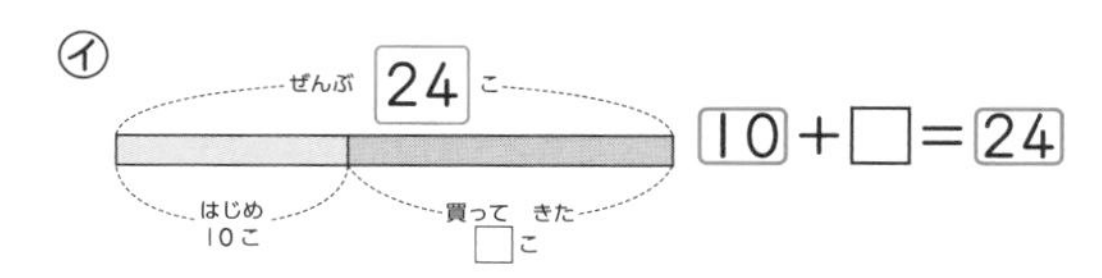


10+□=24

❷ しき 24−10=14 答え 14こ

❷ ❶

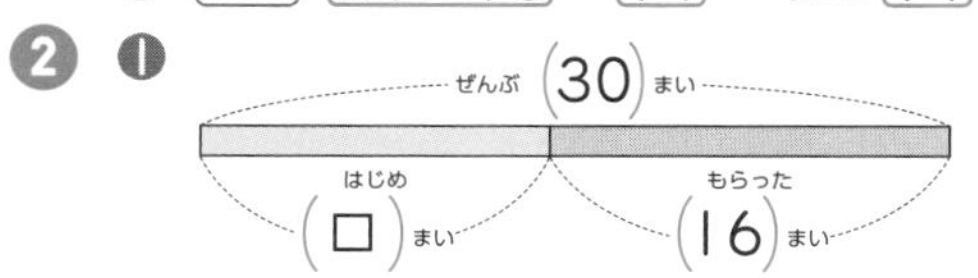


❷ しき 30−16=14 答え 14まい

てびき 問題文の表現からたし算・ひき算を判断するだけではなく、図を見て「全体の大きさ」と「部分の大きさ」のどちらを求めるのかを考えます。

## 92ページ れんしゅうのワーク

❶ しき 19−7=12 答え 12台
❷ しき 12+8=20 答え 20台
❸ しき 30−9=21 答え 21こ
❹ しき 27−14=13 答え 13こ

## 93ページ まとめのテスト

1 ❶

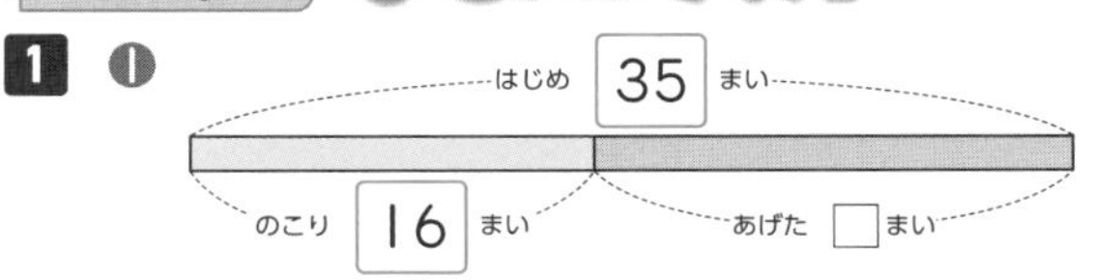


❷ しき 35−16=19 答え 19まい

2

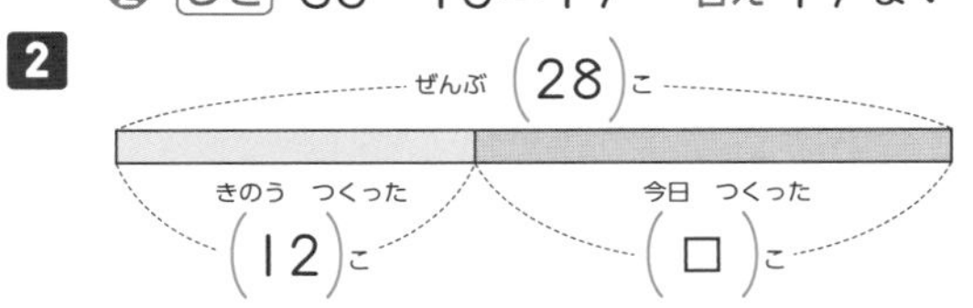


しき 28−12=16 答え 16こ

3 ❶ 9こ ❷ 6こ

# ⑯ はこの 形を しらべよう

## 94・95ページ きほんのワーク

きほん1 ❶ 長方形 ❷ 6(つ) ❸ 2(つずつ)

❶ ❶ 正方形 ❷ 6つ

❷ ㋑

きほん2 ❶ 7cm…4本、10cm…4本、12cm…4本
❷ 8こ 辺…12、頂点…8つ

❸ ❶ 6cm…4本、8cm…4本、15cm…4本
❷ 8こ

❹ ❶ 8cm、12 ❷ 8つ

## 96ページ れんしゅうのワーク

❶ ㋒
❷ ❶ 3cm…4本、4cm…4本、6cm…4本 ❷ 8こ
❸ ❶ ㋐…2まい、㋑…2まい、㋔…2まい
❷ ㋓…6まい

## 97ページ まとめのテスト

**1**
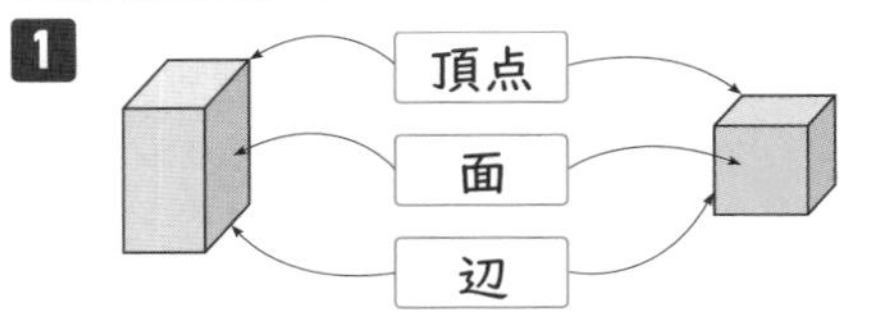

面…6つ
辺…12
頂点…8つ

**2** ㋑
**3** ❶ ㋐6cm…4本、7cm…4本、10cm…4本
㋑6cm、12本 ❷ ㋐8こ ㋑8こ

## ⑰ 分けた 大きさの あらわし方を 考えよう

## 98・99ページ きほんのワーク

きほん1 二分の一、$\frac{1}{2}$

❶ ㋐ $\frac{1}{4}$ ㋑ $\frac{1}{8}$ ㋒ $\frac{1}{3}$
❷ ❶ [れい] ❷ [れい] ❸ [れい]
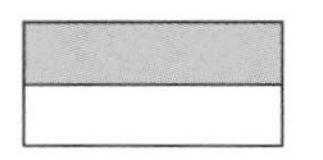
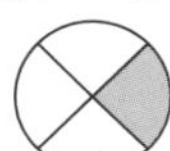

❸ ❶ $\frac{1}{4}$、2こ ❷ ・$\frac{1}{3}$ ・3こ
❹ ❶ 3cm ❷ 5cm
❸ もとの 大きさ(もとの 長さ)

## 100ページ れんしゅうのワーク

❶ ❶ $\frac{1}{2}$ ❷ $\frac{1}{4}$ ❸ $\frac{1}{8}$
❷ ㋒
❸ ❶ ㋐ [れい] ㋑ [れい]
❷ ㋐2こ ㋑6こ
❸ ㋐3ばい ㋑3ばい
❹ ちがう(または、ことなる)

てびき ❸ 3分の1は、同じ大きさに3つに分けた1つ分の大きさです。もとの大きさ(数)が違うと、同じ$\frac{1}{3}$でも大きさ(数)が違うことを確認しましょう。

## 101ページ まとめのテスト

**1** ㋑
**2** ㋐ $\frac{1}{2}$ ㋑ $\frac{1}{4}$ ㋒ $\frac{1}{3}$
**3** ❶ $\frac{1}{2}$ ❷ $\frac{1}{3}$ ❸ $\frac{1}{8}$
**4** [れい]❶ ❷ ❸
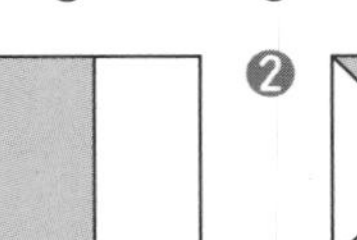
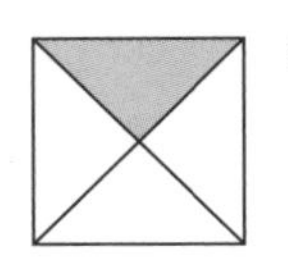
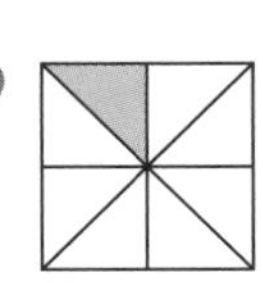

## ● 2年の ふくしゅう

## 102ページ まとめのテスト❶

**1** ❶ 600—700—800—900—1000
❷ 7996—7997—7998—7999—8000
❸ 9960—9970—9980—9990—10000
❹ 43 ❺ 5090
**2** ❶ 85 ❷ 91 ❸ 173 ❹ 37 ❺ 4
❻ 68 ❼ 318
**3** しき 24−6=18
答え 18人
**4** ❶ 27 ❷ 24 ❸ 56 ❹ 35 ❺ 18
❻ 3 ❼ 48 ❽ 54 ❾ 63

## 103ページ まとめのテスト❷

**1** しき 3×7=21 答え 21本
**2** ❶ 8つ ❷ 4つ ❸ 2つ
**3** ❶ 1m70cm ❷ 1m30cm
**4** 10分あとの 時こく…午後4時40分
1時間あとの 時こく…午後5時30分
**5**

おかしの 数しらべ

| おかし | ガム | あめ | せんべい | ケーキ | ラムネ |
|---|---|---|---|---|---|
| 数 | 5 | 4 | 3 | 2 | 1 |

おかしの 数しらべ

| | | | | |
|---|---|---|---|---|
| ○ | | | | |
| ○ | ○ | | | |
| ○ | ○ | ○ | | |
| ○ | ○ | ○ | ○ | |
| ○ | ○ | ○ | ○ | ○ |
| ガム | あめ | せんべい | ケーキ | ラムネ |

## 104ページ 学びのワーク

きほん1 3回、1Lますで 水を くむ。
❶ ❶ 2dL ❷ 5L

# 実力はんていテスト 答えとてびき

## 夏休みのテスト①

**1** くだものの　数しらべ

| | | | | |
|---|---|---|---|---|
| | | | | |
| | | | ○ | |
| ○ | | | ○ | |
| ○ | | ○ | ○ | |
| ○ | ○ | ○ | ○ | |
| ○ | ○ | ○ | ○ | ○ |
| いちご | りんご | バナナ | みかん | メロン |

くだものの　数しらべ

| くだもの | いちご | りんご | バナナ | みかん | メロン |
|---|---|---|---|---|---|
| 数 | 4 | 2 | 3 | 5 | 1 |

**てびき** 落ちや重複のないように、数えたものには✓(チェック印)をつけておくとよいです。また、グラフのかき方は、3年生の棒グラフの学習につながります。

**2** ❶ 20分間　❷ 2時間

**3** ア 1cm7mm
イ 10cm6mm

**4** ❶ ㋐ 885　㋑ 895　㋒ 910 (880, 890, 900, 905)
❷ 54こ

**5** 9＋27＋3
→9＋(27＋3)→9＋30＝39

**6**
❶ 51＋36＝87　❷ 42＋9＝51　❸ 67＋75＝142　❹ 54＋48＝102

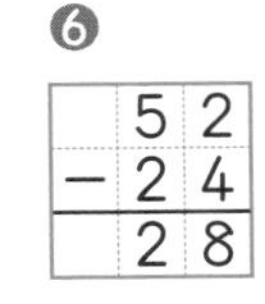

❺ 76－43＝33　❻ 52－24＝28　❼ 134－58＝76　❽ 105－36＝69

## 夏休みのテスト②

**1** ❶ ひまわり　❷ 3人

**2** ❶ 午前6時45分　❷ 午後2時57分

**3** ❶ 11cm9mm　❷ 10cm8mm
❸ 12cm5mm

**4** ❶ 7cm＝70mm
❷ 49mm＝4cm9mm

**5** ❶ 5、8、1　❷ 260
❸ 120

**6**
❶ 18＋62＝80　❷ 7＋48＝55　❸ 35＋69＝104　❹ 246＋37＝283

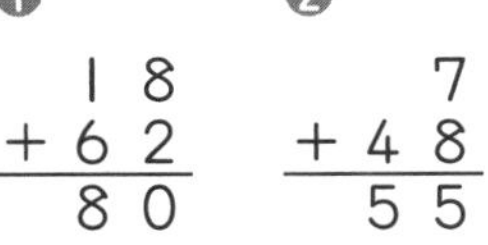

❺ 80－31＝49　❻ 63－54＝9　❼ 142－68＝74　❽ 816－9＝807

## 冬休みのテスト①

**1** ❶ しき 2×3(＝6)　❷ しき 4×5(＝20)
❸ しき 5×7(＝35)

**2** ❶ 3つ　❷ 4つ

**3**

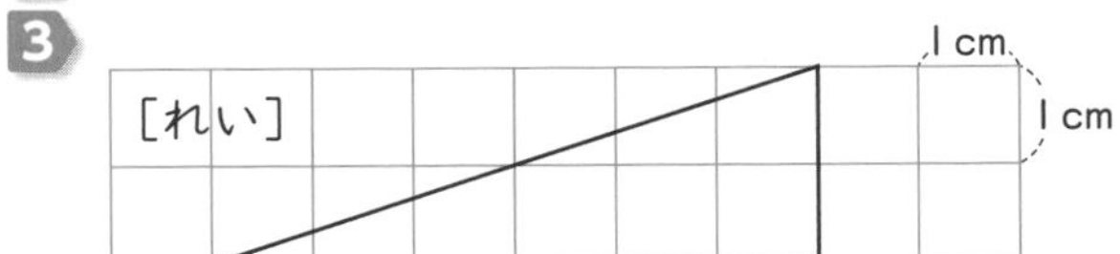


**4** ❶ 1L1dL(11dL)
❷ 2L3dL(23dL)

**5** ❶ 7 ふえます。
❷ 6×3

**6** ❶ 14　❷ 45　❸ 32　❹ 54
❺ 32　❻ 30　❼ 21　❽ 27

## 冬休みのテスト②

**1** ❶ 13こ分　❷ 1dL＝100mL
❸ 6L5dL

**2** ❶ 3ばい　❷ 27cm

**3** ❶ 24こ　❷ 32こ　しきは 下

**4** ㋐ 正方形　㋑ 直角三角形
㋒ 正方形　㋓ 直角三角形

**5** ❶ 36　❷ 64　❸ 35　❹ 6

**6** ❶ 50　❷ 77

**てびき** 3 [式の例]いくつかの●を移動させて数えると、次のようになります。

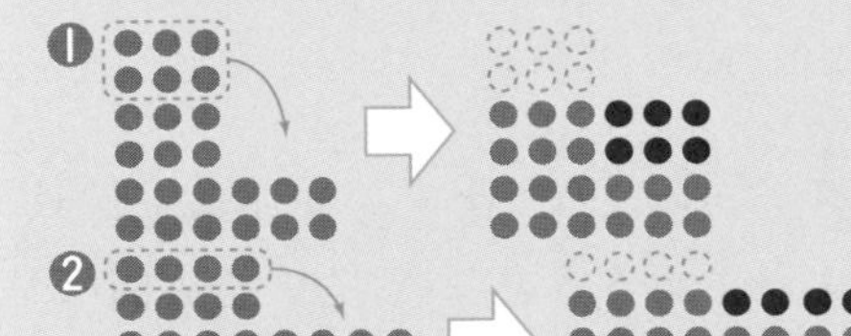

❶ しき 4×6＝24
❷ しき 4×8＝32

# 学年末のテスト①

**1** ❶ 9248
❷ 4503
❸ 6000

**2** ❶ 午前８時45分　❷ 午前６時15分

**3** ❶ $\frac{1}{2}$　❷ $\frac{1}{3}$

**4** ❶ 1m=[100]cm
❷ 56mm=[5]cm[6]mm
❸ 3cm7mm=[37]mm
❹ 480cm=[4]m[80]cm
❺ 1L=[1000]mL
❻ 1L=[10]dL

**5** ❶ 25　❷ 48　❸ 28　❹ 8
❺ 27　❻ 42　❼ 12　❽ 12
❾ 18　❿ 63　⓫ 5　⓬ 48

# 学年末のテスト②

**1** ❶ 456[<]465
❷ 5342[>]5287
❸ 6cm2mm[=]62mm
❹ 791cm[<]8m
❺ 230dL[>]2L3dL
❻ 1L[>]980mL

**2**

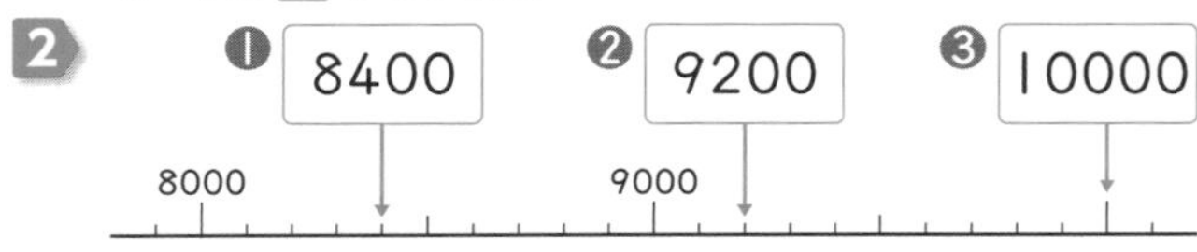


**3** ❶ 8つ　❷ 4つ　❸ 2つ

**4** ❶ mL　❷ m　❸ dL　❹ cm

**5**
❶ $\begin{array}{r} 24 \\ +63 \\ \hline 87 \end{array}$　❷ $\begin{array}{r} 58 \\ +75 \\ \hline 133 \end{array}$　❸ $\begin{array}{r} 6 \\ +239 \\ \hline 245 \end{array}$

❹ $\begin{array}{r} 70 \\ -28 \\ \hline 42 \end{array}$　❺ $\begin{array}{r} 106 \\ -48 \\ \hline 58 \end{array}$　❻ $\begin{array}{r} 862 \\ -56 \\ \hline 806 \end{array}$

**てびき**

**1** ❸〜❻は単位をそろえて比べます。それぞれ❸ 1cm=10mm、❹ 1m=100cm、❺ 1L=10dL、❻ 1L=1000mL から考えます。

**2** 数直線(数の線)の１目盛りの大きさは100です。

**3** 箱の形には、辺が12、頂点が８つあることをおさえます。面は６つあり、向かい合う面は、形が同じであることも確認しましょう。

# まるごと 文章題テスト①

**1**

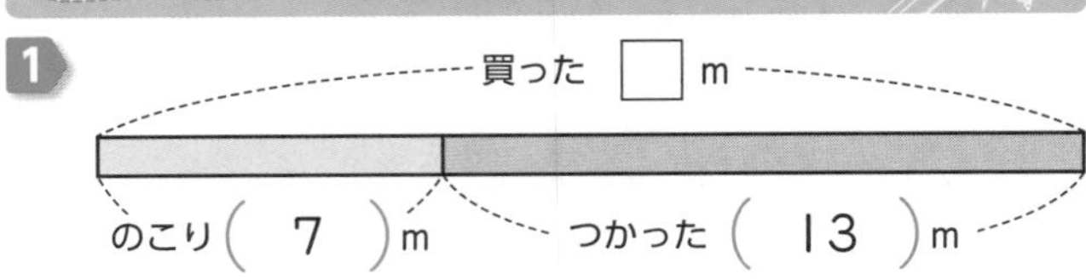


しき 7+13=20　答え 20m

**2** しき 54−47=7
答え 赤い 色紙が ７まい 多い。

**3** しき 50+18=68　答え 68まい

**4** しき 120−26=94　答え 94こ

**5** しき 68+42=110　答え 110本

**6** しき 18+7+3=28　答え 28人

**7** しき 5×6=30　答え 30さつ

**てびき**

**4** 合わせた数が全体の120個で、その一部が26個なので、ひき算になります。(合わせた個数)−(アルミ缶の個数)=(スチール缶の個数)になります。

**6** 18+(7+3)と( )を使って計算すると18+10となり、計算しやすくなります。

**7** １つ分の数は５、いくつ分が６だから、全部の数を求める式は5×6となります。

# まるごと 文章題テスト②

**1**

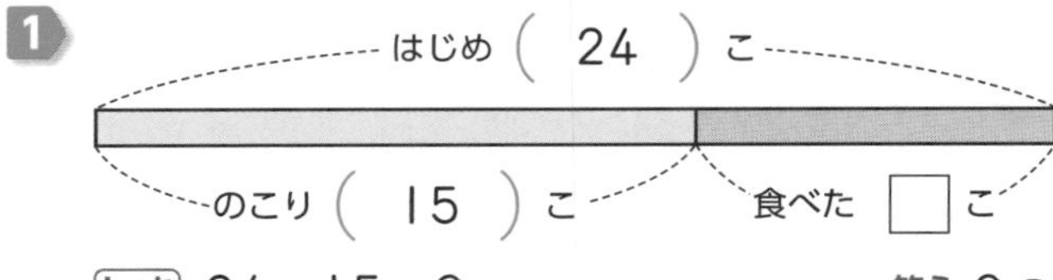


しき 24−15=9　答え 9こ

**2** しき 26+67=93　答え 93人

**3** しき 7×5=35　答え 35人

**4** しき 47+75=122　答え 122まい

**5** しき 96−47=49　答え 49ページ

**6** しき 135+48=183　答え 183円

**7** しき 12+6+14=32　答え 32さつ

**てびき**

**7** 12+(6+14)と( )を使って計算すると12+20となり、計算しやすくなります。



3 2 1 0 9 8 7 6 5 4
＊ ＊ D C B A